普通高等教育“十二五”规划教材

荣获中国石油和化学工业优秀教材一等奖

环境影响评价

第二版

朱世云 林春绵 主 编

何志桥 李亚红 副主编

化学工业出版社

·北 京·

本教材分为三篇。

第一篇总论首先介绍了环境影响评价的基本概念、管理制度和发展历史；而后就环境标准、环境影响评价的内容和方法、环境现状调查的内容和评价方法、工程分析的步骤和方法等基础理论作了深入浅出的介绍。

第二篇各论对大气、地表水、声环境、生态、固体废物等各环境因子的评价等级、预测模式和评价指标等分别进行了详细的阐述，在一些模式应用方面设置了例题和习题，对评价等级、模式的选用有比较接近实际的介绍，有助于环境专业的本科生、研究生对环境影响评价的学习。同时对环境风险评价、战略环境评价、环境经济损益分析、清洁生产等方面也作了简要介绍。

第三篇分四章列举了房地产、化工厂、火电厂、公路建设四个环评案例，案例来自具有代表性行业的实例，每章均有对水、气、噪声、生态等某方面的重点评价。

通过本教材的学习，能使环境专业的同学初步掌握环境影响评价工作程序和常用方法，对水、大气、噪声等方面的环境影响因子和预测模式有所领会，同时通过一些案例分析了解在常见情景下的环境影响因素识别和判定原则。

本书可作为环境专业学生的教材使用，也可供相关专业技术人员、政府机构管理人员参考阅读。

图书在版编目（CIP）数据

环境影响评价/朱世云，林春绵主编．—2版．—北京：化学工业出版社，2013.1（2020.1重印）
普通高等教育“十二五”规划教材
ISBN 978-7-122-16113-0

Ⅰ.①环…　Ⅱ.①朱…②林…　Ⅲ.①环境影响-评价-高等学校-教材　Ⅳ.①X820.3

中国版本图书馆CIP数据核字（2012）第304503号

责任编辑：满悦芝　　文字编辑：荣世芳
责任校对：吴　静　　装帧设计：尹琳琳

出版发行：化学工业出版社（北京市东城区青年湖南街13号　邮政编码100011）
印　　刷：北京京华铭诚工贸有限公司
装　　订：三河市振勇印装有限公司
787mm×1092mm　1/16　印张15½　字数384千字　　2020年1月北京第2版第8次印刷

购书咨询：010-64518888　　售后服务：010-64518899
网　　址：http://www.cip.com.cn
凡购买本书，如有缺损质量问题，本社销售中心负责调换。

定　　价：29.80元

再版前言

近年来，环境保护部先后发布了一系列环评标准，如2008年发布的《环境影响评价技术导则——大气环境》（HJ 2.2—2008），2009年发布的《环境影响评价技术导则——声环境》（HJ 2.4—2009）、《清洁生产审核指南——制定技术导则》（HJ 469—2009），2011年发布的《环境影响评价技术导则——总纲》（HJ 2.1—2011）等。随着这些新标准的发布，环评的教学和实践也在不断更新相关内容，因此编者们对2007版的教材相应章节进行了修改，主要在第二章、第三章、第五章、第七章、第九章、第十一章、第十二章。本书配有电子课件，选用本书作教材的教师可发送 email 到 cipedu@163.com 免费索取。由于时间仓促，编者水平有限，文中难免存在疏漏之处，敬请专家、同行们、同学们不吝赐教，给予批评指正！

本书由上海交通大学朱世云（第一章、第二章、第五章、第十二章、第十五章）、李亚红（第十章、第十三章、第十七章）；浙江工业大学林春绵（第三章、第四章、第六章、第七章、第十四章）、何志桥（第八章、第九章、第十一章、第十六章）编写。全书由朱世云统稿。浙江工业大学的张丽丽撰写了部分章节；杭州职业技术学院的徐明仙、浙江工业大学的研究生吴檬檬、应海萍、周华敏参与了部分章节的编写和校稿工作。上海交通大学的贾金平、龙铭策、吉林师范大学的姜大雨等人为此书的出版提供了许多帮助，在此一并致谢！

编者

2013年1月

于上海交通大学

前　言

在我国环境保护多年来的实践过程中，环境管理经历了从单纯的末端治理到环境评价，再到如今注重规划的转变。在这一理念的转换过程中，建设项目的环境影响评价是坚持到今天的一项常规管理工作，特别是《环境影响评价法》的颁布，使建设项目和规划的环境影响评价更加规范，随着环评工程师登记等制度的实施，环境影响评价得到了新的发展。

在本教材中，编者通过总结国内外的理论和实践，试图为环境科学与工程专业的学生介绍环境影响评价的基本框架和基础理论，使他们能通过本书的学习初步掌握环境影响评价工作的程序和常用方法，对水、大气、噪声等方面的环境影响因子和预测模式有所领会，同时通过一些案例分析了解在常见情景下的环境影响因素识别和判定原则。本书在一些模式应用方面设置了例题和习题，在评价等级、模式的选用方面有比较接近实际的介绍，希望能有助于环境专业的本科生、研究生对环境影响评价的学习。

本书由上海交通大学朱世云（第一章、第二章、第五章、第十二章、第十五章）、李亚红（第十章、第十三章、第十七章），浙江工业大学林春绵（第三章、第四章、第六章、第七章、第十四章）、何志桥（第八章、第九章、第十一章、第十六章）编写，全书由朱世云统稿。浙江工业大学的张丽丽撰写了部分章节；吉林师范大学的姜大雨、杭州职业技术学院的徐明仙、浙江工业大学的研究生应海萍、周华敏参与了部分章节的编写工作。上海交通大学的贾金平教授、蔡伟民教授、博士生龙铭策、杭州市环保局的佟强等为此书的出版提供了许多帮助，在此一并致谢！

因编者水平和时间有限，文中不妥之处，敬请读者给予批评指正。

编者

2007 年 6 月

于上海交通大学

目 录

第一篇　环境影响评价总论

第一章　环境影响评价概论

第一节　环境影响评价基本概念

一、环境和环境影响评价

环境问题是社会经济发展到一定阶段的必然产物。人类社会的生存、发展活动加速了环境的变化。进入工业文明时代特别是20世纪后，随着人口的增加、科技水平的提高，人类对环境的冲击空前加大，环境问题成为突出问题，需要运用多种手段更新人类社会的生存发展观念，协调人与环境之间的关系，实现人类社会的可持续发展。

1. 环境的定义

环境是指人类以外的整个外部世界的总和。具体地说，环境是指围绕着人群的空间以及其中可以直接、间接影响人类生活和发展的各种自然因素和社会因素的总体。

《中华人民共和国环境保护法》规定了环境的定义，环境是指影响人类生存和发展的各种天然的和经过人工改造的自然因素的总体，包括大气、水、海洋、土地、矿藏、森林、草原、野生生物、自然遗迹、人文遗迹、自然保护区、风景名胜区、城市和乡村等。

在其他相关的环境保护法规中，有时把环境中应当保护的对象或环境要素等称为环境，但环境不只限于这些内容。

2. 环境的功能

环境是一个复杂的系统，是人类生存和发展的物质基础。环境为人类的生存提供了必要的物质条件和活动空间；为人类社会经济发展提供了各种自然资源；为人类社会经济活动所产生的废物提供了弃置消纳的场所。人类对环境系统干扰作用必须限制在一定的范围之内，否则，环境系统的功能就会受到破坏，从而形成各种各样的环境问题。

3. 环境要素

环境要素指构成环境整体的各个独立的、性质各异而又服从总体演化规律的基本物质组成，也叫环境基质，可分为自然环境要素和社会环境要素，通常是指水、大气、声与振动、生物、土壤、岩石、日照、放射性、电磁辐射、人群健康等。

4. 环境问题

当今人类社会面临的环境问题大体可以分为两大类：一是环境污染，即空气、水和土壤等环境要素的物理、化学和生物学性质发生了危害人和其他物种生命的变化；二是生态破坏，即生态系统结构和功能发生了不利于人和其他物种生存和发展的变化。

5. 环境质量

环境质量是环境状态品质优劣（程度）的表示，是在某具体的环境中，环境总体或其中某些要素对人群健康、生存和繁衍以及社会经济发展适宜程度的量化表达，是因人对环境的具体要求而形成的评定环境的一种概念。

6. 环境容量

环境容量是衡量和表现环境系统、结构、状态相对稳定性的概念。它是指在一定行政区域内，为达到环境目标值，在特定的产业结构和污染源分布条件下，根据该区域的自然净化能力，所能承受的污染物最大排放量。也就是说，是指在满足人类生存和发展的需要，同时保护该区域生态系统不受危害的前提下，某一环境要素中某种污染物的最大容纳量。

环境容量是一个变量，因地域的不同，时期的不同，环境要素的不同以及对环境质量要求的不同而不同。某区域环境容量的大小，与该区域本身的组成、结构及其功能有关。

环境容量按环境要素，可细分为大气环境容量、水环境容量、土壤环境容量和生物环境容量等。此外，还有人口环境容量、城市环境容量等。

7. 累积影响

累积影响是指当一种活动的影响与过去、现在及将来可预见活动的影响叠加时，造成环境影响的后果。

8. 环境影响评价

《中华人民共和国环境影响评价法》规定，环境影响评价，是对规划和建设项目实施后可能造成的环境影响进行分析、预测和评估，提出预防或者减轻不良环境影响的对策和措施，进行跟踪监测的方法与制度。以下六个方面构成了环境影响评价概念的完整体系。

① 环境影响评价是一种方法，是对规划和建设项目实施后可能造成的环境影响进行分析、预测和评估。在这个层面上，环境影响评价指的是方法，包括物理学、化学、生态学、文化与社会经济学等方面。

② 环境影响评价是环境管理的一项制度，并以法律形式加以认定。在这个层面上，环境影响评价指的是制度，但它与环境影响评价制度是两个不同的概念。环境影响评价是一种科学方法或者一种技术手段，通过这种方法或手段来预防或减轻环境污染与生态破坏。这种方法或手段是随着理论研究和实践经验的发展、科学技术的进步不断地改进、发展和完善的。

③ 环境影响评价的对象：拟议中的政府有关的经济发展规划和建设单位欲建的建设项目。

④ 环境影响评价的目的：分析、预测和评估所评价对象在实施后可能造成的环境影响。

⑤ 环境影响评价的作用：通过分析、预测和评估，要提出具体而明确的预防或者减轻不良环境影响的对策和措施。

⑥ 回顾性环境影响评价：环保部门对规划和建设项目实施后的实际环境影响，要进行跟踪监测和分析、评估。

二、环境影响评价的原则

按照以人为本，建设资源节约型、环境友好型社会和科学发展的要求，遵循以下原则开展环境影响评价工作。

(1) 依法评价原则　环境影响评价过程中应贯彻执行我国环境保护相关的法律法规、标准、政策，分析建设项目与环境保护政策、资源能源利用政策、国家产业政策和技术政策等有关政策及相关规划的相符性，并关注国家或地方在法律法规、标准、政策、规划及相关主体功能区划等方面的新动向。

（2）早期介入原则　环境影响评价应尽早介入工程前期工作中，重点关注选址（或选线）、工艺路线（或施工方案）的环境可行性。

（3）完整性原则　根据建设项目的工程内容及其特征，对工程内容、影响时段、影响因子和作用因子进行分析、评价，突出环境影响评价重点。

（4）广泛参与原则　环境影响评价应广泛吸收相关学科和行业的专家、有关单位和个人及当地环境保护管理部门的意见。

第二节　国内外环境影响评价的发展

一、环境影响评价在国外的发展和特点

1. 环境影响评价的由来

美国是世界上第一个把环境影响评价用法律要求固定下来并建立环境影响评价制度的国家。1969 年美国国会通过《国家环境政策法》明文规定：在对人类环境质量具有重大影响的每项生态建议或立法建议报告和其他重大联邦行动中，均应由提出建议的机构向相关主管部门提供一份详细报告，说明拟议中的行动将会对环境和自然资源产生的影响、采取的相应减缓措施以及替代方案等，这就是环境影响评价制度的开始。

继美国建立环境影响评价制度后，先后有瑞典、新西兰、加拿大、澳大利亚、马来西亚、德国、印度、菲律宾、泰国、中国、印度尼西亚、斯里兰卡等国家在 20 世纪 70 年代建立了环境影响评价制度。经过 30 多年来的发展，已有 100 多个国家建立了环境影响评价制度。环境影响评价的内涵也不断得到提高：从对自然环境的影响评价发展到社会环境的影响评价，其中自然环境的影响不仅考虑环境污染，还注重其对生态系统的影响。此外，各国还逐步开展了环境风险评价、区域建设项目的累积性影响，近十多年来，环境影响后评价也成为很多研究者的兴趣，并逐步推广到大的建设项目中。

环境影响评价的对象从最初单纯的工程建设项目，发展到区域开发环境影响评价和战略环境评价，环境影响评价的技术方法和程序也在发展中不断得以完善。

2. 国外环境影响评价的新发展

一个工程项目的取舍往往由经济、技术、管理、组织、商业与财政这六方面来决定，特别是从经济角度，根据利润、成本分析来取消那些效率低、成本高的项目。因此往往有人认为环境问题虽然重要，但过于重视会影响资源开发，影响现实社会的需求，是本末倒置。但工业发达国家已有因经济发展带来环境污染而危害人类自身的历史教训，所以环境影响评价作为一种监督因素，已成为考虑项目取舍的第七个方面，以控制不利于环境的经济增长。

国外环境影响评价近十年来发展很快，归纳起来主要有以下几个方面。

（1）社会环境影响评价　社会环境影响评价包括建设项目引起的对一个地区的社会组成、结构、人际关系、社区关系、经济发展、文化教育、娱乐活动、服务设施、文物古迹及美学等方面的影响，这些影响是建设项目引起的土地利用变化、人口的增加以及就业趋势的转变等的间接后果，常常是环境影响的实质性问题。

（2）生态环境影响评价　生态影响评价的内容涉及生态系统的种群组成及生态系统的功能和结构等问题。经济建设项目引起的任何环境条件变化会影响生物群落内居住在一起的生物种群的组合，从而改变其生态系统结构及其功能，经常涉及建设项目周围地区自然资源的

破坏以及生态系统生产力水平降低。

(3) 景观影响评价研究 景观影响评价研究的内容一般包括：建立物理模型、计算景观价值指数、发展视觉模型（包括视线分析、无视线分析、计算机扫描）等。目前国内外十分重视这方面的研究。

(4) 环境风险评价 20世纪80年代首先由加拿大兴起了有关环境风险评价研究，它的主要目标，一是确定应该控制的污染风险重点；二是对确定的重点选择恰当的减少风险的措施。国外重视环境风险评价中的不确定性分析，研究环境污染与人体健康的关系，尽可能减少不确定性。

(5) 环境影响综合评价及环境经济分析 环境影响综合评价是在对建设项目进行单项的环境预测与分析之后，从总体上对这些不同领域的分析进行综合研究，是国外正在迅速发展的领域。方法主要有判别法、叠置法、列表法、矩阵法及网络法等类型。在建设项目环境影响综合评价基础上进行环境经济分析，是由环境影响评价过渡到最后决策的重要步骤。

二、我国环境影响评价的发展沿革

我国环境影响评价的发展经历了从引入、规范到拓展五个阶段，下面详细阐述。

1. 引入和确立阶段（1973～1979年）

1972年我国领导就宣布要重视环境保护，随后成立了环境保护领导小组，此时是我国开展环境保护工作的初期阶段。在区域或流域的环境污染调查及评价的基础上，各地对企业排放的废水、废气及废渣逐步开始了单项治理，取得了初步成效。

1979年9月颁布的《中华人民共和国环境保护法（试行）》，明确规定了环境影响评价制度。指出：一切企业、事业单位的选址、设计、建设和生产，都必须注意防止对环境的污染和破坏。在进行新建、改建和扩建工程中，必须提出环境影响报告书，经环境保护主管部门和其他有关部门审查批准后才能进行设计。从此，我国的环境影响评价制度正式确立。

2. 规范和建设阶段（1980～1989年）

《中华人民共和国环境保护法（试行）》中明确规定了环境影响评价制度。此后十年间，环境污染得到初步控制，局部地区环境质量得到改善，这与执行环境影响评价制度是分不开的。

此后相继颁布的各项环境保护法律、法规不断对环境影响评价进行规范，如1982年颁布的《海洋环境保护法》第六、第九和第十条，1984年颁布的《水污染防治法》第十三条，1987年颁布的《大气污染防治法》第九条，1988年颁布的《野生动物保护法》第十二条，以及1989年颁布的《环境噪声污染防治条例》第十五条等，都有关于环境影响评价的规定。

国家还通过部门行政规章，逐步明确了环境影响评价的内容、范围和程序，环境影响评价的技术方法也不断完善。随着环境保护实践的发展，逐步转向区域环境污染的综合防治，对于防治污染起到了积极作用。

1989年颁布的《中华人民共和国环境保护法》第十三条中规定：污染环境的项目必须遵守国家有关建设项目环境管理的规定。建设项目的环境影响报告书，必须对其产生的污染和对环境的影响作出评价，规定防治措施，经主管部门预审，并依照规定的程序报环境保护行政主管部门批准。环境影响报告书经批准后，计划部门方可批准建设项目设计任务书。

3. 强化和完善阶段（1990～1998年）

从1989年12月通过《中华人民共和国环境保护法》到1998年11月国务院颁布《建设项目环境保护管理条例》，是建设项目环境影响评价强化和完善的阶段。期间我国经济发展迅速，各省、市普遍开展了 2000 年环境预测研究，按规定对新建项目开展了环境影响评价工作，对避免新环境问题的产生起了重要作用。国际合作与交流，也进一步完善了我国的环境影响评价制度。环境影响评价真正成为我国现阶段保护环境的重要手段。

4. 提高阶段（1999～2002 年）

1998 年颁布实施的《建设项目环境保护管理条例》，是建设项目环境管理的第一个行政法规，中国的环境影响评价制度不仅得以确立和发展，更推向了一个新的阶段。

在此期间，环境影响评价也发挥了重要作用。

第一，通过环境影响评价，可以为经济的合理布局提供前提条件。进行环境影响评价，即认识人类经济活动与保护环境的相互依赖和相互制约关系的过程。环境影响评价制度是对我国传统经济发展方式的重大改革。

第二，通过区域开发的环境影响评价，为确定一个地区的发展方向和规模提供依据。在传统的经济发展中，对一个地区常缺乏经济和环境容量的综合分析，盲目性很大，往往引起环境污染和破坏。对新经济开发区开展环境影响评价，按照其环境功能、环境容量安排社会和经济发展，才能取得好的效果。

第三，为合理确定环境保护对策，进行科学管理提供了依据。通过环境影响评价，可以针对某一建设项目或地区发展的环境影响，采取针对性的对策，保护环境，进行科学管理。

5. 拓展阶段（2003 年至今）

2002 年 10 月 28 日，第九届全国人大常委会通过了《中华人民共和国环境影响评价法》，环境影响评价从项目环评进入到规划环评阶段，环境影响评价制度有了新发展。2004 年 2 月，人事部、国家环保总局决定在全国环境影响评价行业建立环境影响评价工程师职业资格制度，对环境影响评价技术以及从业者提出了更高的要求。

总之，环境影响评价制度是正确认识社会经济及环境之间关系的重要手段和方法，对环境保护具有重大意义。

三、环境影响评价制度体系

经过 30 多年的发展，我国的环境影响评价制度体系已初步形成，主要包括以下内容。

1. 法律

《中华人民共和国环境保护法》(1989 年颁布)，用法律确立和规范了我国的环境影响评价制度。《中华人民共和国环境影响评价法》（2002 年 10 月 28 日颁布，2003 年 9 月 1 日施行)，把环境影响评价从项目环境影响评价拓展到规划环境影响评价。

2. 行政法规

《建设项目环境保护管理条例》（1998 年国务院 253 号令颁布）规定了对建设项目实行分类管理，对建设项目环评单位实施资质管理，规定了有关单位及人员的法律责任。

3. 部门规章和地方法规、规章

依据《中华人民共和国环境影响评价法》和《建设项目环境保护管理条例》，国家环境保护总局和国务院有关部委及各省、自治区、直辖市人大、政府和有关部门，陆续颁布了一系列行政规章和地方法规、规章。

4. 标准与技术规范

①《环境影响评价技术导则——总纲》(HJ 2.1—2011)

②《环境影响评价技术导则——大气环境》(HJ 2.2—2008)

③《环境影响评价技术导则——地面水环境》(HJ/T 2.3—1993)

④《环境影响评价技术导则——地下水环境》(HJ 610—2011)

⑤《环境影响评价技术导则——声环境》(HJ 2.4—2009)

⑥《环境影响评价技术导则——生态影响》(HJ 19—2011)

⑦《建设项目环境风险评价技术导则》(HJ/T 169—2004)

⑧《规划环境影响评价技术导则(试行)》(HJ/T 130—2003)

⑨《开发区区域环境影响评价技术导则(试行)》(HJ/T 131—2003)

第三节 我国环境影响评价制度介绍

一、建设项目环境影响评价分类管理

国家根据建设项目对环境的影响程度,对建设项目的环境影响评价实行分类管理。

1. 分类管理的含义和内容

对建设项目环境影响评价分类管理是指依据建设项目对环境影响程度的大小,分类别规定其所适用的环境影响评价的具体要求及管理规定和程序。建设项目的环境影响评价分类管理名录,由国务院环境保护行政主管部门制定并公布。建设单位应当按照如下规定组织编制环境影响报告书、报告表或者填报环境影响登记表(环境影响评价文件包括建设项目环境影响报告书和建设项目环境影响报告表,不包括环境影响登记表)。

① 可能造成重大环境影响的,应当编制环境影响报告书,对建设项目产生的污染和对环境的影响进行全面详细的评价。

② 可能造成轻度环境影响的,应当编制环境影响报告表,对产生的环境影响进行分析或者专项评价。

③ 对环境影响很小、不需要进行环境影响评价的,应当填报环境影响登记表。

在执行分类管理时需注意:只有列入名录的建设项目才属环境法规定的环境影响评价适用对象,需要办理相关的环境影响评价文件和审批手续;名录的对象范围只限于环境法第3条规定的对环境有影响的建设项目,对环境基本没有影响的建设项目不应当列入名录当中。

2. 建设项目实行分类管理的依据

实行分类管理的依据,是建设项目可能造成的环境影响程度。建设项目对环境的影响程度,分为重大影响、轻度影响或者影响很小,主要包括影响的大小(或轻重)、影响的范围以及影响的复杂性,它与建设项目的性质、规模、所在地点和具体采用的工艺技术或拟定的开发方式、强度等有密切的关系。

建设项目对环境可能造成重大影响的,应当编制环境影响报告书。

建设项目对环境可能造成轻度影响的,应当编制环境影响报告表,对建设项目产生的污染和对环境的影响进行分析或者专项评价。这些建设项目主要具有如下特征。

① 污染因素单一,而且污染物种类少、产生量小或毒性较低的建设项目。

② 对地形、地貌、水文、土壤、生物多样性等有一定影响,但不改变生态系统结构和功能的建设项目。

③ 基本不对环境敏感区(下面详述)造成影响的小型建设项目。

对环境影响很小的建设项目,不需要进行环境影响评价,但必须履行环境影响登记表的填报和审批手续。这种情况下,填报环境影响登记表就是履行环境影响评价制度。

3. 环境敏感区的含义

环境敏感区是指依法设立的各级各类自然、文化保护地，以及对建设项目的某类污染因子或者生态影响因子特别敏感的区域，主要包括：

① 自然保护区、风景名胜区、世界文化和自然遗产地、饮用水水源保护区。

② 基本农田保护区、基本草原、森林公园、地质公园、重要湿地、天然林、珍稀濒危野生动植物天然集中分布区、重要水生生物的自然产卵场及索饵场、越冬场和洄游通道、天然渔场、资源型缺水地区、水土流失重点防治区、沙化土地封禁保护区、封闭及半封闭海域、富营养化水域。

③ 以居住、医疗卫生、疗养地、文化教育、科研、行政办公等为主要功能的区域，文物保护单位，以及具有特殊历史、文化、科学、民族意义的保护地，这些也统称为社会关注区。

二、评价资格的审核认定

（一）建设项目环境影响评价机构资质管理

环境影响评价的资质管理是指对从事建设项目环境影响评价技术服务机构的执业条件和执业活动进行审查和监督。法律规定，接受委托为建设项目环境影响评价提供技术服务的机构，应当经国务院环境保护行政主管部门考核审查合格后颁发资质证书，按照资质证书规定的等级和评价范围，从事环境影响评价服务，并对评价结论负责。

环境影响评价文件中的环境影响报告书或者环境影响报告表，应当由具有相应环境影响评价资质的机构编制。建设项目的环境影响评价工作，由取得相应资格证书的单位承担。截至 2006 年 4 月，全国有甲级单位 201 家，乙级单位 820 家。

1. 建设项目环境影响评价资质等级和评价范围划分

建设项目环境影响评价资质证书分等级，并限定评价范围，评价资质分为甲、乙两个等级。国家环境保护部还根据评价机构专业特长和工作能力，确定相应的评价范围。评价范围分为环境影响报告书的 11 个小类和环境影响报告表的 2 个小类，见表 1-1。

（1）甲级评价机构应当具备的条件

① 在中国境内登记的企业或事业法人，具有固定的工作场所和工作条件，固定资产不少于 1000 万元，其中企业法人工商注册资金不少于 300 万元。

② 能够开展规划及重大流域、跨省级行政区域建设项目的环境影响评价；能够独立编制污染因子复杂或生态环境影响重大的建设项目环境影响报告书；能够独立完成建设项目的工程分析、各环境要素和生态环境的现状调查与预测评价以及环境保护措施的经济技术论证；有能力分析、审核协作单位提供的技术报告和监测数据。

③ 具备 20 名以上环评专职技术人员，其中至少有 10 名登记于该机构的环境影响评价工程师（环评工程师），其他人员应当取得环评岗位证书。环境影响报告书评价范围包括核工业类的，专职技术人员中还应当至少有 3 名注册于该机构的核安全工程师。

④ 配备工程分析、水环境、大气环境、声环境、生态、固体废物、环境工程、规划、环境经济、工程概算等方面的专业技术人员。

⑤ 环境影响报告书评价范围内的每个类别应当配备至少 3 名登记于该机构的相应类别的环评工程师，且至少 2 人主持编制过相应类别省级以上环境保护行政主管部门审批的环境影响报告书。环境影响报告表评价范围内的特殊项目环境影响报告表类别，应当配备至少 1 名登记于该机构的相应类别的环评工程师。

（2）乙级评价机构应当具备的条件

表 1-1 建设项目环境影响评价资质的评价范围

类别		所对应的具体业务领域
环境影响报告书	轻工纺织化纤	各种化学纤维、棉、毛、丝、绢等制造以及服装、鞋帽、皮革、毛皮、羽绒及其制品的生产、加工等项目 食品、饮料、酒类、烟草、纸及纸制品、印刷业、人造板、家具、记录媒介的制造及加工等项目
	化工石化医药	基本化学原料、化肥、农药、有机化学品、合成材料、感光材料、日用化学品及专用化学品的生产加工与制造等项目 原油、人造原油、石油制品、焦炭(含煤气)的加工制造等项目 各种化学药品原药、化学药品制剂、中药材及中成药、动物药品、生物制品的制造及加工等项目 转基因技术推广应用、物种引进等高新技术项目
	冶金机电	普通机械,金属加工机械,通用设备,轴承和阀门,通用零部件,铸锻件,机电、石化、轻纺等专用设备,农、林、牧、渔、水利机械,医疗机械,交通运输设备,航空航天器,武器、弹药,电气机械及器材,电子及通信设备,仪器仪表及文化办公用机械,家用电器及金属制品的制造、加工及修理等项目 拆船、电器拆解、电镀、金属制品表面处理等项目 电子加工等项目 黑色金属、有色金属、贵金属、稀有金属的冶炼及压延加工等项目
	建材火电	水泥、玻璃、陶瓷、石灰、砖瓦、石棉等各种工业及民用建筑材料制造与加工等项目 各种火电、脱硫工程、蒸汽、热水生产、垃圾发电等项目
	农林水利	农、林、牧、渔业的资源开发、养殖及其服务等项目 防沙治沙工程项目 水库、灌溉、引水、堤坝、水电、潮汐发电等项目
	采掘	地质勘察、露天开采、石油及天然气开采、煤炭采选、金属和非金属矿采选等项目
	交通运输	铁路、公路、地铁、城市交通、桥梁、隧道、港口、码头、航道、水运枢纽等项目 管线、管道、光纤光缆、仓储建设及相关工程等项目 各种民用、军用机场及其相关工程等项目
	社会区域	房地产、停车场、污水处理厂、城市固体废物处理(处置)、进口废物拆解、自来水生产和供应、园林、绿化等城市建设项目及综合整治项目 卫生、体育、文化、教育、旅游、娱乐、商业、餐饮、社会福利、社会服务设施、展览馆、博物馆、游乐场等项目 流域开发、海岸带开发、围海造地、围垦造地、防洪堤坝、开发区建设、城市新区建设和旧区改建的区域性开发等项目
	海洋工程	海底管道、海底缆线铺设、海洋石油勘探开发等项目
	输变电及广电通信	移动通信、无线电寻呼等雷达和电信等项目 输变电工程及电力供应等项目 邮电、广播、电视等项目
	核工业	核设施项目 核技术应用项目 伴生放射性矿物资源开发利用,放射性天然铀、钍伴生矿的开采、加工和利用及废渣的处理和贮存等项目
环境影响报告表	一般项目环境影响报告表 可编制除输变电及广电通信、核工业类别以外项目的环境影响报告表	
	特殊项目环境影响报告表 可编制输变电及广电通信、核工业类别建设项目的环境影响报告表	

① 在中国境内登记的企业或事业法人，具有固定的工作场所和工作条件，固定资产不少于200万元，企业法人工商注册资金不少于50万元。评价范围为环境影响报告表的评价机构，固定资产不少于100万元，企业法人工商注册资金不少于30万元。

② 能够独立编制建设项目的环境影响报告书或环境影响报告表；能够独立完成建设项目的工程分析、各环境要素和生态环境的现状调查与预测评价以及环境保护措施的经济技术论证；有能力分析、审核协作单位提供的技术报告和监测数据。

③ 具备12名以上环评专职技术人员，其中至少有6名登记于该机构的环评工程师，其他人员应当取得环境影响评价岗位证书。环境影响报告书评价范围包括核工业类的，专职技术人员中还应当至少有2名注册于该机构的核安全工程师。

④ 评价范围为环境影响报告表的评价机构，应当具备8名以上环评专职技术人员，其中至少有2名登记于该机构的环评工程师，其他人员应当取得环境影响评价岗位证书。

⑤ 环境影响报告书评价范围内的每个类别应当配备至少2名登记于该机构的相应类别的环评工程师，且至少1人主持编制过相应类别的环境影响报告书。环境影响报告表评价范围内的特殊项目环境影响报告表类别，应当配备至少1名登记于该机构的相应类别的环评工程师。

2. 环境影响评价机构管理、考核与监督的有关规定

评价机构应当对环境影响评价结论负责。所主持编制的环境影响报告书和特殊项目环境影响报告表须由登记于该机构的相应类别的环评工程师主持；一般项目环境影响报告表须由登记于该机构的环评工程师主持。环境影响报告书和报告表的各专题应当由本机构的环评专职技术人员主持。

环境影响报告书和报告表中应当附编制人员名单表，列出主持该项目及各章节、各专题的环评专职技术人员的姓名、环评工程师登记证或环评岗位证书编号，并附主持该项目的环评工程师登记证复印件。编制人员应当在名单表中签字，并承担相应责任。环评工程师登记证中的评价机构名称与其环评岗位证书中的评价机构名称应当一致。

评价机构应当执行国家规定的收费标准，坚持公正、科学、诚信的工作原则，遵守职业道德，讲求专业信誉。

国家环境保护部负责对评价机构实施统一监督管理，组织或委托省级环境保护行政主管部门组织对评价机构进行抽查。发现评价机构不符合相应资质条件规定的，国家环境保护总局重新核定其评价资质，对违反上述规定的予以处罚。

3. 建设项目环境影响评价机构违反有关规定应承担的法律责任

接受委托为建设项目环评提供技术服务的机构在评价工作中不负责任或者弄虚作假，致使环评文件失实的，由授予环评资质的环境保护行政主管部门降低其资质等级或者吊销其资质证书，并处所收费用一倍以上三倍以下的罚款；构成犯罪的，依法追究刑事责任。

(1) 环评工作质量较差或环评结论错误的情形　建设项目工程分析出现较大失误的；环境现状描述不清或环境现状监测数据选用有明显错误的；环境影响识别和评价因子筛选存在较大疏漏的；环境标准适用错误的；环境影响预测与评价方法不正确的；环境影响评价内容不全面、达不到相关技术要求或不足以支持环境影响评价结论的；所提出的环境保护措施建议不充分、不合理或不可行的；环境影响评价结论不明确的。

(2) 建设项目环评机构违规的法律责任　建设项目环评机构违反有关规定应承担的法律责任有：降低其资质等级、吊销其资质证书并处所收费用一倍以上三倍以下的罚款；构成犯

罪的，依法追究刑事责任。

(3) 建设项目环评机构违反资质规定的处罚 评价机构在环评工作中不负责任或者弄虚作假，致使环评结论错误的，依规定予以处罚。国家环境保护总局视情节轻重，分别给予警告、通报批评、责令限期整改 3～12 个月、缩减评价范围或者降低资质等级；评价机构在限期整改期间，不得承担环境影响评价工作。

（二）环境影响评价工程师职业资格制度

1. 环境影响评价工程师职业资格的有关规定

我国自 1990 年起规定环境影响评价从业人员应持有环评上岗证方能开展环评工作。根据我国对专业技术人员“淡化职称，强化岗位管理”的要求，人事部、原国家环境保护总局又规定，从 2004 年 4 月 1 日起在全国实施环评工程师职业资格制度。环评工程师可主持进行下列工作：①环境影响评价；②环境影响后评价；③环境影响技术评估；④环境保护验收。

2005 年 2 月 23 日国家环保总局发布了《环境影响评价工程师职业资格登记管理暂行办法》。按照规定，环评工程师职业资格实行定期登记制度，登记有效期 3 年，有效期满前，应按规定再次登记。环保总局（现为环境保护部）或其委托机构为环评工程师职业资格登记管理机构。

办理环评工程师职业资格登记的人员条件：应取得《中华人民共和国环境影响评价工程师职业资格证书》；职业行为良好，无犯罪记录；身体健康，能坚持在本专业岗位工作；所在单位考核合格。再次登记者，还应提供相应专业类别继续教育或参加业务培训的证明。

环评工程师应在具有环评资质的单位，以该单位名义接受环评委托业务。在接受环评业务时，应为委托人保守商务秘密。对主持完成的环评工作技术文件承担相应责任。

2. 环境影响评价工程师违反有关规定应受的处罚

环评工程师违反有关规定应受的处罚有被注销登记和通报批评或暂停业务两类。

环评工程师有下列情形之一者，登记管理办公室视情节轻重，予以通报批评或暂停业务 3～12 个月：①有效期满未申请再次登记的；②私自涂改、出借、出租和转让登记证的；③未按规定办理变更登记手续或变更登记后仍使用原登记证从事环评及相关业务的；④以个人名义承揽环评及相关业务的；⑤接受环评及相关业务委托后，未为委托人保守商务秘密的；⑥主持编制的环评相关技术文件质量较差的；⑦超出登记类别所对应的业务领域或所在单位资质等级、业务范围从事环评及相关业务的；⑧在环评及相关业务活动中未执行法律、法规及环评相关管理规定的。

环评工程师有下列情形之一者，登记管理办公室予以注销登记：①不具备完全民事行为能力的；②有效期满未获准再次登记的；③脱离环境影响评价及相关业务工作岗位 3 年以上的；④在两个或两个以上单位以环评工程师的名义从事环评及相关业务的；⑤以他人名义或允许他人以本人名义从事环评及相关业务的；⑥以不正当手段取得环评工程师职业资格或登记的；⑦在环评及相关业务活动中不负责任或弄虚作假，致使环评相关技术文件失实的；⑧因环评及相关业务工作失误，造成严重环境污染和生态破坏后果的；⑨受刑事处罚的。

三、环境影响评价中的公众参与

在环境影响评价过程中，国家鼓励有关单位、专家和公众以适当方式参与环境影响评价。除规定需要保密的情形外，对环境可能造成重大影响、应当编制环境影响报告书的建设项目，建设单位应当在报批建设项目环境影响报告书前，举行论证会、听证会或者采取其他形式在内的一种或者多种形式，征求有关单位、专家和公众的意见，特别是征求项目所在地有关单位和居民的意见。公众参与应贯穿于环境影响评价工作的全过程中，即全过程参与；公众参与过程中应充分注意参与公众的广泛性和代表性，参与对象应包括可能受到建设项目直接影响和间接影响的有关企事业单位、社会团体、非政府组织、居民、专家和公众等。建设单位报批的环境影响报告书应当附对有关单位、专家和公众的意见采纳或者不采纳的说明。

实际环境影响评价工作中应当注意以下两点。

① 公众参与建设项目的范围。规定需进行公众参与的只限对环境可能造成重大影响，并依法应当编制环境影响报告书的建设项目，编制报告表、登记表类的项目不特别要求进行公众参与工作。但若评价项目有涉及敏感区域环境问题的，必须进行公众参与。

② 公众参与的组织者。负责进行公众参与的主体是建设单位，而不是环境保护行政主管部门和承担环境影响评价工作的评价单位；建设单位可以委托承担环境影响评价工作的环境影响评价机构进行征求公众意见的活动。

1. 公众参与建设项目环境影响评价的方式

由建设单位以举行论证会、听证会或者其他形式（如召开座谈会、发调查函等）征求公众意见，给建设单位以比较多的选择途径。

2. 建设项目环境影响评价文件的报批时限

建设单位应当在建设项目可行性研究阶段报批建设项目环境影响报告书、环境影响报告表或者环境影响登记表，但是，铁路、交通等建设项目，经有审批权的环境保护行政主管部门同意，可以在初步设计完成前报批环境影响报告书或者环境影响报告表（不含登记表）。

按照国家有关规定，不需要进行可行性研究的建设项目，建设单位应当在建设项目开工前报批建设项目环境影响报告书、环境影响报告表或者环境影响登记表；其中，需要办理营业执照的，建设单位应当在办理营业执照前报批建设项目环境影响报告书、环境影响报告表或者环境影响登记表（含登记表）。

目前，建设项目分为审批、核准和备案三类。《关于建设项目环境影响评价分级审批的通知》规定：实行审批制的建设项目应当在报送可行性研究报告前完成环境影响评价文件报批手续；实行核准制的建设项目，建设单位应当在提交项目申请报告前完成环境影响评价文件报批手续；实行备案制的建设项目，建设单位应当在办理备案手续后和项目开工前完成环境影响评价文件报批手续。

3. 建设项目环境影响评价文件公示的时间

原国家环保总局 2006 年 2 月 14 日颁发了《环境影响评价公众参与暂行办法》，对公众参与的形式和内容做了具体的规定，特别是对环境信息公开（即公示）的内容和形式做了详细的规定。建设项目环境影响评价文件公示在环评单位接受项目、审批前、环保主管部门受理环评文件后均需要进行公示，公示时间不得少于 10 天（工作日）。环境保护行政主管部门在审批或者重新审核环境影响报告书的过程中，应当依照规定，公开有关环境影响评价的信息，征求公众意见，但国家规定需要保密的情形除外。

在《环境分类管理名录》规定的环境敏感区建设的需要编制环境影响报告书的项目，建设单位应在确定了承担环境影响评价工作的环评机构后 7 日内，向公众公告下列信息：①建设项目的名称及概要；②建设项目的建设单位名称和联系方式；③承担评价工作的环境影响评价机构的名称和联系方式；④环境影响评价的工作程序和主要工作内容；⑤征求公众意见的主要事项；⑥公众提出意见的主要方式。

建设单位或者其委托的环境影响评价机构在编制环境影响报告书的过程中，应当在报送环境保护行政主管部门审批或者重新审核前，向公众公告如下内容：①建设项目情况简述；②建设项目对环境可能造成影响的概述；③预防或者减轻不良环境影响的对策和措施的要点；④环境影响报告书提出的环境影响评价结论的要点；⑤公众查阅环境影响报告书简本的方式和期限，以及公众认为必要时向建设单位或者其委托的环境影响评价机构索取补充信息的方式和期限；⑥征求公众意见的范围和主要事项；⑦征求公众意见的具体形式；⑧公众提出意见的起止时间。

建设单位或者其委托的环境影响评价机构，可以采取以下一种或者多种方式发布信息公告：①在建设项目所在地的公共媒体上发布公告；②公开免费发放包含有关公告信息的印刷品；③其他便利公众知情的信息公告方式。

建设单位或其委托的环境影响评价机构，可以采取以下一种或者多种方式，公开便于公众理解的环境影响评价报告书的简本：①在特定场所提供环境影响报告书的简本；②制作包含环境影响报告书的简本的专题网页；③在公共网站或者专题网站上设置环境影响报告书的简本的链接；④其他便于公众获取环境影响报告书的简本的方式。

第四节 环境影响评价标准

一、环境标准的基本概念

1. 环境标准的定义

环境标准是控制污染、保护环境的各种标准的总称，是由国家按照法定程序制定和批准的技术规范。它是根据人群健康、生态平衡和社会经济发展对环境结构状态的要求，在综合考虑本国自然环境特征、科学技术水平和经济条件的基础上，对环境要素间的配比、布局和各环境要素的组成所做的规定。

我国的环境标准除了各种指数和基准之外，还包括与环境监测、评价以及制定标准和法制有关的基础和方法的统一规定。

2. 环境标准的功能

环境标准是一种法规性的技术指标和准则，是国家进行科学的环境管理所遵循的技术基础和准则，因此是环保工作的核心和目标。

环境标准是评价环境状况和其他环保工作的法定依据，也是环境管理的工具之一。它是环境管理工作由定性转入定量，更加科学化的显示，是环境管理目标和效果的表示。

合理的环境标准可以指导经济和环境协调发展，严格执行环境标准可以保护和恢复环境资源价值，维持生态平衡，提高人类的生活质量和健康水平，并为制定区域发展负载容量奠定基础。对于某些有价值的环境资源已被污染干扰而致破坏的地区，采用严格的区域排放标准可以逐步改善各种参数，使其逐步达到环境质量标准，并恢复资源价值。

3. 环境标准的分类

根据《中华人民共和国环境标准管理办法》，我国的环境标准分为三类，即环境质量标准、污染物排放标准、环境保护基础和方法标准（包括环境监测方法标准、环境标准样品标准、环境基础标准等）。

① 环境质量标准有大气、地面水、海水、噪声、振动、电磁辐射、放射性辐射以及土

壤等各个方面的标准。

② 污染物排放标准，又称控制标准。除了污水综合排放标准以及行业的排放标准外，对烟、噪声、振动、放射性、电磁辐射也都作了防护规定。

③ 环境保护基础和方法标准是对标准的原则、指南和导则、计算公式、名词、术语、符号等所作的规定，是制定其他环境标准的基础。

环境标准要随着对环境问题危害程度的认识和国家技术经济水平的提高而不断更新和完善，对不同的功能区要制定不同的环境标准。环境标准还包括各种分析、测定方法标准和技术导则，监测技术、环境区划、规划的技术要求、规范、导则等。

在环评过程中，某些项目没有标准时允许使用推荐的标准或借鉴国外的相关标准。

4. 环境标准的等级

环境标准分国家环境标准和地方环境标准两级。我国的地方标准是省、自治区、直辖市级的地方标准，基础和方法标准只有国家级标准。

国家标准具有全国范围的共性或针对普遍的和具有深远影响的重要事物，它具有战略性的意义。而地方标准带有区域性和行业特殊性，它们是对国家标准的补充和具体化。由于地方标准一般严于国家标准，因此在环评实践中，应优先执行地方标准。

行业标准也是国家标准，有行业标准的，优先执行环境保护行业标准。

二、环境标准的制订

1. 制订环境标准的原则

制定环境标准的首要原则是保障人体健康；其次要综合考虑社会、经济、环境三方面效益的统一；第三要综合考虑各种类型的资源管理，各地的区域经济发展规划和环境规划的要求和目标，贯彻高功能区用高标准保护，低功能区用低标准保护的原则；第四要和国内其他标准和规定、国际有关协定和规定相协调。

2. 制订环境标准的基础

制订环境标准的基础是确定与生态环境和人类健康有关的各种学科基准值；掌握环境质量的目前状况、污染物的背景值和长期的环境规划目标；了解当前国内外各种污染物处理技术水平；同时要考虑国家的财力水平和社会承受能力、污染物处理成本和污染造成的资源经济损失等；另外也要遵守国际上有关环境的协定和规定，参照其他国家的基准或标准值以及国内其他部门的环境标准，如卫生标准、劳保规定。

3. 制订环境标准的原理

(1) 环境质量标准的制订原理　环境质量标准是从多学科、多基准出发，研究社会的、经济的、技术的和生态的多种效应与环境污染物剂量的综合关系而制订的技术法规。制订环境质量标准的科学依据是环境质量基准。将各种基准值综合以后，还需与国内的环境质量现状、污染物负荷情况、社会的经济和技术力量对环境的改善能力、区域功能类别和环境资源价值等加以权衡协调，这样才能将环境质量标准置于合理可行的水平上。

(2) 污染物排放标准制订原理　污染物排放标准是指可排入环境的某种物质的数量或含量。污染物排放标准的设置情况可用图 1-1 来加以说明。图中可见，在点①以前，成本增加不多，去污率增加很快；在点①以后成本增加很多，而去污率增加不大，这反映了污染处理成本与效果的一般特征。所以拐点①具有最大经济效益。目前较发达的工业国家都采用“最佳实用技术”（BPT）和“最佳可行技术”（BAT）的方法制定排放标准，其含义是排放标准的制定是以经济上适用的污染物综合治理技术为依据，其中 BAT 要求较高，BPT 处于图上点②的位置，BAT 处于图上点③的位置。

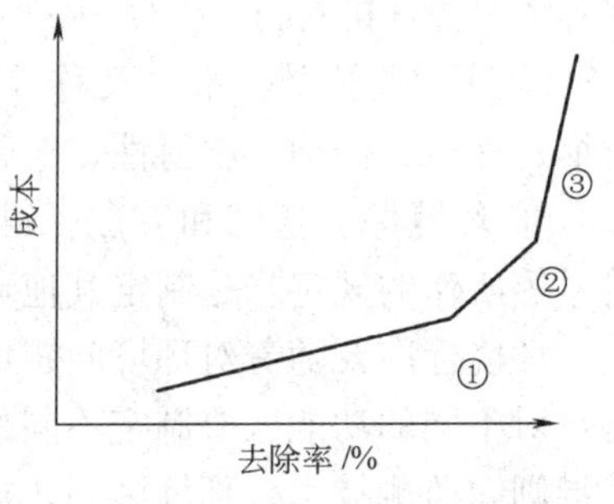

图 1-1　排放标准的设置

可见，排放标准可以随控制时期的国家经济技术条件的变化而变化。

三、环境标准的应用

环境标准是环境管理工作中的一个重要工具和手段，在环境管理工作中有众多应用。首先它是表述环境管理目标和衡量环境管理效果的重要标志之一；其次在进行环境现状评价和环境影响评价时，环境标准承担了尺度的角度；而在制定环境规划、进行功能分区时，各功能区的环境目标需用环境标准来表示；此外，在制定各种环境保护的法规和管理办法时，也必须以环境标准为准则，才能分清环境事故的责任人与责任大小，做出正确的评判。

四、环境影响评价常用标准

1. 环境质量标准

（1）地表水环境质量标准

① 地表水功能区分类

Ⅰ类：主要使用于源头水、国家自然保护区。

Ⅱ类：主要使用于集中式生活饮用水水源一级保护区、珍贵鱼类保护区、鱼虾产卵地等。

Ⅲ类：主要使用于集中式生活饮用水二级保护区、一般鱼类保护及游泳区。

Ⅳ类：主要使用于一般工业用水区及人体非接触的娱乐用水区。

Ⅴ类：主要使用于农业用水区及一般景观要求水域。

② 地表水环境质量标准分级。对应地表水上述五类功能区，《地表水环境质量标准》（GB 3838—2002）限值分为五类。

③ 其他水环境质量标准。我国《地表水质量标准》指标比较齐全，但对于特殊用途的水域，也可以执行《渔业水质标准》（GB 11607—1989）和《农田灌溉水质标准》（GB 5084—2005）等。海水和地下水也有相应的标准：《海水水质标准》（GB 3097—1997）、《地下水质量标准》（GB/T 14848—1993）。

（2）环境空气质量标准

① 环境空气质量功能区分类

一类区：自然保护区、风景名胜区和其他需要特殊保护的区域。

二类区：城镇规划中确定的居民区、商业交通居民混合区、文化区、一般工业区和农村地区。

三类区：特定工业区。

② 环境空气质量标准分级。一类区执行一级标准；二类区执行二级标准；三类区执行三级标准。

③ 其他标准。我国《环境空气质量标准》（GB 3095—1996）指标不够齐全，在环评实践中还需参照其他标准，如《工业企业设计卫生标准》（TJ 36—1979）中“居住区大气中有害物质的最高容许浓度”。此外，可参照《苏联工作环境空气和居民区大气中有害有机物的最大允许浓度》（1971）。

其他特殊空间空气质量也有相应的标准，如车间空气质量参照执行《中华人民共和国国家职业卫生标准》中的《工作场所有害因素职业接触限值》(GBZ 2—2002)，室内空气可执行《室内空气质量标准》(GB/T 18883—2002)，地下车库可参照执行《工作场所有害因素职业接触限值》。

(3) 声环境质量标准

① 城市区域声功能区分类

0类：疗养区、高级别墅区、高级宾馆区等特别需要安静的区域。位于城郊和乡村的这一类区分别按严于0类标准5dB执行。

1类：以居住、文教机关为主的区域。乡村居住环境可参照执行该类标准。

2类：居住、商业、工业混合区。

3类：工业区。

4类：城市中的道路交通干线两侧区域，穿越城区的内河航道两侧区域。穿越城区的铁路主、次干线两侧的背景噪声限值也执行该类标准。

② 城市区域声环境标准分级。《城市区域声环境噪声标准》(GB 3096—1993) 对应上述五类功能区分五级。

③ 其他标准。《城市区域环境振动标准》(GB 10070—1988)；《机场周围飞机噪声环境质量标准》(GB 9660—1988)。

(4) 其他环境质量标准　如《土壤环境质量标准》(GB 15618—1995) 等。

2. 污染物排放标准

(1) 水污染物排放标准

① 综合标准。《污水综合排放标准》(GB 8978—1996)，对不同排放标准规定了排入地表水域的等级。

一级：排入地表水Ⅲ类。

二级：排入地表水Ⅳ、Ⅴ类。

三级：纳入城市污水管。其中氨氮执行《污水排入城市下水道水质标准》(CJ 343—2010)。

② 行业标准。《城镇污水处理厂污染物排放标准》(GB 18918—2002)；《畜禽养殖业污染物排放标准》(GB 18596—2001)；《肉类加工工业水污染物排放标准》(GB 13457—1992)；《纺织染整工业水污染物排放标准》(GB 4287—1992)；《医疗机构水污染物排放标准》(GB 18466—2005)。

③ 地方标准。如《上海市污水综合排放标准》(DB 31/199—1997)

(2) 大气污染物排放标准

① 综合标准。《大气污染物综合排放标准》(GB 16297—1996) 规定了污染物排放浓度、排放速率和相应的排气筒高度。

② 行业标准。《饮食业油烟排放标准》(GB 18483—2001) 规定了污染物排放浓度和去除率；《锅炉大气污染物排放标准》(GB 13271—2001) 规定污染物浓度和排气筒高度；《工业炉窑大气污染物排放标准》(GB 9078—1996)；《恶臭污染物排放标准》(GB 14554—1993)。

③ 其他标准。《制定地方大气污染物排放标准的技术方法》(GB/T 13201—1991)。

(3) 噪声排放标准

① 综合标准。《工业企业厂界环境噪声排放标准》(GB 12348—2008)。

② 行业标准。《建筑施工场界噪声标准》(GB 12523—1990)；《铁路边界噪声限值及其测量方法》(GB 12525—1990)。

复习思考题

1. 什么是环境影响？如何理解环境影响评价的内涵？
2. 环境影响评价制度包含哪些内容？
3. 简述国家关于环境评价文件公示时间的有关规定。
4. 简述我国环境影响评价标准的构成。

第二章　环境影响评价的内容与方法

第一节　环境影响评价基本程序

环境影响评价工作从诞生到现在，已经逐步得到规范和有序。从管理程序划分，建设项目环境影响评价包括以下环节：编制环评大纲、编制环境影响报告书（表）、评估环境影响报告书（表）和审批环境影响报告书（表），而在每个环节中还有许多工作内容。下面从工作程序阶段划分、工作等级划分、审批程序等方面进行介绍。

一、环境影响评价的工作程序

从工作程序上，环境影响评价工作可分为三个阶段：准备阶段，分析论证和预测评价阶段，环境影响评价文件编制阶段。这三个阶段的主要工作内容如下。

1. 准备阶段

这一阶段的工作包括前期准备、调研和工作方案计划确定。

(1) 研究有关文件　研究国家和地方的法律法规、发展规划和环境功能区划、技术导则和相关标准、建设项目依据、可行性研究资料及其他有关技术资料。

(2) 进行初步的工程分析　明确建设项目的工程组成，根据工艺流程确定排污环节和主要污染物，同时进行建设项目影响区域的环境现状调查。

(3) 识别建设项目的环境影响因素　筛选主要的环境影响因子，明确评价重点。

(4) 确定各单项环境影响评价的范围、评价工作等级和评价标准，编制评价大纲或工作方案。

2. 分析论证和预测评价阶段

① 进一步进行工程分析，进行充分的环境现状调查、监测并开展环境质量现状评价。

② 根据污染源强和环境现状资料进行建设项目的环境影响预测，评价建设项目的环境影响，同时开展公众意见调查。

③ 提出减少环境污染和生态影响的环境管理措施和工程措施。

3. 环境影响评价文件编制阶段

汇总、分析第二阶段得到的各种资料、数据，从环保角度确定项目的可行性，给出评价结论和提出进一步的减缓环境影响的建议，最终完成环境影响报告书（表）的编制。

二、环境影响评价的工作等级及其划分依据

环境影响评价工作按照建设项目的不同，可以分为若干工作等级。实际工作中，一般按环境要素（大气、水、声、生态等）分别划分评价等级；单项环境影响评价划分为三个工作等级（一、二、三级），一级评价对环境影响进行全面、详细、深入评价，二级评价对环境影响进行较为详细、深入评价，三级评价可只进行环境影响分析。建设项目其他专题评价可根据评价工作需要划分评价等级，例如环境风险评价仅划分为两级。

1. 环境影响评价工作等级的划分依据

① 建设项目的工程特点。工程性质、工程规模、能源、水及其他资源的使用量及类型；污染物排放特点（包括污染物种类、性质、排放量、排放方式、排放去向、排放浓度）等。

② 建设项目所在地区的环境特征。自然环境条件和特点、环境敏感程度、环境质量现状、生态系统功能与特点、自然资源及社会经济环境状况等，以及建设项目实施后可能引起的现有环境特征发生变化的范围和程度。

③ 相关法律法规、标准及规划（包括环境质量标准和污染物排放标准等）、环境功能区划等因素。

其他专项评价工作等级划分可参照各环境要素评价工作等级划分依据。

2. 不同环境影响评价等级的评价要求

不同的环境影响评价工作等级，要求的环境影响评价深度不同。

一级评价：要求最高，要对单项环境要素的环境影响进行全面、细致和深入的评价，对该环境要素的现状调查、影响预测、评价影响和提出措施，一般都要求比较全面和深入，并应当采用定量化计算来描述完成。

二级评价：要对单项环境要素的重点环境影响进行详细、深入评价，一般要采用定量化计算和定性的描述来完成。

三级评价：对单项环境要素的环境影响进行一般评价，可通过定性的描述来完成。

环境影响评价总纲中只对各单项环境影响评价划分工作等级提出原则要求。一般，建设项目的环境影响评价包括一个以上的单项影响评价，每个单项影响评价的工作等级不一定相同。对每一个建设项目的环境影响评价，各单项影响评价的工作等级不一定相同；也无需包括所有的单项环评。

对需编制环评报告书的建设项目，各单项影响评价的工作等级不一定全都很高。对填写环评报告表的建设项目，各单项影响评价的工作等级一般均低于三级；个别需设置评价专题的，评价等级按单项环评导则进行。

3. 环境影响评价工作等级的调整

专项评价的工作等级可根据建设项目所处区域环境敏感程度、工程污染或生态影响特征及其他特殊要求等情况进行适当调整，但调整幅度上下不应超过一级，并说明具体理由。例如：对于生态敏感区的建设项目应提高评价工作等级一级，而对废水进城市污水处理厂的情况，评价工作等级可以适当降低一级。

三、建设项目环境影响评价文件的编制与报批

1. 建设项目环境影响报告书的内容

建设项目的环境影响报告书应当包括下列内容：

① 总论。

② 周围环境概况。

③ 工程及污染源强分析。

④ 环境质量与生态现状评价。

⑤ 环境质量与生态环境影响预测评价。

⑥ 施工期环境影响评价。

⑦ 清洁生产及总量控制分析。

⑧ 污染治理与生态保护修复措施。

⑨ 环境风险评价。

⑩ 社会环境影响分析。

⑪ 产业导向、规划布局及选址合理性分析。

⑫ 公众参与。

⑬ 环境经济损益分析。

⑭ 环境监测计划及管理要求。

⑮ 环评结论。

为与水土保持法相衔接，涉及水土保持的建设项目，还必须有经水行政主管部门审查同意的水土保持方案。水土保持方案的编制是环境影响评价工作的重要组织部分，是法定内容之一。按照《环境影响评价法》规定，需要进行公众参与环境影响评价的规划或建设项目，在报批的环境影响报告书中还必须有（附）公众参与的内容。

2. 环境影响报告表和环境影响登记表的内容和填报要求

（1）环境影响报告表　环境影响报告表必须由具有环境影响评价资质的单位填写。原国家环境保护总局于 1999 年 8 月 3 日颁布了“关于公布《建设项目环境影响报告表》（试行）和《建设项目环境影响登记表》（试行）内容及格式的通知”，规定建设项目环境影响报告表应包含的主要内容为：建设项目的基本情况、建设项目所在地自然环境社会环境简况、环境质量状况、评价适用标准、建设项目工程分析、项目主要污染物产生及预计排放情况、环境影响分析、建设项目拟采取的防治措施及预期治理效果、结论与建议。

报告表应有必要的附件和附图。环境影响报告表如不能说明项目产生的污染及对环境造成的影响，应进行专项评价。根据建设项目的特点和当地环境特征，可进行 1～2 项专项评价。专项评价按照《环境影响评价技术导则》中的要求进行。

（2）环境影响登记表　环境影响登记表应包括的内容：项目内容及规模，原辅材料（包括名称、用量）及主要设施规格、数量，水及能源消耗量，废水排水量及排放去向，周围环境简况，生产工艺流程简述，拟采取的防治污染措施。

建设项目环境影响登记表的填写不要求必须由具有环境影响评价资质的单位，建设单位自行填写也可以。

3. 建设项目环境影响评价分级审批制度介绍

（1）国务院环境保护行政主管部门负责审批的环境影响评价文件的范围　建设项目的环境影响评价文件，由建设单位按照国务院规定报有审批权的环境保护行政主管部门审批。按《中华人民共和国环境影响评价法》和《建设项目环境保护管理条例》规定，国务院环境保护行政主管部门负责审批下列项目的环境影响评价文件。

① 核设施、绝密工程等特殊性质的建设项目。

② 跨省、自治区、直辖市行政区域的建设项目。

③ 由国务院审批的或者由国务院授权有关部门审批的建设项目。

规定以外的建设项目的环境影响评价文件的审批权限，由省、自治区、直辖市人民政府规定。可能造成跨行政区域的不良环境影响，或对该项目的环境影响评价结论有争议的，其环境影响评价文件由共同的上一级环境保护行政主管部门审批。

涉及水土保持的建设项目，还必须有经水行政主管部门审查同意的水土保持方案。海洋工程建设项目的海洋环境影响报告书的审批，依照《中华人民共和国海洋环境保护法》的规定办理。海岸工程建设项目环境影响报告书或者环境影响报告表，经海洋行政主管部门审核并签署意见后，报环境保护行政主管部门审批。

建设项目环境保护分级审批权限如第一章所述。由国务院投资主管部门核准或由国务院投资主管部门核报国务院核准或审批的建设项目，环境影响评价文件原则上由环境保护部审批；对环境可能造成重大影响，并列入该文件附录中的建设项目，其环境影响评价文件由国家环境保护部审批。

除属国务院环境保护行政主管部门负责审批的项目外，其余项目环境影响评价文件的审批的决定权属省、自治区、直辖市人民政府。化工、染料、药、印染、酿造、制浆造纸、电石、铁合金、焦炭、电镀、垃圾焚烧等污染较重或涉及环境敏感区的项目的环境影响评价文件，应由地市级以上环境保护行政主管部门审批。

（2）建设项目环境影响报告书或者环境影响报告表的预审　建设项目环境影响报告书（报告表）的预审是一项特殊程序，只适用于需要进行环境影响评价、编制环境影响报告书（报告表）并有行业主管部门的建设项目。

（3）建设项目环境影响评价文件审批时限

有审批权的环保行政主管部门应当自收到环境影响报告书之日起六十日内，收到环境影响报告表之日起三十日内，收到环境影响登记表之日起十五日内，分别作出审批决定并书面通知建设单位。预审、审核、审批建设项目环境影响报告文件，不得收取任何费用。

第二节　环境影响评价报告书的内容和要求

一、环境影响报告书编制的总体要求

环境影响报告书应全面、概括地反映环境影响评价的全部工作。环境现状调查应全面、深入，主要环境问题应阐述清楚，重点应突出，论点应明确，环境保护措施应可行、有效，评价结论应明确。文本应规范，计量单位应标准化，数据应可靠，资料应翔实，并尽量采用能反映需求信息的图表和照片。资料表述应清楚，利于阅读和审查，相关数据、应用模式须编入附录，并说明引用来源，所参考的主要文献应注意时效性，并列出目录。跨行业建设项目的环境影响评价，或评价内容较多时，其环境影响报告书中各专项评价根据需要可繁可简，必要时，其重点专项评价应另编专项评价分报告，特殊技术问题另编专题技术报告。

二、环境影响报告书编制的具体内容和要求

根据工程特点、环境特征、评价级别、国家和地方的环境保护要求，选择下列但不限于下列全部或部分专项评价。

污染影响为主的建设项目一般应包括工程分析，周围地区的环境现状调查与评价，环境影响预测与评价，清洁生产分析，环境风险评价，环境保护措施及其经济、技术论证，污染物排放总量控制，环境影响经济损益分析，环境管理与监测计划，公众参与，评价结论和建议等专题。以生态影响为主的建设项目还应设置施工期、环境敏感区、珍稀动植物、社会等影响专题。

1. 前言

简要说明建设项目的特点、环境影响评价的工作过程、关注的主要环境问题及环境影响报告书的主要结论。

2. 总则

（1）编制依据　须包括建设项目应执行的相关法律法规、相关政策及规划、相关导则及技术规范、有关技术文件和工作文件，以及环境影响报告书编制中引用的资料，其中包括项目建议书、评价委托书（合同）或任务书、建设项目可行性研究报告等。

(2) 评价因子与评价标准　分列现状评价因子和预测评价因子，给出各评价因子所执行的环境质量标准、排放标准、其他有关标准及具体限值。

(3) 评价工作等级和评价重点　说明各专项评价工作等级，明确重点评价内容。

(4) 评价范围及环境敏感区　以图、表形式说明评价范围和各环境要素的环境功能类别或级别，各环境要素环境敏感区和功能及其与建设项目的相对位置关系等。

(5) 相关规划及环境功能区划　附图列表说明建设项目所在城镇、区域或流域发展总体规划、环境保护规划、生态保护规划、环境功能区划或保护区规划等。

3. 建设项目概况与工程分析

采用图表及文字结合方式，概要说明建设项目的基本情况、组成、主要工艺路线、工程布置及与原有、在建工程的关系。列出建设项目的名称、地点及建设性质、建设规模（扩建项目应说明原规模）、占地面积及厂区平面布置（应附平面图）、土地利用情况和发展规划、产品方案和主要工艺方法、职工人数及生活区布局。

对建设项目的全部组成和施工期、运营期、服务期满后所有时段的全部行为过程的环境影响因素及其影响特征、程度、方式等进行分析与说明，突出重点；并从保护周围环境、景观及环境保护目标要求出发，分析总图及规划布置方案的合理性。

工程分析的内容包括工程基本数据，污染影响因素分析，生态影响因素分析，原辅材料、产品、废物的贮运，交通运输，公用工程，非正常工况分析，环境保护措施和设施，污染物排放统计汇总。包括但不限于主要原料、燃料及其来源和贮运，物料平衡，水的用量与平衡及回用情况，工艺过程（附工艺流程图）；废水、废气、废渣、放射性废物等的种类、排放量和排放方式以及所含污染物种类、性质、排放浓度；产生的噪声、振动的特性及数值等；废弃物的回收利用、综合利用和处理、处置方案；交通运输情况及厂地的开发利用等。

工程分析的方法主要有类比分析法、实测法、实验法、物料平衡计算法、参考资料分析法等。

4. 环境现状调查与评价

根据当地环境特征、建设项目特点和专项评价设置情况，从自然环境、社会环境、环境质量和区域污染源等方面选择相应内容进行现状调查与评价。根据建设项目污染源及所在地区的环境特点，结合各专项评价的工作等级和调查范围，筛选出应调查的有关参数。

充分搜集和利用现有的有效资料，当现有资料不能满足要求时，需进行现场调查和测试，并分析现状监测数据的可靠性和代表性。对与建设项目有密切关系的环境状况应全面、详细调查，给出定量的数据并做出分析或评价；对一般自然环境与社会环境的调查，应根据评价地区的实际情况适当增减。

主要有收集资料法、现场调查法、遥感和地理信息系统分析方法等。

(1) 自然环境现状调查与评价　包括地理地质概况、地形地貌、气候与气象、水文、土壤、水土流失、生态、水环境、大气环境、声环境等调查内容。根据专项评价的设置情况选择相应内容进行详细调查。

(2) 社会环境现状调查与评价　包括人口（少数民族）、工业、农业、能源、土地利用、交通运输等现状及相关发展规划、环境保护规划的调查。当建设项目拟排放的污染物毒性较大时，应进行人群健康调查，并根据环境中现有污染物及建设项目及排放污染物的特性选定调查指标。

(3) 环境质量和区域污染源调查与评价　根据建设项目特点、可能产生的环境影响和当地环境特征选择环境要素进行调查与评价；调查评价范围内的环境功能区划和主要的环境敏感区，收集评价范围内各例行监测点、断面或站位的近期环境监测资料或背景值调查资料，以环境功能区为主兼顾均布性和代表性布设现状监测点位；确定污染源调查的主要对象。选择建设项目等标排放量较大的污染因子、影响评价区环境质量的主要污染因子和特殊因子以及建设项目的特殊污染因子作为主要污染因子，注意点源与非点源的分类调查；采用单因子污染指数法或相关标准规定的评价方法对选定的评价因子及各环境要素的质量现状进行评价，并说明环境质量的变化趋势；根据调查和评价结果，分析存在的环境问题，并提出解决问题的方法或途径。

(4) 其他环境现状调查　根据当地环境状况及建设项目特点，决定是否进行放射性、光与电磁辐射、振动、地面下沉等环境状况的调查。

5. 环境影响预测与评价

给出预测时段、预测内容、预测范围、预测方法及预测结果，并根据环境质量标准或评价指标对建设项目的环境影响进行评价。

对建设项目的环境影响进行预测，是指对能代表评价区环境质量的各种环境因子变化的预测，分析、预测和评价的范围、时段、内容及方法均应根据其评价工作等级、工程与环境特性、当地的环境保护要求而定。预测和评价的环境因子应包括反映评价区一般质量状况的常规因子和反映建设项目特征的特性因子两类。须考虑环境质量背景与已建的和在建的建设项目同类污染物环境影响的叠加，对于环境质量不符合环境功能要求的，应结合当地环境整治计划进行环境质量变化预测。

预测环境影响时应尽量选用通用、成熟、简便并能满足准确度要求的方法，目前使用较多的预测方法有数学模式法、物理模型法、类比调查法和专业判断法等。

环境影响预测与评价包括以下内容。

① 建设项目的环境影响，按照建设项目实施过程的不同阶段，可以划分为建设阶段的环境影响、生产运行阶段的环境影响和服务期满后的环境影响，还应分析不同选址、选线方案的环境影响。

② 当建设阶段的噪声、振动、地表水、地下水、大气、土壤等的影响程度较重、影响时间较长时，应进行建设阶段的环境影响预测。

③ 应预测建设项目生产运行阶段，正常排放和非正常排放、事故排放等情况的环境影响。

④ 应进行建设项目服务期满的环境影响评价，并提出环境保护措施。

⑤ 进行环境影响评价时，应考虑环境对建设项目影响的承载能力。一般情况下应该考虑两个时段：环境影响的承载能力最差的时段（对环境污染的项目来说承载能力最差的时段就是环境净化能力最低的时段）；环境影响的承载能力一般的时段。如果评价时间较短，评价工作等级较低时，可只预测环境影响承载能力最差的时段。

⑥ 涉及有毒有害、易燃、易爆物质生产、使用、贮存，存在重大危险源，存在潜在事故并可能对环境造成危害，包括健康、社会及生态风险（如外来生物入侵的生态风险）的建设项目，需进行环境风险评价。

⑦ 分析所采用的环境影响预测方法的适用性。

环境影响预测的范围取决于评价工作的等级、工程特点和环境特性以及敏感保护目标分布等情况。一般预测范围等于或略小于现状调查的范围，在预测范围内应布设适当的预测点

（或断面），通过预测这些点（或断面）所受的环境影响，由点及面反映该范围所受的环境影响。具体规定参阅各单项影响评价的技术导则。

6. 社会环境影响评价

明确建设项目可能产生的社会环境影响，定量预测或定性描述社会环境影响评价因子的变化情况，提出降低影响的对策与措施。

社会环境影响评价内容包括：

① 征地拆迁、移民安置、人文景观、人群健康、文物古迹、基础设施（如交通、水利、通信）等方面的影响评价。

② 收集反映社会环境影响的基础数据和资料，筛选出社会环境影响评价因子，定量预测或定性描述评价因子的变化。

③ 分析正面和负面的社会环境影响，并对负面影响提出相应的对策与措施。

7. 环境风险评价

根据建设项目环境风险识别、分析情况，给出环境风险评估后果、环境风险的可接受程度，从环境风险角度论证建设项目的可行性，并提出具体可行的风险防范措施和应急预案。

8. 环境保护措施及其经济、技术论证

明确拟采取的具体环境保护措施；分析论证拟采取措施的技术可行性、经济合理性、长期稳定运行和达标排放的可靠性，满足环境质量与污染物排放总量控制要求的可行性，如不能满足要求应提出必要的补充环境保护措施要求；生态保护措施须落实到具体时段和具体位置上，并特别注意施工期的环境保护措施。

结合国家对不同区域的相关要求，从保护、恢复、补偿、建设等方面提出和论证实施生态保护措施的基本框架；按工程实施不同时段，分别列出相应的环境保护工程内容，并分析合理性。

给出各项环境保护措施及投资估算一览表和环境保护设施分阶段验收一览表。

9. 清洁生产分析和循环经济

量化分析建设项目清洁生产水平，提高资源利用率，优化废物处置途径，提出节能、降耗、提高清洁生产水平的改进措施与建议。

国家已发布行业清洁生产规范性文件和相关技术指南的建设项目，应按所发布的规定内容和指标进行清洁生产水平分析，必要时提出进一步的改进措施与建议；国家未发布行业清洁生产规范性文件和相关技术指南的建设项目，结合行业及工程特点，从资源能源利用、生产工艺与设备、生产过程、污染物产生、废物处理与综合利用、环境管理要求等方面确定清洁生产指标和开展评价。从企业、区域或行业等不同层次进行循环经济分析，提高资源利用率和优化废物处置途径。

10. 污染物排放总量控制

根据国家和地方总量控制要求、区域总量控制的实际情况及建设项目主要污染物排放指标分析情况，提出污染物排放总量控制指标建议和满足指标要求的环境保护措施。

在建设项目正常运行，满足环境质量要求、污染物达标排放及清洁生产的前提下，按照节能减排的原则给出主要污染物排放量。根据国家实施主要污染物排放总量控制的有关要求和地方环境保护行政主管部门对污染物排放总量控制的具体指标，分析建设项目污染物排放是否满足污染物排放总量控制指标要求，并提出建设项目污染物排放总量控制指标建议。主要污染物排放总量必须纳入所在地区的污染物排放总量控制计划，必要时提出具体可行的区域平衡方案或削减措施，确保区域环境质量满足功能区和目标管理要求。

11. 环境影响经济损益分析

根据建设项目环境影响所造成的经济损失与效益分析结果，提出补偿措施与建议。

从建设项目产生的正负两方面环境影响，以定性与定量相结合的方式，估算建设项目所引起环境影响的经济价值，并将其纳入建设项目的费用效益分析中，作为判断建设项目环境可行性的依据之一。以建设项目实施后的影响预测与环境现状进行比较，从环境要素、资源类别、社会文化等方面筛选出需要或者可能进行经济评价的环境影响因子，对量化的环境影响进行货币化，并将货币化的环境影响价值纳入建设项目的经济分析。

12. 环境管理与环境监测

根据建设项目环境影响情况，提出设计期、施工期、运营期的环境管理及监测计划要求，包括环境管理制度、机构、人员、监测点位、监测时间、监测频次、监测因子等。

应按建设项目建设和运营的不同阶段，有针对性地提出具有可操作性的环境管理措施、监测计划及建设项目不同阶段的竣工环境保护验收目标。结合建设项目影响特征，制定相应的环境质量、污染源、生态以及社会环境影响等方面的跟踪监测计划。对于非正常排放和事故排放，特别是事故排放时可能出现的环境风险问题，应提出预防与应急处理预案，施工周期长、影响范围广的建设项目还应提出施工期环境监理的具体要求。

13. 公众参与

给出采取的调查方式、调查对象、建设项目的环境影响信息、拟采取的环境保护措施、公众对环境保护的主要意见、公众意见的采纳情况等。

全过程参与，即公众参与应贯穿于环境影响评价工作的全过程中，涉密的建设项目按国家相关规定执行。充分注意参与公众的广泛性和代表性，参与对象应包括可能受到建设项目直接影响和间接影响的有关企事业单位、社会团体、非政府组织、居民、专家和公众等。可根据实际需要和具体条件，采取包括问卷调查、座谈会、论证会、听证会及其他形式在内的一种或者多种形式，征求有关团体、专家和公众的意见。在公众知情的情况下开展，应告知公众建设项目的有关信息，包括建设项目概况、主要的环境影响、影响范围和程度、预计的环境风险和后果以及拟采取的主要对策措施和效果等。按“有关团体、专家、公众”对所有的反馈意见进行归类与统计分析，并在归类分析的基础上进行综合评述，对每一类意见，均应进行认真分析，回答采纳或不采纳并说明理由。

14. 方案比选

建设项目的选址、选线和规模，应从是否与规划相协调、是否符合法规要求、是否满足环境功能区要求、是否影响环境敏感区或造成重大资源经济和社会文化损失等方面进行环境合理性论证。如要进行多个厂址或选线方案的优选时，应对各选址或选线方案的环境影响进行全面比较，从环境保护角度提出选址、选线意见。

对于同一建设项目多个建设方案从环境保护角度进行比选。重点进行选址或选线、工艺、规模、环境影响、环境承载能力和环境制约因素等方面的比选。对于不同比选方案，必要时应根据建设项目进展阶段进行同等深度的评价，给出推荐方案，并结合比选结果提出优化调整建议。

15. 环境影响评价结论

环境影响评价结论是全部评价工作的结论，应在概括全部评价工作的基础上，简洁、准确、客观地总结建设项目实施过程各阶段的生产和生活活动与当地环境的关系，明确一般情况下和特定情况下的环境影响，规定采取的环境保护措施，从环境保护角度分析，得出建设项目是否可行的结论。

环境影响评价的结论一般应包括建设项目的建设概况、环境现状与主要环境问题、环境影响预测与评价结论、建设项目建设的环境可行性、结论与建议等内容，可有针对性地选择其中的全部或部分内容进行编写。环境可行性结论应从与法律法规、产业和环保等政策及建设选址与相关规划的一致性、清洁生产和污染物排放水平与总量控制、环境保护措施可靠性和合理性、达标排放稳定性、公众参与接受性等方面综合分析得出。

16. 附录和附件

将建设项目依据文件、评价标准和污染物排放总量批复文件、引用文献资料、原燃料品质等必要的有关文件、资料附在环境影响报告书后。

第三节 环境影响评价的方法

环境是一个复杂系统，它受人类活动多种途径的影响，从而决定了环境影响评价方法具有多样性、交叉性。30 多年来各国环境影响评价工作者应用了大量方法。这些方法，从其功能上可概括为影响识别方法、影响预测方法、影响综合评价方法。地理信息系统技术在环境影响评价方法中的应用，使环境影响评价体系得以进一步发展。本节将介绍环境影响评价工作中的一些经典方法。

一、环境影响识别方法

环境影响是指人类活动（经济活动、政治活动和社会活动）导致的环境变化以及由此引起的对人类社会的效应。在了解和分析建设项目所在区域发展规划、环境保护规划、环境功能区划、生态功能区划及环境现状的基础上，分析和列出建设项目的直接和间接行为以及可能受上述行为影响的环境要素及相关参数，找出所有受影响（特别是不利影响）的环境因素。

环境影响识别应明确建设项目在施工过程、生产运行、服务期满后等不同阶段的各种行为与可能受影响的环境要素间的作用效应关系、影响性质、影响范围、影响程度等，定性分析建设项目对各环境要素可能产生的污染影响与生态影响，包括有利与不利影响、长期与短期影响、可逆与不可逆影响、直接与间接影响、累积与非累积影响等。对建设项目实施形成制约的关键环境因素或条件，应作为环境影响评价的重点内容，以使环境影响预测减少盲目性，影响分析增加可靠性，污染防治对策具有针对性。

环境影响因素识别方法可采用列表清单法、矩阵法、网络法、地理信息系统（GIS）支持下的叠加图法等。

1. 环境影响因子识别步骤

对某项建设工程进行环境影响识别，首先要弄清楚该工程影响地区的自然环境和社会环境状况，确定环境影响评价的工作范围。在此基础上，根据工程的组成、特性及其功能，结合工程影响地区的特点，从自然环境和社会环境两个方面选择需要进行影响评价的环境因子。

其中自然环境影响包括对地质地貌、水文、气候、地表水质、空气质量、土壤、草原森林、陆生生物与水生生物等方面的影响；而社会环境影响则包括对城镇、耕地、房屋、交通、文物古迹、风景名胜、自然保护区、人群健康以及重要的军事、文化设施等方面的影响。各影响方面又由各环境要素具体展开，各环境要素还可由表达该要素性质的各相关环境因子具体阐明，构成一个有结构、分层次的因子空间，此因子空间具有通用性。

为了使入选的环境因子尽可能地精练，反映评价对象的主要环境影响，充分表达环境质量状态，便于监测和度量，选出的因子应能组成群，构成与环境总体结构相一致的层次，在各个层次上全部识别出来，最后得到一个某项工程的环境影响识别表，用以表示该工程对环境的影响。具体工作可通过专家咨询法等方法进行。

2. 环境影响识别的基本内容

项目的不同建设阶段对环境的影响内容是各不相同的，有不同的环境影响识别表。

项目在建设阶段的环境影响主要是施工期间的建筑材料、设备、运输、装卸、贮存的影响；施工机械、车辆噪声和振动的影响；土地利用、填埋疏浚的影响以及施工期污染物对环境的影响。

项目生产运行阶段的环境影响主要是物料流、能源流、污染物对自然环境（大气、水体、土壤、生物）和社会、文化环境的影响，对人群健康和生态系统的影响以及危险设备事故的风险影响，此外还有环保设备（措施）的环境、经济影响等。

服务期满后（如矿山）的环境影响主要是对水环境和土壤环境的影响，如水土流失所产生的悬浮物和以各种形式存在于废渣、废矿中的污染物。

3. 环境影响程度识别

工程建设项目对环境因子的影响程度可用等级划分来反映。

① 不利影响。按环境敏感度划分，常用负号表示。环境敏感度是指在不损失或不降低环境质量的情况下，环境因子对外界压力（项目影响）的相对计量，可划分 5 级：极端不利、非常不利、中度不利、轻度不利、微弱不利。

② 有利影响。一般用正号表示，按对环境与生态产生的良性循环、提高的环境质量、产生的社会经济效益程度而定等级，亦可分 5 级，即微弱有利、轻度有利、中等有利、大有利、特有利。

在划定环境因子受影响的程度时，对于受影响程度的预测要尽可能客观，必须认真做好环境的本底调查，制成包括地质、地形、土壤、水文、气候、植物及野生生物的本底的地图和文件，同时要对建设项目要达到的目标及其相应的主要技术指标有清楚的了解。然后预测环境因子由于环境变化而产生的生态影响、人群健康影响和社会经济影响，以确定影响程度的等级。

4. 环境影响识别方法

将可能受开发方案影响的环境因子和可能产生的影响性质，通过核查在一张表上一一列出的识别方法，称为“列表清单法”，亦称“核查表法”或“一览表法”。

列表清单法发展较早，现在还在普遍使用，有简单型清单、描述型清单和分级型清单等多种形式。其中，简单型清单仅列出可能受影响的环境因子表，可作定性的环境影响识别分析，但不能作为决策依据；描述型清单比简单型清单多了环境因子如何度量的准则；分级型清单在描述型清单的基础上增加了环境影响程度的分级。

工程项目的环境影响是随项目的类型、性质、规模而异的，但同类项目影响的环境因素大同小异。因此，对受影响的环境因素作简单的分类，可以简化识别过程、突出有价值的环境因子。目前对环境资源有比较显著影响的工程项目如工业工程类、能源工程类、水利工程类、交通工程类、农业工程类等均有主要环境影响识别表可供参考。

具有环境影响识别功能的方法还有矩阵法、图形叠置法、网络法等，由于它们还具有综合评价的功能，随后在综合评价方法中具体介绍。

二、环境影响预测方法

经环境影响识别后，主要环境影响因子已经确定，这些环境因子在建设项目开展后究竟受到多大影响，需进行环境影响预测。目前常用的预测方法大体上可以分为以下几种。

① 以专家经验为主的主观预测方法。

② 以数学模式为主的客观预测方法，根据人们对预测对象认识的深浅，又可分为黑箱、灰箱、白箱三类。前两类属统计分析方法，在时间域上通过外推作出预测，一般称为统计模式；后一类为理论分析方法，用某系统理论进行逻辑推理，通过数理方程求出解析解或数值解来作预测，故又可分为解析模式和数值模式两小类。

③ 以实验手段为主的实验模拟方法，在实验室或现场通过直接对物理、化学、生物过程测试来预测人类活动对环境的影响，一般称为物理模拟模式。

各模式在各环境要素的影响评价章节中有专门阐述，这里从方法论角度进行介绍。

1. 数学模式法

用于环境预测的解析模式，与数值模式一样，可分为 0 维、一维、二维、三维以及稳态、非稳态。应用时必须注意模式推导过程中所用的假设条件以及尺度分析，这些条件也是模式使用的限制条件。但现实世界的环境影响问题总与以上条件有所差异，即原型与模式在以上因素存在差异，这是模式质量（误差）的主要决定因素（来源）。

模式参数（如扩散参数）可以采用类比法、数值试验逐步逼近法、现场测定法和物理实验法等方法确定。前两个方法属统计方法；后两个方法属物理模拟方法，常用的有示踪剂测定法、照相测定法、平衡球测定法与风洞、水渠实验方法。但所得模式参数，与原型中的实际参数是有差别的，此差别是模式质量问题的又一重要因素。

与预测质量最直接相关的影响因素是输入数据的质量，包括源、汇项数据（如源、汇强度）、环境数据（如风速、水速、气温、水温）以及用于模式参数确定的原始测量数据（如监测数据）的质量，这些数据必须经过严格的质量把关检查。

以上三项误差的存在，决定了环境预测结果的误差或不确定性。一般严格的环境影响预测要求有这方面的讨论，必要时可用模式验证形式进行。

2. 物理模拟预测法

除了应用数学分析工具进行理论研究外，还可应用物理、化学、生物等方法直接模拟环境影响问题，这类方法通称为物理模拟方法，属实验物理学研究范畴。

这类方法的最大特点是采用实物模型（非抽象模型）来进行预测。方法的关键在于原型与模型的相似。相似通常要考虑几何相似、运动相似、热力相似、动力相似。

物理模拟的主要测试技术有示踪物浓度测量法和光学轮廓法。

3. 对比法与类比法

（1）对比法　这是最简单的主观预测方法。此类方法对工程兴建前后某些环境因子影响机制及变化过程进行对比分析。

例如预测水库对库区小气候的影响，目前还无客观、定量的预测模式。通过小气候形成的成因分析与库区小气候现状进行对比，研究其变化的可能性及其趋势，并确定其变化的程度，也可做出建库后的小气候预测。

（2）类比法　即一个未来工程（或拟建工程）对环境的影响，可以通过一个已知的相似工程兴建前后对环境的影响订正得到。此法特别适用于相似工程的分析，应用十分广泛。

4. 专业判断法

在环境影响预测时，常常会遇到问题，如缺乏足够的数据、资料，无法进行客观的统计分析；某些环境因子难以用数学模型定量化，或由于时间、经济等条件限制，不能应用客观的预测方法，此时只能用主观预测方法。如专家咨询法，召开专家会议，通过组织专家讨论，对一些疑难问题进行咨询，在此基础上作出预测。专家在思考问题时会综合应用其专业理论知识和实践经验，进行类比、对比分析以及归纳、演绎、推理，给出该专业领域内的预测结果。

较有代表性的专家咨询法是特尔斐法（Delphi），美国兰德公司 1964 年首先将此法用于技术预测。这是一种系统分析方法，使专家意见通过价值判断不断向有益方向延伸，为决策科学化提供了途径，给决策者以多方案（相对有不同的专家意见）选择的机会和条件。具体形式通过围绕某一主题让专家们以匿名方式充分发表意见，对每一轮意见进行汇总、整理、统计后，作为反馈材料再发给每个专家，供他们进一步分析判断、提出新的论证。经多次反复，论证不断深入，意见日趋一致，可靠性越来越大。由于建立在反复的专家咨询基础之上，最后的结论往往具有权威性。

三、环境影响综合评价方法

所谓“环境影响综合评价”是按照一定的评价目的，把人类活动对环境的影响从总体上综合起来，对环境影响进行定性或定量的评定。由于人类活动的多样性与各环境要素之间关系的复杂性，评价各项活动对环境的综合影响是一个十分复杂的问题，目前还没有通用的方法，这里仅介绍部分具有代表性的方法。

1. 指数法

指数法多种多样。环境现状评价中常采用能代表环境质量好坏的环境质量指数进行评价，具体有单因子指数评价、多因子指数评价和环境质量综合指数评价等方法。其中单因子指数分析评价是基础，此类评价方法也可应用于环境影响综合评价。

（1）普通指数法　一般的指数分析评价，先引入环境质量标准，然后对评价对象进行处理，通常就以实测值（或预测值）C 与标准值 C_s 的比值作为其数值：

$$P=C/C_s \tag{2-1}$$

单因子指数法的评价可分析该环境因子的达标（$P_i<1$）或超标（$P_i>1$）及其程度。显然，P_i 值越小越好，越大越坏。

在各单因子的影响评价已经完成的基础上，为求所有因子的综合评价，可引入综合指数，所用方法称为“综合指数法”，综合过程可以分层次进行，如先综合得出大气环境影响分指数、水体环境影响分指数、土壤环境影响分指数等，然后再综合得出总的环境影响综合指数：

$$P=\sum\sum P_{ij} \tag{2-2}$$

$$P_{ij}=C_{ij}/Cs_{ij} \tag{2-3}$$

式中，i 表示第 i 个环境要素；j 表示第 i 环境要素中的第 j 个环境因子。

以上综合方法是等权综合，即各影响因子的权重完全相等。各影响因子权重不同的综合方法可采用如下公式，或在此基础上再作函数运算（为了便于评分）。

$$P=\sum\sum W_{ij}P_{ij}/\sum\sum W_{ij} \tag{2-4}$$

式中，W_{ij} 为权重因子，根据有关专门研究或专家咨询。

（2）巴特尔指数法　指数评价方法可以评价环境质量好坏与影响大小的相对程度。采用同一指数，还可作不同地区、不同方案间的相互比较，如巴特尔水质指数法。

巴特尔指数不是引入环境质量标准，而是引入评价对象的变化范围，把此变化范围定为横坐标，把环境质量指数定为纵坐标，且把纵坐标标准化为 0～1，以“0”表示质量最差，“1”表示质量最好。每个评价因子，均有其质量指数函数图，各评价因子若已得出预测值，便可根据此图得出该因子的质量影响评价值。

2. 矩阵法

矩阵法由清单法发展而来，不仅具有影响识别功能，还有影响综合分析评价功能，它将清单中所列内容按其因果关系系统加以排列，并把开发行为和受影响的环境要素组成一个矩阵，在开发行为和环境影响之间建立起直接的因果关系，以定量或半定量地说明拟议的工程行动对环境的影响。这类方法主要有相关矩阵法、迭代矩阵法两种。

3. 图形叠置法

图形叠置法用于变量分布空间范围很广的开发活动，已有很长历史。美国 Mchary 在 1968 年前就用该方法分析几种可供选择的公路路线的环境影响，确定建设方案。

传统的图形叠置法为手工作业，先准备一张透明图片，画上项目的位置和要考虑影响评价的区域和轮廓基图。另有一份可能受影响的当地环境因素一览表，指出那些被专家们判断为可能受项目影响的环境因素。对每一种要评价的因素都要准备一张透明图片，每种因素受影响的程度用专门的黑白色码的阴影深浅来表示。通过在透明图上的地区给出的特定的阴影，可以很容易地表示影响程度。把各种色码的透明片叠置到基片图上就可看出一项工程的综合影响；不同地区的综合影响差别由阴影的相对深度来表示。图形叠置法易于理解，能显示影响的空间分布，并且容易说明项目的单个和整个复合影响与受影响地点居民分布的关系，也可决定有利和不利影响的分布。

手工叠置图有不少缺点，由于每种影响要求一种单独的透明图，所以只有在影响因子有限的情况下才能考虑用这种方法。现在已有人用计算机叠图，可以不受此限制。计算机可制作单因素图，例如对农业的影响因素图，也能制作组合“因素”图，表示各种因素的综合影响，所包含的信息比手工叠置的要多得多。

图形叠置法的经验表明，对各种线路（如管道、公路和高压线等）开发项目进行路线方案选择时，这种方法最有效。

4. 网络法

网络法的原理是采用原因-结果的分析网络来阐明和推广矩阵法。要建立一个网络就要回答与每个计划活动有关的一系列问题，诸如：原发（第一级）影响面是哪些，在这些范围内的影响是什么？二级影响面是什么，二级影响面内有些什么影响？三级影响又是什么等。除了矩阵法的功能外，网络法还可鉴别累积影响或间接影响，网络法又称关系树枝或影响树枝法。

环境是个复杂系统，网络法可较好地描述环境影响的复杂关系：一个行动会产生一种或几种环境因素的变化，后者又依次引起一种或几种后续环境因素的变化，最终产生多种环境影响。例如，公路的填挖会使土壤进入河流，泥砂的增加将提高河流的浑浊度、淤塞航道、改变河流流向，从而会增加潜在的洪水危险，阻塞水生生物通道，使水生生物栖息地退化。影响网络能以简要的形式，给出人类某项活动及其有关的行为产生或诱发的环境影响全貌，因此它是个有用的工具。

然而，网络法只是一种定性的概括，只能得出总的影响。此方法需要估计影响事件分支中单个影响事件的发生概率与影响程度，求得各个影响分支上各影响事件的影响贡献总和，再求出总的影响程度。

该方法使用时必须注意：首先，要能有效地用发生概率估计各个影响发生的可能性；第二，算出的分数不是绝对分数，只是相对分数，此分数只能用于对不同方案或不同减轻措施的效果进行比较；第三，为了取得有意义的期望环境影响值，影响网络必须列出所有可能的、有显著性意义的原因-条件-结果序列或事件链。如果遗漏了某些环节，评分就是不全面的。第四，在建立影响网络时，伸展的影响树枝网可能会发生因果循环，特别是当原因与相应的连锁反应结果存在复杂的相互作用时更是如此。此时还应考虑某种环境影响发生后其后续影响的发生概率与影响程度，决定该后续影响是否有列入影响网络的意义。

四、地理信息系统技术在环境影响评价方法中的应用

地理信息系统（GIS）技术的出现和逐步完善将为环境影响评价迈向信息化、现代化提供更为广泛的技术支持。

1. GIS 在建设项目环境影响评价中的应用

① 建立环境标准和环境法规数据库。

② 建立区域环境质量信息与污染源信息数据库。

③ 建立工程项目信息数据库。

④ 环境监测。利用 GIS 技术对环境监测网络进行设计，环境监测收集的信息又能通过 GIS 适时储存和显示，并对所选评价区域进行详细的场地监测和分析。

⑤ 环境质量现状与影响评价。GIS 能够集成与场地和建设项目有关的各种数据及用于环境评价的各种模型，具有很强的综合分析、模拟和预测能力，适合作为环境质量现状分析和辅助决策工具。GIS 能根据用户要求，输出各种分析和评价结果、报表和图形。

⑥ 环境风险评价。GIS 能够具有快速反应决策能力，它可用于地震和洪水的地图表示、飓风和恶劣气候建模、石油事故规划、有毒气体扩散建模等，对减灾、防灾工作具有重要的意义。

⑦ 环境影响后评估。GIS 具有很强的数据管理、更新和跟踪能力，能协助检查和监督环境影响评价单位和工程建设单位履行各自职责，并对环境影响报告书进行事后验证。

2. GIS 在区域环境影响评价中的应用

GIS 能够有效地管理一个大的地理区域复杂的污染源信息、环境质量信息及其他有关方面的信息，并能统计、分析区域环境影响诸因素（如水质、大气、河流等）的变化情况及主要污染源和主要污染物的地理属性和特征等。GIS 具有叠置地理对象的功能，利用 GIS 将区域的污染源数据库和环境特征数据库（如地形、气象等）与各种预测模型相关联，采用模型预测法对区域的环境质量进行预测。GIS 不仅可显示原有数据的地图，还可以建立分析结果的地图，如在一张地图上显示重点污染源位置及其对环境的影响。

3. GIS 在项目选址中的应用

利用 GIS 强大的空间分析能力和图形处理能力，GIS 可以作为各种选址的辅助工具，如应用于污水土地处理适宜性的评价和有害废物填埋场选址。

4. GIS 在环境影响预测模型中的应用

GIS 和环境影响预测模型分属于两个领域，但两者的结合无疑有助于许多环境影响评价问题的解决和 GIS 的丰富和完善。一方面，由于 GIS 用于环境模型研究，三维显示、空间分析能力、空间模拟能力得到加强；另一方面，GIS 的介入会使环境模型的检验、校正更加容易，而且 GIS 的空间表现能力会使环境模型的视觉效果有质的飞跃，特别是在环境评价与环境决策支持时有可能得到以前得不到的结果，提高环境模型的应用效率。

复习思考题

1. 怎样理解环境影响识别的概念？环境影响识别包括哪些基本内容？
2. 环境影响评价包括哪些内容？
3. 环境影响评价有哪几种方法？试比较各种方法的优缺点。
4. 简述指数法在环境影响综合评价中的应用。

第三章　环境现状的调查与评价

环境现状调查是建设项目环境影响评价工作不可缺少的重要环节。通过这一环节，不仅可以了解建设项目的社会经济背景和相关产业政策等信息，掌握项目建设地的自然环境概况和环境功能区划，也可以通过现场监测等手段，获得建设项目实施前该地区的大气环境、水环境和声环境质量现状数据，为建设项目的环境影响预测提供科学的背景。

第一节　环境现状调查

一、环境现状调查的一般原则

① 根据建设项目污染源、影响因素及所在地区的环境特点，结合各单项环境影响评价等级，确定各环境要素的现状调查范围，并筛选出调查的因素、项目及重点因子。

② 环境现状调查时，首先应收集现有的资料，当这些资料不能满足要求时，需要进行现场调查和测试。收集现有资料应注意其有效性。

③ 环境现状调查中，对环境中与评价项目有密切关系的部分（如大气、地面水等）应进行全面、详细的调查。对这些部分的环境质量现状应有定量的数据，并作出分析或评价；对一般自然环境和社会环境的调查，应根据评价地区的实际情况适当增删。

二、环境现状调查的方法

环境质量现状调查的常见方法有以下几种。

(1) 收集资料法　收集资料法应用范围广，比较节省人力、物力和时间，是首选的方法。但此法只能获得二手资料，而且往往不全面，不能完全满足要求，需要其他方法补充。

(2) 现场调查法　现场调查法可以针对项目评价的需要，直接获得第一手资料，但此法费时、费力，有时还受季节、仪器条件的限值。

(3) 遥感和地理信息系统（GIS）分析方法　遥感和地理信息系统（GIS）分析方法可以从整体上了解一个区域的环境特点，可以弄清楚人类无法到达地区的地表环境情况，如森林、海洋、沙漠等。此法一般只作为辅助方法，绝大多数情况不直接使用飞行拍摄的方法，只判读和分析已有的航空或卫星相片。

三、自然环境调查的内容和要求

1. 地理位置

一般简要了解建设项目所处的经度、纬度、行政区位置、交通条件和周围（“四至”）情况，并附区域平面图。对于原辅材料和产品运输量较大的建设项目应较详细地了解交通运输条件；对于污染型建设项目，要重点关注周围敏感保护对象的规模、方位和距离，一般应在区域平面图中标注位置；对于易于受到污染影响的建设项目（如房地产、学校、医院等）应重点关注周围的污染源规模、方位和距离，一般应在区域平面图中标注位置。

2. 地质环境

一般情况下只需根据现有资料，概要说明当地的地质概况；若建设项目较小或与地质条件无关时，地质环境状况可不了解。

生态影响类建设项目如矿山等与地质条件密切相关，应进行较为详细的调查，一些特别有危害的地质现象如地震等也须加以说明。

3. 地形地貌

一般只需收集现有资料，包括建设项目所在地区海拔高度、地形特征、地貌类型等，以及滑坡、泥石流等有危害的地貌现象及分布情况。

与地形地貌密切相关的建设项目，应对上述资料进行详细收集，包括地形图，必要时还应进行一定的现场调查。

4. 气候与气象

一般只需收集现有资料，包括项目所在地气候类型及特征，列出平均气温、最热月平均气温、年平均气温、绝对最高气温、绝对最低气温、年均风速、最大风速、主导风向、次主导风向、年蒸发量、降水量的分布、年日照时数、灾害性天气等。对于需要开展大气环境影响预测评价的项目，应收集项目建设地区近几年的各季节（月份）各风向频率、各风向下的平均风速和大气稳定度联合频率等资料。

5. 地面水环境

应充分调查收集已有的项目建设地地面水状况资料，列出评价区内的江、河、湖、水库、海的名称、数量、发源地，评价区段水文情况。对于江、河应给出年平均径流量、平均流量、河宽、比降、弯曲系数、平枯丰三个水期的流量和流速（某一保证率下的）。明确周围水体，特别是纳污水体的功能区划。了解评价区内以及纳污水体的上下游是否有饮用水源保护区，现有资料不能满足要求时，进行现场调查与监测。

6. 地下水环境

应根据资料简要说明项目建设地地下水的类型、埋藏深度、水质类型以及开采利用情况等。若需进行地下水环境影响评价，应进一步调查地下水的物理、化学特性和污染情况等，资料不全时，应进行现场采样分析。

7. 声环境

根据项目评价等级，调查的内容包括：①评价范围内现有噪声源种类、数量及相应的噪声级；②评价范围内现有噪声敏感目标、噪声功能区划分情况；③评价范围内各噪声功能区的环境噪声现状、各功能区环境噪声超标情况、边界噪声超标以及受噪声影响人口分布。

8. 土壤与水土流失

根据现有资料简述项目建设地区主要土壤类型及其分布、使用情况、污染或质量现状、水土流失现状及原因。对于有《水土保持方案》的建设项目，可充分利用其相关资料和结论。

9. 动植物与生态

根据现有资料或现场调查简述项目建设区周围植被情况。如生态类型、主要组成、植被覆盖率，有无国家保护的野生动物、野生植物等情况。如项目较小时，也可不叙述，当项目较大时应进行详细叙述。

四、社会环境调查的内容和要求

1. 社会经济

调查建设项目所在地区的社会经济状况和发展规划。包括：①区域概况、总体发展规划（特别是用地规划）及产业定位；②人口数量及分布特点；③国家及地方的产业政策，当地产业结构、产值与能源供给、消耗方式；④农业结构、规模、产量与土地利用现状，必要时附土地利用图；⑤该地区公路、铁路和水路交通运输情况及与本项目的关系等。

2. 人文遗迹、自然遗迹与景观

可利用现有资料，了解建设项目周围有哪些重要的遗迹与景观。如建设项目与遗迹或景观密切相关，除详细了解上述情况外，还应进行必要的现场调查，进一步了解遗址或景观对人类活动的敏感性。

3. 人群健康状况及地方病调查

当建设项目规模较大，且拟排污染物毒性较大时，应进行一定区域人群健康调查。给出人体健康调查的区域、调查人数、性别、年龄、职业构成、体检项目、检查方法、调查结果的数理统计以及污染区与对照区的比较分析。

五、周围现有污染源调查的内容和要求

1. 水污染源

根据评价工作的需要，对调查范围内现有的主要污染源（包括已经环保审批在建项目的污染源）均应进行调查，包括点污染源（简称点源）和非点污染源（简称非点源或面源）。点源调查以搜集现有资料为主，只有在十分必要时才补充现场调查或测试；点源调查的繁简程度可根据评价级别及其与建设项目的关系而略有不同。如评价级别较高且现有污染源与建设项目距离较近时应详细调查。非点源调查基本上采用间接搜集资料的方法，一般不进行实测。

(1) 点源的调查　点源的调查内容应包括：①点源排放口的位置（必要时附平面位置图）及排放形式（分散排放还是集中排放）；②根据现有的实测数据、统计报表以及各厂矿的工艺路线，选定主要的水质参数，调查现有的排放量、排放速度、排放浓度及其变化等数据；③用排水状况，主要调查取水量、用水量、循环水量及排水总量等；④废（污）水处理设备、处理效率、处理水量及事故状况等。

(2) 非点源的调查　非点源调查应包括：①工业污染源。工业原料、燃料、废弃物的堆放位置（即主要污染源，要求附污染源平面位置图）、堆放面积、堆放形式（几何形状、堆放厚度）、堆放点的地面铺装及其保洁程度、堆放物的遮盖方式等；排放方式、排放去向与处理情况，应说明非点源污染物是有组织的汇集还是无组织的漫流，是集中后直接排放还是处理后排放，是单独排放还是与生产废水或生活污水河流排放等。根据现有实测数据、统计报表以及根据引起非点源污染的原料、燃料、废料、废弃物的物理、化学、生物化学性质选定调查的主要水质参数，并调查有关排放季节、排放时期、排放量、排放浓度及其他变化等数据。②其他非点污染源。对于山林、草地、耕地等非点污染源，应调查有机肥、化肥、农药的使用量以及流失量、流失规律等；对于城市非点源污染，应调查雨水径流量等。

2. 大气污染源

(1) 污染因子的筛选　在污染源调查中，应根据评价项目的特点和当地大气环境质量状况对污染因子（即待查的大气污染物）进行筛选。首先应选择与拟评项目相关的污染物为主要污染因子，其次，还应考虑在评价区已造成严重污染的污染物。污染源调查中的污染因子数一般不宜过多。对某些排放大气污染物数目较多的企业，其污染因子数可适当增加。民用污染源调查，主要污染因子可限于二氧化硫、粉尘，其排放量可按全年平均燃料使用量估算，对于有明显采暖期和非采暖期的地区，应分期统计。

(2) 污染源调查的对象　评价等级不同，调查的对象不同。对于一级、二级评价项目，应调查分析项目的所有污染源（对于改、扩建项目应包括新、老污染源）、评价范围内与项目排放污染物有关的其他在建项目、已批复环境影响评价文件的未建项目等污染源，如有区域替代方案，还应调查评价范围内所有拟替代的污染源，对于三级评价项目可只调查分析项目污染源。

(3) 污染源调查方法 大气污染源的调查方法根据项目类别的不同而有所差异。新建项目可通过类比调查、物料衡算或设计资料确定；评价范围内的在建和未建项目的污染源调查，可使用已批准的环境影响报告书中的资料；现有项目和改、扩建项目的现状污染源调查，可利用已有有效数据或进行实测；分期实施的工程项目，可利用前期工程最近5年内的验收监测资料、年度例行监测资料或进行实测；评价范围内拟替代的污染源调查方法参考项目的污染源调查方法。

(4) 污染源调查内容 评价级别不同的项目调查内容也不同。一级评价项目污染源调查内容包括污染源排污概况调查、污染源排放方式调查、建筑物下洗参数调查、颗粒物的粒径分布调查等；二级评价项目污染源调查内容参照一级评价项目执行，可适当从简；三级评价项目可只调查污染源排污概况，并对估算模式中的污染源参数进行核实。

3. 噪声污染源

噪声污染源的调查较为简单，可以通过现场踏勘，对项目周围200m范围（必要时可适当扩大）的各类噪声源进行调查，统计噪声源的类型、数量、方位和距离，并通过现场监测记录噪声级。

4. 其他污染源及总量控制规划

根据当地环境情况及建设项目特点，决定是否调查周围环境的放射性、光与电磁辐射、振动等情况。

了解国家和各级地方政府对于总量控制的有关规定和指标要求，以及本项目总量指标落实的指导思想，以便确定本项目总量指标落实的方案。

六、区域公建与配套设施调查

1. 区域污水处理设施

调查区域内已有污水处理设施的地点、规模、运行情况和集污管网的覆盖面及相关规划；调查区域内拟建污水处理设施（规模）与管网建设规划及建设进程安排，为评价项目污水纳管的可行性分析提供依据。

2. 区域固体废物处理设施

调查项目建设地及周围已有固体废物（包括生活垃圾、工业固体废物、危险固体废物等）处理设施地点、规模、运行情况及相关规划；调查拟建固体废物处理设施的规划及建设进度安排，为项目固体废物处理方法、去向及资源化途径提供参考依据。

3. 供水、供热、供汽等设施

调查区域内供水、供热和供汽等公共配套设施的建设情况及规划，为评价项目的供水、供热和供汽等提供可行的方法。

第二节 环境质量现状监测与评价

一、大气环境质量现状监测与评价

1. 现有常规监测资料分析

如果评价区内及其界外区已设有常规大气监测站、点，应尽可能收集和充分利用这些站、点的例行监测资料，统计分析各点各季的主要污染物的浓度值、超标量、变化趋势等。

例行监测资料的价值在于能从长期和宏观的角度，反映出评价地区大气质量的总体水平和变化规律。统计分析监测资料时，应注意以下要点：各点各期各主要污染物浓度范围，一次最高值，日均浓度波动范围，季日均浓度值，一次值及日均值超标率，不同功能区浓度变化特点及平均超标率，浓度日变化及季节变化规率，浓度与地面风向、风速的相关特点等。

如果没有常规监测资料，或者为了获得符合该评价项目尺度的详细信息，还需在评价期间专门进行大气质量现状监测。

2. 大气质量现状监测

大气质量现状监测除为预测和评价提供背景数据外，其监测结果还可用于以下两个方面：①结合同步观测的气象资料和污染源资料验证或调试某些预测模式；②为该地区例行监测点的优化布局提供依据。

(1) 监测因子

① 凡项目排放的污染物属于常规污染物的应筛选为监测因子。

② 凡项目排放的特征污染物有国家或地方环境质量标准的、或者有 TJ 36 中的居住区大气中有害物质的最高允许浓度的，应筛选为监测因子；对于没有相应环境质量标准的污染物，且属于毒性较大的，应按照实际情况选取有代表性的污染物作为监测因子，同时应给出参考标准值和出处。

(2) 监测布点

① 监测点设置。应根据项目的规模和性质，结合地形复杂性、污染源及环境空气保护目标的布局，综合考虑监测点设置数量。

a. 一级评价项目，监测点应包括评价范围内有代表性的环境空气保护目标，监测点不应少于 10 个；二级评价项目，监测点应包括评价范围内有代表性的环境空气保护目标，监测点数不应少于 6 个；三级评价项目，若评价范围内已有例行监测点位，或评价范围内有近 3 年的监测资料，且其监测数据有效性符合本导则有关规定，并能满足项目评价要求的，可不再进行现状监测，否则，应设置 2～4 个监测点。若评价范围内没有其他污染源排放同种特征污染物，可适当减少监测点位。

b. 对于公路、铁路等项目，应分别在各主要集中式排放源（如服务区、车站等大气污染源）评价范围内，选择有代表性的环境空气保护目标设置监测点位，监测点设置数目参考 a. 执行。

c. 城市道路项目，可不受上述监测点设置数目限制，根据道路布局和车流量状况，并结合环境空气保护目标的分布情况，选择有代表性的环境空气保护目标设置监测点位。

② 监测点位。监测点的布设，应尽量全面、客观、真实地反映评价范围内的环境空气质量。依项目评价等级和污染源布局不同，按照以下原则进行监测布点，各级评价项目现状监测布点原则汇总见表 3-1。

一级评价项目：以监测期间所处季节的主导风向为轴向，取上风向为 0°，至少在约 0°、45°、90°、135°、180°、225°、270°、315°方向上各设置 1 个监测点，在主导风向下风向距离中心点（或主要排放源）不同距离，加密布设 1～3 个监测点。具体监测点位可根据局地地形条件、风频分布特征以及环境功能区、环境空气保护目标所在方位做适当调整。各个监测点要有代表性，环境监测值应能反映各环境空气敏感区、各环境功能区的环境质量以及预计受项目影响的高浓度区的环境质量。各监测期环境空气敏感区的监测点位置应重合。预计受项目影响的高浓度区的监测点位，应根据各监测期所处季节主导风向进行调整。

二级评价项目：以监测期间所处季节的主导风向为轴向，取上风向为0°，至少在约0°、90°、180°、270°方向上各设置1个监测点，主导风向下风向应加密布点。具体监测点位根据局地地形条件、风频分布特征以及环境功能区、环境空气保护目标所在方位做适当调整。各个监测点要有代表性，环境监测值应能反映各环境空气敏感区、各环境功能区的环境质量，以及预计受项目影响的高浓度区的环境质量。如需要进行2期监测，应与一级评价项目相同，根据各监测期所处季节主导风向调整监测点位。

三级评价项目：以监测期所处季节的主导风向为轴向，取上风向为0°，至少在约0°、180°方向上各设置1个监测点，主导风向下风向应加密布点，也可根据局地地形条件、风频分布特征以及环境功能区、环境空气保护目标所在方位做适当调整。各个监测点要有代表性，环境监测值应能反映各环境空气敏感区、各环境功能区的环境质量，以及预计受项目影响的高浓度区的环境质量。如果评价范围内已有例行监测点可不再安排监测。现状监测布点原则见表3-1。

表3-1　现状监测布点原则

	一级评价	二级评价	三级评价
监测点数	≥10	≥6	2～4
布点法	极坐标布点法	极坐标布点法	极坐标布点法
布点方位	在约0°、45°、90°、135°、180°、225°、270°、315°等方向布点，并且在下风向加密，也可根据局地地形条件、风频分布特征以及环境功能区、环境空气保护目标所在方位做适当调整	至少在约0°、90°、180°、270°等方向布点，并且在下风向加密，也可根据局地地形条件、风频分布特征以及环境功能区、环境空气保护目标所在方位做适当调整	至少在约0°、180°等方向布点，并且在下风向加密，也可根据局地地形条件、风频分布特征以及环境功能区、环境空气保护目标所在方位做适当调整
布点要求	各个监测点要有代表性，环境监测值应能反映各环境敏感区域、各环境功能区的环境质量，以及预计受项目影响的高浓度区的环境质量		

城市道路评价项目：应在项目评价范围内，选取有代表性的环境空气保护目标设置监测点。监测点的布设还应结合敏感点的垂直空间分布进行设置。

③ 监测点位置的周边环境条件。环境空气质量监测点位置的周边环境应符合相关环境监测技术规范的规定。监测点周围空间应开阔，采样口水平线与周围建筑物的高度夹角小于30°；监测点周围应有270°采样捕集空间，空气流动不受任何影响；避开局地污染源的影响，原则上20m范围内应没有局地排放源；避开树木和吸附力较强的建筑物，一般在15～20m范围内没有绿色乔木、灌木等。应注意监测点的可到达性和电力保证。

④ 布点方法

a. 网格布点法。适用于待监测的污染源分布非常分散（面源为主）的情况。具体布点方法是把监测区域网格化，根据人力、设备等条件确定布点密度。如条件允许，可以在每个网格中心设一个监测点。否则，可适当降低布点的空间密度。

b. 同心圆多方位布点法。适用于孤立源及其所在地区风向多变的情况。其布点方法是：以排放源为圆心，画出16个或8个方位的射线和若干个不同半径的同心圆。同心圆圆周与射线的交点即为监测点，在实际工作中，根据客观条件和需要，往往是在主导风的下风方位布点密些，其他方位疏些。确定同心圆半径的原则是：在预计的高浓度区及高浓度与低浓度交接区应密些，其他区疏些。

c. 扇形布点法。适用于评价区域内风向变化不大的情况。其方法步骤如下：沿主导风向轴线，从污染源向两侧分别扩出45°、22.5°或更小夹角（视风向脉动情况而定）的射线。两条射线构成的扇形区即是监测布点区，再在扇形区内作出若干条射线和若干个同心圆弧。圆弧与射线的交点即为待定的监测点。

d. 配对布点法。适用于线源。例如，对公路和铁路建设工程进行环境影响评价时，在行车道的下风侧，离车道外沿0.5～1m处设一个监测点，同时在该点外沿100m处再设一个监测点。根据道路布局和车流量分布，选择典型路段，用配对法设置监测点。

e. 功能分区布点法。适用于了解污染物对不同功能区的影响。通常的作法是按工业区、居民稠密区、交通频繁区、清洁区等分别设若干个监测点。

此外，通常应在关心点、敏感点（如居民集中区、风景区、文物点、医院、院校等）以及下风向距离最近的村庄布置取样点，往往还需要在上风向（即最小风向）适当位置设置对照点。

（3）监测制度 《环境影响评价技术导则——大气环境》（HJ 2.2—2008）规定：一级评价项目应进行二期（夏季、冬季）监测；二级评价项目可取一期不利季节进行监测，必要时也应做二期监测，三级评价项目必要时可做一期监测。

由于气候存在着周期性的变化，每个小周期平均为7天左右。在一天之中，风向、风速、大气稳定度都存在着日变化，同时人们的生产和生活活动也有一定的规律。为了使监测数据具有代表性，所以《环境影响评价技术导则——大气环境》（HJ 2.2—2008）规定：每期监测时间，至少应取得有季节代表性的7天有效数据，采样时间应符合监测资料的统计要求。对于评价范围内没有排放同种特征污染物的项目，可减少监测天数。

监测时间的安排和采用的监测手段，应能同时满足环境空气质量现状调查、污染源资料验证及预测模式的需要。监测时应使用空气自动监测设备，在不具备自动连续监测条件时，1小时浓度监测值应遵循下列原则：一级评价项目每天监测时段，应至少获取当地时间2时、5时、8时、11时、14时、17时、20时、23时8个小时浓度值，二级和三级评价项目每天监测时段，至少获取当地时间2时、8时、14时、20时4个小时浓度值。日平均浓度监测值应符合GB 3095对数据的有效性规定。对于部分无法进行连续监测的特殊污染物，可监测其一次浓度值，监测时间须满足所用评价标准值的取值时间要求。

现状监测应与污染气象观测同步进行。对于不需要进行气象观测的评价项目，应收集其附近有代表性的气象台站各监测时间的地面风速、风向、气温、气压等资料。

（4）监测结果统计分析 以列表的方式给出各监测点大气污染物不同取值时间的浓度变化范围，计算并列表给出各取值时间最大浓度值占相应标准浓度限值的百分比和超标率，并评价达标情况；分析大气污染物浓度的日变化规律以及大气污染物浓度与地面风向、风速等气象因素及污染源排放的关系；分析重污染时间分布情况及其影响因素。

3. 大气质量现状的初步评价

大气环境质量的全面评价应在预测之后进行。对于拟建项目主要大气污染物背景值较高的地区，可考虑在上述调查和分析的基础上，采用单因子指数法对大气环境质量现状进行适当的初步评价，给出达标率或超标率、超标倍数、平均值等，超标时要分析超标原因。

二、地表水环境质量现状监测与评价

1. 水环境现状调查范围和时间

掌握评价范围内水体污染源、水文、水质和水体功能利用等方面的环境背景情况，为地面水环境现状和预测评价提供基础资料。开展水环境现状调查以资料收集为主，现场调查为辅。

（1）调查范围　水环境调查范围应包括受建设项目影响较显著的地面水区域，在此区域内进行的调查，能够说明地面水环境的基本状况，并能充分满足环境影响预测的要求。具体有以下两点需要说明。

① 在确定某具体建设开发项目的地面水环境现状调查范围时，应尽量按照将来污染物排放后可能的达标范围，并考虑评价等级的高低（评价等级高时调查范围取偏大值，反之取偏小值）后决定，见表 3-2～表 3-4。

② 当下游附近有敏感区（如水源地、自然保护区等）时，调查范围应考虑延长到敏感区上游边界，以满足预测敏感区所受影响的需要。

表 3-2　不同污水排放量时河流环境现状调查范围（km）参考表

河流规模 / 污水排放量/(m³/d)	大　河	中　河	小　河
＞50000	15～30	20～40	30～50
50000～20000	10～20	15～30	25～40
20000～10000	5～10	10～20	15～30
10000～50000	2～5	5～10	10～25
＜5000	＜3	＜5	5～15

注：指排污口下游应调查的河段长度。

表 3-3　不同污水排放量时湖泊（水库）环境现状调查范围参考表

污水排放量/(m³/d)	调查范围	
	调查半径/km	调查面积(按半圆计算)/km²
＞50000	4～7	25～80
50000～20000	2.5～4	10～25
20000～10000	1.5～2.5	3.5～10
10000～5000	1～1.5	2～3.5
＜5000	≤1	≤2

注：调查面积为以排污口为圆心，以调查半径为半径的半圆形面积。

表 3-4　不同污水排放量时海湾环境现状调查范围参考表

污水排放量/(m³/d)	调查范围	
	调查半径/km	调查面积(按半圆计算)/km²
＞50000	5～8	40～1000
50000～20000	3～5	15～40
20000～10000	1.5～3	3.5～15
＜5000	≤1.5	≤3.5

注：调查面积为以排污口为圆心，以调查半径为半径的半圆形面积。

（2）调查时间

① 根据当地水文资料初步确定河流、湖泊、水库的丰水期、平水期、枯水期，同时确定最能代表这三个时期的季节或月份。遇气候异常年份，要根据流量实际变化情况确定。对有水库调节的河流，要注意水库放水或不放水时量的变化。

② 评价等级不同，对调查时间的要求亦不同。对各类水域调查时间的要求详见表 3-5。

③ 当被调查的范围内面源污染严重，丰水期水质劣于枯水期时，一级、二级评价的各类水域须调查丰水期，若时间允许，三级评价也应调查丰水期。

④ 冰封期较长的水域，且作为生活饮用水、食品加工用水的水源或渔业用水时，应调查冰封期的水质、水文情况。

2. 水质调查与监测

水质调查与监测的原则是尽量利用现有的资料和数据，在资料不足时需实测。调查的目的是查清水体评价范围内水质的现状，作为影响预测和评价的基础。

表 3-5　不同评价等级对水环境调查的时间要求

水域	一级	二级	三级
河流	一般情况为一个水文年的丰水期、平水期、枯水期，若评价时间不够，至少应调查平水期和枯水期	条件许可，可调查一个水文年的丰水期、平水期、枯水期，一般情况可只调查平水期和枯水期；若评价时间不够，可只调查枯水期	一般情况下，可只调查枯水期
河口	一般情况为一个潮汐年的丰水期、平水期、枯水期，若评价时间不够，至少应调查平水期和枯水期	一般情况可只调查平水期和枯水期；若评价时间不够，可只调查枯水期	一般情况下，可只调查枯水期
湖(库)	一般情况为一个水文年的丰水期、平水期、枯水期；若评价时间不够，至少应调查平水期和枯水期	一般情况可只调查平水期和枯水期；若评价时间不够，可只调查枯水期	一般情况下，可只调查枯水期

(1) 选择监测参数　需要调查的水质参数有两类，一类是常规水质参数，它能反映水域水质的一般状况；另一类是特征水质参数，它们能代表建设项目将来排水水质。某些情况下，还需调查一些补充项目。

① 常规水质参数。以 pH、DO、COD_{Mn}或COD_{Cr}、BOD_5、氨氮或非离子氨、酚、氰化物、砷、汞、铬（六价）、总磷及水温为基础，根据水域类别、评价等级及污染源状况适当增减。

② 特征水质参数。根据建设项目特点、水域类别及评价等级以及建设项目所属行业的特征水质参数表（表 3-6）进行选择，具体情况可以适当删减。

③ 其他方面的参数。被调查水域的环境质量要求较高（如自然保护区、饮用水源地、珍贵水生生物保护区、经济鱼类养殖区等），且评价等级为一级、二级，应考虑调查水生生物和底质。

(2) 水质取样原则与方式

① 河流取样断面的布设原则。在调查范围的两端、调查范围内重点保护水域及重点保护对象附近的水域、水文特征突然变化处（如支流汇入处等）、水质急剧变化处（污水排入处等）、重点水工构筑物（如取水口、桥梁涵洞）等附近、水文站附近等应布设取样断面，还应适当考虑拟进行水质预测的地点。

在建设项目拟建排污口上游 500m 处应设置一个取样断面。

② 河口水质取样断面的布设原则。当排污口拟建于河口感潮段内时，其上游需设置取样断面的数目与位置，应根据感潮段的实际情况决定，其下游取样断面的布设原则与河流相同。

③ 湖库水质取样位置的布设原则。在湖泊、水库中布设取样位置时，应尽量覆盖推荐的整个调查范围，并且能切实反映湖泊、水库的水质和水文特点（如进水区、出水区、深水区、浅水区、岸边区等）。可采用以建设项目的排放口为中心向周围辐射的布设采样位置，每个取样位置的间隔可参考下列数字。

表 3-6　特征水质参数表

序号	建设项目		水质参数
1	生产区及生活娱乐设施		BOD_5、COD、pH 悬浮物、氨氮、磷酸盐、表面活性剂、水温、溶解氧
2	城市及城市扩建		BOD_5、COD、溶解氧、pH、悬浮物、氨氮、磷酸盐、表面活性剂、水温、油、重金属
3	黑色金属矿山		pH、悬浮物、硫化物、氟化物、挥发性酚、氰化物、石油类、氟化物
4	黑色冶炼、有色金属矿山及冶炼		pH、悬浮物、COD、硫化物、氟化物、挥发性酚、氰化物、石油类、铜、锌、铅、砷、镉、汞
5	火力发电、热电		pH、悬浮物、硫化物、挥发性酚、砷、水温、铅、镉、铜、石油类、氟化物
6	焦化及煤制气		COD、BOD_5、水温、悬浮物、硫化物、挥发性酚、氰化物、石油类、氨氮、苯类、多环芳烃、砷、溶解氧、BaP
7	煤矿		pH、COD、BOD_5、溶解氧、水温、砷、悬浮物、硫化物
8	石油开发与炼制		pH、COD、BOD_5、溶解氧、悬浮物、硫化物、水温、挥发性酚、氰化物、石油类、苯类、多环芳烃
9	化学矿开采	硫铁矿	pH、悬浮物、硫化物、铜、铅、锌、镉、汞、砷、六价铬
		磷矿	pH、悬浮物、氟化物、硫化物、砷、铅、磷
		萤石矿	pH、悬浮物、氟化物
		汞矿	pH、悬浮物、氟化物、砷、汞
		雄黄矿	pH、悬浮物、硫化物、砷
10	无机原料	硫酸	pH(或酸度)、悬浮物、硫化物、氟化物、铜、铅、锌、砷
		氯碱	pH(或酸、碱度)、COD、悬浮物、汞
		铬盐	pH(或酸度)、总铬、六价铬
11	化肥、农药		pH、COD、BOD_5、水温、悬浮物、硫化物、氟化物、挥发性酚、氰化物、砷、氨氮、磷酸盐、有机氯、有机磷
12	食品工业		COD、BOD_5、悬浮物、pH、溶解氧、挥发性酚、大肠杆菌数
13	染料、颜料及油漆		pH(或酸、碱度)、COD、BOD_5、悬浮物、挥发性酚、硫化物、氰化物、砷、铅、镉、锌、汞、六价铬、石油类、苯胺类、苯类、硝基苯类、水温
14	制药		pH(或酸、碱度)、COD、BOD_5、悬浮物、石油类、硝基苯类、硝基酚类、水温
15	橡胶、塑料及化纤		pH(或酸、碱度)、COD、BOD_5、水温、石油类、硫化物、氰化物、砷、铜、铅、锌、汞、六价铬、悬浮物、苯类、有机氯、多环芳烃、BaP
16	有机原料、合成脂及酸、其他有机化工		pH(或酸、碱度)COD、BOD_5、悬浮物、挥发性酚、氰化物、苯类、硝基苯类、有机氯、石油类、锰、油脂类、硫化物
17	机械制造及电镀		pH(或酸度)、COD、BOD_5、悬浮物、挥发性酚、石油类、氰化物、六价铬、铅、铁、铜、锌、镍、镉、锡、汞
18	水泥		pH、悬浮物
19	纺织、印染		pH、COD、BOD_5、悬浮物、水温、挥发性酚、硫化物、苯胺类、色度、六价铬
20	造纸		pH(或碱度)、COD、BOD_5、悬浮物、水温、挥发性酚、硫化物、铅、汞、木质素、色度
21	玻璃、玻璃纤维及陶瓷制品		pH、COD、悬浮物、水温、挥发性酚、氰化物、砷、铅、镉
22	电子、仪器、仪表		pH(或酸度)、COD、BOD_5、水温、苯类、氰化物、六价铬、铜、锌、镍、镉、铅、汞
23	人造板、木材加工		pH(或酸、碱度)、COD、BOD_5、悬浮物、水温、挥发性酚、木质素
24	皮革及制革加工		pH、COD、BOD_5、水温、悬浮物、硫化物、氯化物、总铬、六价铬、色度
25	肉食加工、发酵、酿造、味精		pH、BOD_5、COD、悬浮物、水温、氨氮、磷酸盐、大肠杆菌数、含盐量
26	制糖		pH(或碱度)、COD、BOD_5、悬浮物、水温、硫化物、大肠杆菌数
27	合成洗涤剂		pH、COD、BOD_5、油、苯类、表面活性剂、悬浮物、水温、溶解氧

a. 大、中型湖库。当建设项目污水排放量小于 $50000m^3/d$ 时：一级评价每 $1\sim2.5km^2$ 布设一个取样位置，二级评价每 $1.5\sim3.5km^2$ 布设一个取样位置，三级评价每 $2\sim4km^2$ 布设一个取样位置。

当建设项目污水排放量大于 $50000m^3/d$ 时：一级评价每 $3\sim6km^2$ 布设一个取样位置，二级、三级评价每 $4\sim7km^2$ 布设一个取样位置。

b. 小型湖泊水库。当建设项目污水排放量小于 $50000m^3/d$ 时：一级评价每 $0.5\sim1.5km^2$ 布设一个取样位置；二级、三级评价每 $1\sim2km^2$ 布设一个取样位置。

当建设项目污水排放量大于 $50000m^2/d$ 时：各级评价均为每 $0.5\sim1.5km^2$ 布设一个取样位置。

（3）水质调查取样的次数　表 3-5 已列出不同评价等级时各类水域的水质调查时期。一般情况下取样时应选择流量稳定、水质变化小、连续无雨、风速不大的时期进行。不同评价等级、各类水域每个水质调查时期取样的次数及每次取样的天数按国家标准执行。

① 河流取样次数

a. 在所规定的不同规模河流、不同评价等级的调查时期中，每期调查一次，每次调查三四天，至少有一天对所有已选定的水质参数取样分析，其他天数根据预测需要，配合水文测量对拟预测的水质参数取样。

b. 在不预测水温时，只在采样时测水温；在预测水温时，要测日平均水温，一般可采用每隔 6h 测一次的方法求平均水温。

c. 一般情况，每天每个水质参数只取一个样，在水质变化很大时，应采用每间隔一定时间采样一次的方法。

② 河口取样次数

a. 在所规定的不同规模河口、不同等级的调查时期中，每期调查一次，每次调查两天，一次在大潮期，一次在小潮期；每个潮期的调查，均应分别采集同一天的高、低潮水样；各监测断面的采样，尽可能同步进行。两天调查中，要对已选定的所有水质参数取样。

b. 在不预测水温时，只在采样时间测水温；在预测水温时，要测日均水温，一般可采用每隔 4～6h 测一次的方法求平均水温。

③ 湖泊、水库取样次数

a. 在所规定的不同规模湖泊、不同评价等级的调查时期中，每期调查一次，每次调查三四天，至少有一天对所有已选定的水质参数取样分析，其他天数根据预测需要，配合水文测量对拟预测的水质参数取样。

b. 表层溶解氧和水温每隔 6h 测一次，并在调查期内适当检测藻类。

④ 水质调查取样需注意的特殊情况

a. 对设有闸坝受人工控制的河流，其流动状况，在排洪时期为河流流动；用水时期，如用水量大则类似河流，用水量小则类似狭长形水库；在枯水期也类似狭长形水库。这种河流的取样断面、取样位置、取样点的布设及水质调查的取样次数等可参考前述河流、水库部分的取样原则酌情处理。

b. 在我国的一些河网地区，河水流向、流量经常变化，水流状态复杂，特别是受潮汐影响的河网，情况更为复杂。遇到这类河网，应按各河段的长度比例布设水质采样、水文测量断面。至于水质监测项目、取样次数、断面上取样垂线的布设可参照前述河流、河口的有关内容，调查时应注意水质、流向、流量随时间的变化。

3. 水环境现状评价

水质评价一般采用单因子指数评价法。单因子指数评价是将每个污染因子单独进行评价，利用概率统计得出各自的达标率或超标率、超标倍数、平均值等结果。单因子指数评价能客观地反映水体的污染程度，可清晰地判断出主要污染因子、主要污染时段和水体的主要污染区域，能较完整地提供监测水域的时空污染变化，反映污染历时，超标时还应分析超标的原因。

三、声环境质量现状监测与评价

1. 声环境现状监测

（1）监测点布设原则

① 布点应覆盖整个评价范围，包括厂界（或场界、边界）和敏感目标。当敏感目标高于（含）三层建筑时，还应选取有代表性的不同楼层设置测点。

② 评价范围内没有明显的声源（如工业噪声、交通运输噪声、建设施工噪声、社会生活噪声等）且声级较低时，可选择有代表性的区域布设测点。

③ 评价范围内有明显的声源，并对敏感目标的声环境质量有影响，或建设项目为改、扩建工程，应根据声源种类采取不同的监测布点原则。

a. 当声源为固定声源时，现状测点应重点布设在可能既受到现有声源影响，又受到建设项目声源影响的敏感目标处以及有代表性的敏感目标处；为满足预测需要，也可在距离现有声源不同距离处设衰减测点。

b. 当声源为流动声源，且呈现线声源特点时，现状测点位置选取应兼顾敏感目标的分布状况、工程特点及线声源噪声影响随距离衰减的特点，布设在具有代表性的敏感目标处。为满足预测需要，也可选取若干线声源的垂线，在垂线上距声源不同距离处布设监测点。其余敏感目标的现状声级可通过具有代表性的敏感目标噪声的验证和计算求得。

c. 对于改、扩建机场工程，测点一般布设在主要敏感目标处，测点数量可根据机场飞行量及周围敏感目标情况确定，现有单条跑道、二条跑道或三条跑道的机场可分别布设 3～9、9～14 或 12～18 个飞机噪声测点，跑道增多可进一步增加测点。其余敏感目标的现状飞机噪声声级可通过测点飞机噪声声级的验证和计算求得。

（2）监测时间　《环境影响技术导则——声环境》对噪声现状监测的时段作出了如下的规定：

① 应在声源正常运转或运行工况的条件下测量。

② 每一测点，应分别进行昼间、夜间的测量。

③ 对于噪声起伏较大的情况（如道路交通噪声、铁路噪声、飞机机场噪声），应适当增加昼间、夜间的测量次数，或进行昼夜 24h 的连续监测。机场噪声必要时要进行一个飞行周期（一般为一周）的监测。

2. 声环境现状评价

根据声功能区划即声环境质量标准的要求和噪声现状的监测结果，对评价范围内环境噪声现状进行评价，包括：

① 以图、表结合的方式给出评价范围内的声环境功能区及其划分情况，以及现有敏感目标的分布情况。

② 分析评价范围内现有主要声源种类、数量及相应的噪声级、噪声特性等，明确主要声源分布。

③ 分别评价不同类别的声环境功能区内各敏感目标的超标、达标情况，说明其受到现有主要声源的影响状况。

④ 给出不同类别的声环境功能区噪声超标范围内的人口数及分布情况。

复习思考题

1. 环境现状调查有哪些方法?
2. 自然环境和社会环境调查有哪些内容?
3. 周围污染源调查有什么要求?
4. 试根据具体项目的情况，编写大气、水和声环境现状监测方案。

第四章　工程分析

工程分析是建设项目环境影响预测与评价的基础，贯穿于整个环评工作的全过程。其主要内容是分析建设项目污染物产生及排放的种类、特性、浓度、源强、排放规律和排放形式等，同时，也对建设项目的清洁生产水平、污染防治措施技术经济可行性、项目选址及平面布局的合理性进行分析。工程分析从项目总体上纵观开发建设活动与环境全局的关系，同时从微观上为环境影响评价工作提供评价所需基础数据。

第一节　工程分析的作用

工程分析的作用集中反映在下列几个方面。

一、为项目决策提供依据

工程分析是项目决策的重要依据之一。在一般情况下，工程分析从环保角度对项目建设性质、产品结构、生产规模、原料路线、工艺技术、设备选型、能源结构、技术经济指标、总图布置方案、占地面积等做出分析意见。但是，通过工程分析若发现下列情况，则可以据此直接作出否定结论。

① 在特定或敏感的环境保护地区（如生活居住区、文教区、水源保护区、名胜古迹与风景游览区、疗养区、自然保护区等法定界区）布置有污染影响并且足以构成危害的建设项目时，可以直接作出否定的结论。

② 在水资源紧缺地区布置大量耗水型建设项目，若无妥善解决供水的措施，可以作出改变产品结构和限制生产规模或否定建设项目的结论。

③ 对于在自净能力差或环境容量接近饱和的地区安排建设项目，通过该项目的污染物排放可增大现状负荷，而且又无法从区域进行调整控制的，原则上可作出否定的结论。

二、为环保设计提供优化建议

建设项目的环保设计需要环境影响评价作为指导，尤其是改、扩建项目，工艺设备一般都比较落后，污染水平较高，要想使项目在改、扩建中通过“以新带老”把历史上积累下来的环保“欠账”加以解决，就需要工程分析从环保全局要求和环保技术方面提出具体意见。工程分析应力求对生产工艺进行优化论证，并提出符合清洁生产要求的清洁生产工艺建议，指出工艺设计上应该重点考虑的防污减污措施。此外，工程分析对环保措施方案中拟选工艺、设备及其先进性、可靠性、实用性所提出的剖析意见，也是优化环保设计不可缺少的资料。

三、为项目的环境管理提供建议指标和科学数据

工程分析筛选的主要污染因子是日常管理的对象，是开发建设活动进行控制的建议指标。

第二节　工程分析的技术原则

一、体现政策性

在国家已制定的一系列方针、政策和法规中，对建设项目的环境要求都有明确规定，贯

彻执行这些规定是评价单位义不容辞的责任。所以，在开展工程分析时，首先要学习和掌握有关政策法规要求，并以此为依据去剖析建设项目对环境产生影响的因素，针对建设项目在产业政策、能源政策、资源利用政策、环保技术政策等方面存在的问题，为项目决策提出符合环境政策法规要求的建议，这是工程分析的灵魂。

二、具有针对性

工程特征的多样性决定了影响环境因素的复杂性。为了把握住评价工作主攻方向，防止无的放矢和轻重不分，工程分析应根据建设项目的性质、类型、规模、污染物种类、数量、毒性、排放方式、排放去向等工程特征，通过全面系统分析，从众多的污染因素中筛选出对环境干扰强烈、影响范围大，并有致害威胁的主要因子作为评价主攻对象，尤其应明确拟建项目的特征污染因子。

三、应为各专题评价提供定量而准确的基础资料

工程分析资料是各专题评价的基础。所提供的特征参数，特别是污染物最终排放量是各专题开展影响预测的基础数据。从整体来说，工程分析是决定评价工作质量的关键，所以工程分析提出的定量数据一定要准确可靠，定性资料要力求可信，复用资料要经过精心筛选，注意时效性。

四、应从环保角度为项目选址、工程设计提出优化建议

① 根据国家颁布的环保法规和当地环境规划等条件，有理有据地提出优化选址、合理布局、最佳布置建议。

② 根据环保技术政策分析生产工艺的先进性，根据资源利用政策分析原料消耗、燃料消耗的合理性，同时探索把污染物排放量压缩到最低限度的途径。

③ 根据当地环境条件对工程设计提出合理建设规模和污染排放有关建议，防止只顾经济效益忽视环境效益。

④ 分析拟定的环保措施方案的可行性，提出必须保证的环保措施，使项目既能保证实现正常投产，同时又能保护好环境。

第三节 工程分析的方法

一般地讲，建设项目的工程分析都应根据项目规划、可行性研究和设计方案等技术资料进行工作。但是，有些建设项目，如大型资源开发、水利工程建设以及国外引进项目，在可行性研究阶段所能提供的工程技术资料不能满足工程分析的需要时，可以根据具体情况选用其他适用的方法进行工程分析。目前可供选用的方法有类比法、物料衡算法和资料复用法。

一、类比法

类比法是利用与拟建项目类型相同的现有项目的设计资料或实测数据进行工程分析的常用方法。采用此法时，为提高类比数据的准确性，应充分注意分析对象与类比对象之间的相似性。如：

① 工程一般特征的相似性。所谓一般特征包括建设项目的性质、建设规模、车间组成、产品结构、工艺路线、生产方法、原料、燃料来源与成分、用水量和设备类型等。

② 污染物排放特征的相似性。包括污染物排放类型、浓度、强度与数量，排放方式与去向，污染方式与途径等。

③ 环境特征的相似性。包括气象条件、地貌状况、生态特点、环境功能以及区域污染情况等方面的相似性。因为在生产建设中常会遇到这种情况，即某污染物在甲地是主要污染因素，在乙地则可能是次要因素，甚至是可被忽略的因素。

类比法也常用单位产品的经验排污系数去计算污染物排放量，但是采用此法必须注意，一定要根据生产规模等工程特征和生产管理以及外部因素等实际情况进行必要的修正。

二、物料衡算法

物料衡算法是用于计算污染物排放量的常规方法。此法的基本原则是遵守质量守恒定律的，即在生产过程中投入系统的物料总量必须等于产出的产品量和物料流失量之和。其计算通式如下：

$$\sum G_{投入}=\sum G_{产品}+\sum G_{流失} \tag{4-1}$$

当投入的物料在生产过程中发生化学反应时，可按下列总量法或额定法公式进行衡算。

① 总量法公式

$$\sum G_{排放}=\sum G_{投入}-\sum G_{回收}-\sum G_{处理}-\sum G_{转化}-\sum G_{产品} \tag{4-2}$$

② 定额法公式

$$A=\mathrm{AD}\times M \tag{4-3}$$

$$\mathrm{AD}=\mathrm{BD}-(\mathrm{aD}+\mathrm{bD}+\mathrm{cD}+\mathrm{dD}) \tag{4-4}$$

式中，A 为某污染物的排放总量；AD 为单位产品某污染物的排放定额；M 为产品总产量；BD 为单位产品投入或生成的某污染物量；aD 为单位产品中某污染物的含量；bD 为单位产品所生成的副产物、回收品中某污染物的含量；cD 为单位产品分解转化掉的污染物量；dD 为单位产品被净化处理掉的污染物量。

采用物料衡算法计算污染物排放量时，必须对生产工艺、化学反应、副反应和管理等情况进行全面了解，掌握原料、辅助材料、燃料的成分和消耗定额，但是，此法的计算工作量较大。

三、资料复用法

资料复用法是利用同类工程已有的环境影响报告书或可行性研究报告等资料进行工程分析的方法。虽然此法较为简便，但所得数据的准确性很难保证，所以只能在评价工作等级较低的建设项目工程分析中使用。

第四节　工程分析的内容

工程分析的内容，原则上是应根据建设项目的工程特征，包括建设项目的内容、性质、规模、能源与资源用量、污染物排放特征以及项目所在地的环境条件来确定。污染型建设项目和生态影响型项目的工程分析内容和要求有所不同。对于环境影响以污染因素为主的建设项目来说，工程分析内容通常包括下列几部分。

一、工程概况

1. 工程一般特征简介

工程一般特征简介主要是介绍项目的基本情况，包括工程名称、建设性质、建设地点、建设规模、产品方案、主要技术经济指标、配套工程、贮运方式、占地面积、职工人数、工程总投资等，附总平面布置图。建设规模、产品方案和主要技术经济指标可参照表 4-1、表 4-2。

表 4-1　项目建设规模与产品方案一览表

序 号	产品名称	设计规模	规 格	年生产时数	备 注
1					
2					
3					
…					

表 4-2　建设项目的技术经济指标一览表

序 号	指标名称	单 位	数 量	备 注
1				
2				
3				
…				

2. 物料及能源等消耗定额

物料及能源消耗定额包括主要原料、辅助材料、助剂、能源（煤、油、气、电和蒸汽）以及用水等的来源、成分和消耗量。物料及能源消耗定额可参照表 4-3 列出。

3. 主要设备及辅助设施

主要设备及辅助设施包括生产设备和辅助设备，如供热、供汽、供气、供电（自备发电机）和污染治理设施等，主要设备及辅助设施可参照表 4-4 列出。

表 4-3　主要原辅材料消耗及来源一览表

序号	名称	规格	消耗量	来源	备注
1					
2					
3					
…					

表 4-4　主要设备及辅助设施一览表

序号	设备名称	规格	数量	来源	备注
1					
2					
3					
…					

二、工艺路线与生产方法及产污环节

用形象流程图的方式说明生产过程，同时在工艺流程中标明污染物的产生位置和污染物的类型，必要时列出主要化学反应和副反应式。例如，图 4-1 为某化工厂流程示意图。

三、污染物源强分析与核算

1. 污染物分布及污染物源强核算

污染源分布和污染物类型及排放量是各专题评价的基础资料，必须按建设过程、生产过程和服务期满后（退役期）三个时期详细核算和统计，力求完善。因此，对于污染源分布应

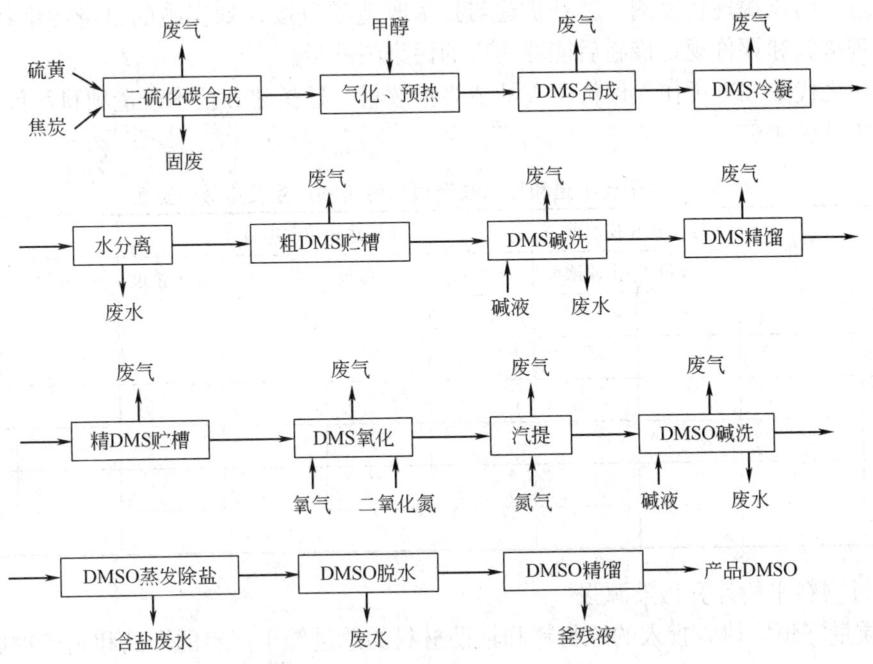

图 4-1 某化工厂二甲基亚砜生产工艺流程示意图

根据已经绘制的污染流程图，并按排放点编号，标明污染物排放部位，然后列表逐点统计各种因子的排放强度、浓度及数量。

对于废气可按点源、面源、线源进行核算，说明源强、排放方式、排放高度及存在的有关问题。废水应说明种类、成分、浓度、排放方式、排放去向。废液应说明种类、成分、浓度、处置方式和去向等有关问题。废渣应说明有害成分、溶出物浓度、数量、处理和处置方式和贮存方法。噪声和放射性应列表说明源强、剂量及分布。

2. 新建项目污染物源强

在统计污染物排放量的过程中，对于新建项目要求算清两本账：一本是工程自身的污染物产生量；另一本则是按治理规划和评价规定措施实施后能够实现的污染物削减量。

两本账之差才是评价需要的污染物量最终排放量，见表 4-5。

表 4-5 新建项目污染物产生及排放一览表

类别	名称	排放位置	排放方式	产生量	产生浓度	排放量	排放浓度	备注
废气								
废水								
固体废物								

3. 迁扩建和技术改造项目污染物源强

对于迁扩建和技术改造项目的污染物排放量统计则要求算清三本账：①迁扩建与技术改造前现有的污染物实际排放量。这部分现有污染物源强可根据原环评报告书、项目竣工验收报告、环保监测部门例行监测资料核算，也可根据实际生产规模和原辅材料消耗量衡算，必要时也可进行污染源现场监测。②迁扩建与技术改造项目按计划实施的自身污染物产生量。③实施治理措施和评价规定措施后能够实现的污染削减量。

三本账之代数和方可作为评价所需的最终排放量。迁扩建和技术改造项目污染物产生及排放一览表见表 4-6。

表 4-6 对于迁扩建和技术改造项目污染物产生及排放一览表

类别	名称	迁扩建和技改前		迁扩建和技改项目				迁扩建和技改后	
		排放量	排放浓度	产生量	产生浓度	排放量	排放浓度	排放量	排放浓度
废气									
废水									
固体废物									

4. 通过物料平衡计算污染源强

依据质量守恒定律，投入的原材料和辅助材料的总量等于产出的产品和副产物以及污染物的总量。通过物料平衡，可以核算产品和副产品的产量，并计算出污染物的源强。

物料平衡的种类很多，有以全厂（或全工段）物料的总进出为基准的物料衡算，也有针对具体的有毒有害物料或元素进行的物料平衡，比如在合成氨厂中，针对氨进行的物料平衡称为氨平衡。在环境影响评价中，必须根据不同行业的具体特点，选择若干有代表性的物料进行物料平衡。表 4-7 和图 4-2 列出了 DMS 合成段物料衡算。

5. 水平衡

水平衡是指建设项目所用的新鲜水总量加上原料带来的水量等于产品带走的水量、损失水量、排放废水量之和。可以用下式表达：

$$Q_f + Q_r = Q_p + Q_l + Q_w \tag{4-5}$$

式中，Q_f 为新鲜水总量；Q_r 为原料带来的水量，对于有化学反应的过程，也包括反应生成的水量；Q_p 为产品带走的水总量；Q_l 为生产过程损失的水量，对于有化学反应的过程，也包括反应消耗的水量；Q_w 为排放的废水量。

6. 无组织排放源的统计

无组织排放是指生产装置在生产运行过程中产生的污染物不经过排气筒（或排气筒高度低于 15m）的排放，表现为生产工艺过程中具有弥散型污染物的挥发，以及设备、管道和管件的跑冒滴漏，在空气中的蒸发、扩散引起的排放。

7. 风险排污的源强统计及分析

风险排污包括事故排污和非正常工况排污两部分。

① 事故排污的源强统计应计算事故状态下的污染物最大排放量，作为风险预测的源强。事故排污分析应说明在管理范围内可能产生的事故种类和频率，并提出防范措施和处理方法。

② 非正常工况排污是指工艺设备或环保设施达不到设计规定指标的超额排污，因为这种排污代表长期运行的排污水平，所以在风险评价中，应以此作为源强。非正常工况排污还包括设备检修、开车停车、试验性生产等，此类异常排污分析都应重点说明异常情况的原因和处置方法。

表 4-7　DMS 合成和精制工段物料衡算

进料				出料			
序号	名称	数量/(t/a)	备注	序号	名称	数量/(t/a)	备注
1	焦炭	1624		1	DMS	3511.4	半成品进下一工段
2	硫黄	2400		2	H_2O	17.6	
3	甲醇	4100		3	CS_2	236.2	来自 CS_2 合成和 DMS 合成的废气收集后采用 DMF 吸收有用硫化物，吸收尾气燃烧
4	氢氧化钠	100		4	CO_2	1451.8	
5	H_2O	2400		5	水蒸气	36.8	
				6	H_2S	108.8	
				7	COS	7.9	
				8	$(CH_3)_2S$	73.1	
				9	CH_3OH	10.1	
				10	CH_3SH	73.8	
				11	H_2O	1009	合成冷却废水经蒸馏处理回收有用硫化物后双氧水氧化，然后送入污水处理站处理达标后排放
				12	CO_2	2.0	
				13	CS_2	2.9	
				14	H_2S	3.7	
				15	$(CH_3)_2S$	36.6	
				16	CH_3OH	182.3	
				17	CH_3SH	4	
				18	H_2O	2426.7	碱洗废水回收甲硫醇钠后用双氧水氧化，然后送入污水处理站处理达标后排放
				19	Na_2S	6	
				20	CH_3OH	9	
				21	CH_3SNa	148.3	
				22	NaOH	9.2	
				23	水蒸气	28.4	来自 DMS 贮槽和碱洗的废气收集后燃烧
				24	CS_2	2.0	
				25	H_2S	0.3	
				26	$(CH_3)_2S$	35.5	
				27	CH_3OH	1.1	
				28	CH_3SH	5	
				29	废硫黄	73.9	综合利用
				30	废焦炭	1110.6	
合计		**10624**		合计		**10624**	

四、清洁生产水平分析

清洁生产是一种新的污染预防战略。项目实施清洁生产，可以减轻项目末端治理的负担，提高项目建设的环境可行性。截至 2006 年，国家环保部已发布了氮肥制造、钢铁、啤酒制造、石油炼制等 13 个行业清洁生产标准，近期尚有 20 余个清洁生产标准正在意见征集

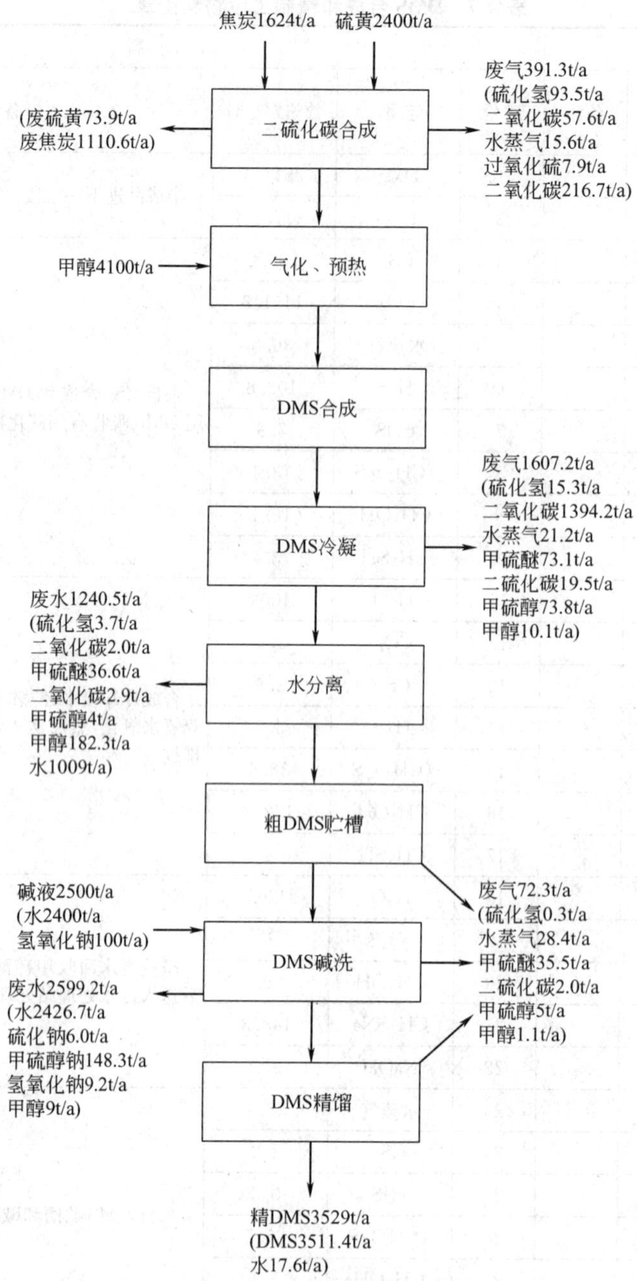

图 4-2 DMS 合成段物料平衡图

当中。可以根据已制定的清洁生产标准对相关行业建设项目的清洁生产水平进行分析。对于尚未制定行业清洁生产标准的建设项目，重点比较建设项目与国内外同类型项目按单位产品或万元产值的物耗、能耗、水耗和污染物排放水平，并论述其差距。有关清洁生产内容详见第十一章。

五、环保措施方案分析

1. 分析建设项目可研阶段环保措施方案，并提出进一步改进的意见

根据建设项目产生的污染物特点，充分调查同类企业的现有环保处理方案，分析建设项目可研阶段所采用的环保设施的先进水平和运行可靠程度，并提出进一步改进的意见。

2. 分析污染物处理工艺有关技术经济参数的合理性

根据现有的同类环保设施的运行技术经济指标，结合建设项目环保设施的基本特点，分析论证建设项目环保设施的技术经济参数的合理性，并提出进一步改进的意见。

3. 分析环保设施投资构成及其在总投资中占有的比例

汇总建设项目环保设施的各项投资，分析其投资结构，计算环保投资在总投资中所占的比例，并提出进一步改进的意见。

六、总图布置方案分析

1. 分析厂区与周围的保护目标之间所定卫生防护距离和安全防护距离的保证性

参考国家的有关安全防护距离规范，分析厂区与周围的保护目标之间所定防护距离的可靠性，合理布置建设项目的各构筑物，充分利用场地。

2. 根据气象、水文等自然条件分析工厂和车间布置的合理性

在充分掌握项目建设地点的气象、水文和地质资料的条件下，认真考虑这些因素对污染物的污染特性的影响。尽可能有良好的气象、水文和地质等自然条件，减少不利因素，合理布置工厂和车间。

3. 分析村镇居民拆迁的必要性

分析项目所产生的污染物的特点及其污染特征，结合现有的有关资料，确定建设项目对附近村镇的影响，分析村镇居民拆迁的必要性。

七、补充措施与建议

1. 关于合理的产品结构与生产规模的建议

合理的产品结构和生产规模可以有效地降低单位污染物的处理成本，提高企业的经济效益，有效地降低建设项目对周围环境的不利影响。

2. 优化总图布置的建议

充分利用自然条件，合理布置建设项目中的各构筑物，可以有效地减轻建设项目对周围环境的不良影响，降低环境保护投资。

3. 节约用地的建议

根据各个构筑物的工艺特点和结构要求，做到合理布置，有效利用土地。

4. 可燃气体平衡和回收利用措施建议

可燃气体排入环境中，不仅浪费资源，而且对大气环境有不良影响，因此，必须考虑对这些气体进行回收利用。根据可燃气体的物料衡算，可以计算出这些可燃气体的排放量，为回收利用措施的选择提供基础数据。

5. 用水平衡及节水措施建议

根据用水平衡图，充分考虑废水回用，减少废水排放。

6. 废液综合利用建议

根据固体废物的特性，选择有效的方法进行合理的综合利用。

7. 污染物排放方式改进建议

污染物的排放方式直接关系到污染物对环境的影响，通过对排放方式的改进往往可以有效地降低污染物对环境的不利影响。

8. 环保设备选型和实用参数建议

根据污染物的排放量和排放规律以及排放标准的基本要求，结合对现有资料的全面分析，提出污染物的处理工艺和基本工艺参数。

9. 其他建议

针对具体工程的特征，提出与工程密切相关的、有较大影响的其他建议。

八、工程分析小结

通过工程分析，最后应予以归纳小结，其要点包括：

① 建设项目在拟选厂址的合理生产规模与产品结构。

② 最佳总图布置方案。

③ 筛选确定的主要污染因子。

④ 主要污染因子的削减与治理措施。

⑤ 可能产生的事故特征与防范措施建议。

⑥ 必须确保的环保措施项目和投资。

⑦ 其他重要建议。

复习思考题

1. 工程分析的方法有哪些？各有何特点？

2. 工程分析包括哪些内容？

3. 对于技改和迁扩建项目，工程分析应注意什么？

第二篇　环境影响评价各论

第五章　大气环境影响预测与评价

大气环境影响评价是对项目实施所引起的大气环境影响的程度、范围和概率进行分析、预测和评估，通过适当的评价手段和模式计算，分析建设项目在建设施工期和建成后的生产期内所排放的主要气载污染物对大气环境可能带来的影响程度和范围，为优化项目选址、制定大气污染防治的措施、确定污染源设置等提供决策依据，为环保工程设计工作提供指导。

第一节　大气环境影响评价等级的确定

根据《环境影响评价技术导则——大气环境》（HJ 2.2—2008）规定，大气环境影响评价的等级与拟建项目的主要污染物排放量、周围地形的复杂程度、当地应执行的环境空气质量标准等因素有关。大气环境影响评价共分为三级，不同级别的评价工作要求不同。

一、大气污染源调查

要掌握建设项目气载污染物的排放量，必须对建设项目进行调查，首先要确定调查范围、调查对象、调查方法与调查内容。

1. 调查范围

大气污染源的调查范围与大气环境影响评价范围一致或略小，根据污染源排放强度、高度及环境特征确定。

2. 调查对象

评价等级不同，调查的对象不同。对于一级、二级评价项目，应调查分析项目的所有污染源（对于改、扩建项目应包括新、老污染源）、评价范围内与项目排放污染物有关的其他在建项目、已批复环境影响评价文件的未建项目等污染源，如有区域替代方案，还应调查评价范围内所有的拟替代污染源，对于三级评价项目可只调查分析项目污染源。

3. 调查方法

大气污染源的调查方法根据项目类别的不同而有所差异。新建项目可通过类比调查、物料衡算或设计资料确定；评价范围内的在建和未建项目的污染源调查，可使用已批准的环境影响报告书中的资料；现有项目和改、扩建项目的现状污染源调查，可利用已有有效数据或进行实测；分期实施的工程项目，可利用前期工程最近 5 年内的验收监测资料、年度例行监测资料或进行实测；评价范围内拟替代的污染源调查方法参考项目的污染源调查方法。

4. 调查内容

评价级别不同的项目调查内容也不同。一级评价项目污染源调查内容包括污染源排污概况调查、污染源排放方式调查、建筑物下洗参数调查、颗粒物的粒径分布调查等；二级评价项目污染源调查内容参照一级评价项目执行，可适当从简；三级评价项目可只调查污染源排污概况，并对估算模式中的污染源参数进行核实。

（1）污染源排污概况调查

① 在满负荷排放下，按分厂或车间逐一统计各有组织排放源和无组织排放源的主要污染物排放量。

② 对改、扩建项目应给出现有工程排放量、扩建工程排放量以及现有工程经改造后的污染物预测削减量，并按上述三个量计算最终排放量。

③ 对于毒性较大的污染物还应估计其非正常排放量。

④ 对于周期性排放的污染源，还应给出周期性排放系数。周期性排放系数取值为0～1，一般可按季节、月份、星期、日、小时等给出周期性排放系数。

（2）污染源排放方式　根据污染源排放方式不同，可将污染源划分为点源、面源、线源和体源。

① 点源是通过某种装置集中排放的固定点状源，如烟囱、集气筒等。

② 面源是在一定区域范围内，以低矮密集的方式自地面或近地面的高度排放污染物的源，如工艺过程中的无组织排放、储存堆、渣场等排放源。

③ 线源是污染物呈线状排放或者由移动源构成线状排放的源，如城市道路的机动车排放源等。

④ 体源是由源本身或附近建筑物的空气动力学作用使污染物呈一定体积向大气排放的源，如焦炉炉体、屋顶天窗等。

点源、面源、线源和体源所需要调查的内容是不同的。

（3）其他需调查的内容

① 建筑物下洗参数。在考虑由于周围建筑物引起的空气扰动而导致地面局部高浓度的现象时，需调查建筑物下洗参数。建筑物下洗参数应根据所选预测模式的需要，按相应要求内容进行调查。

② 颗粒物的粒径分布。颗粒物粒径分级最多不超过20级，应调查颗粒物的分级粒径（μm）、各级颗粒物的质量密度（g/cm^3）以及各级颗粒物所占的质量比（0～1）。

二、评价等级划分

《环境影响评价技术导则——大气环境》（HJ 2.2—2008）规定，选择推荐模式中的估算模式对项目的大气环境评价工作进行分级。结合项目的初步工程分析结果，选择正常排放的主要污染物及排放参数，采用估算模式计算各污染物的最大影响程度和最远影响范围，然后按评价工作分级判据进行分级。

划分大气环境评价等级的具体方法是：首先对建设项目的工程进行初步工程分析，然后选择1～3种主要污染物，分别计算每一种污染物的最大地面浓度占标率P_i（第i个污染物）及第i个污染物的地面浓度达到标准限值10%时所对应的最远距离$D_{10\%}$。其中P_i定义为：

$$P_i=\frac{C_i}{C_{0i}}\times 100\% \tag{5-1}$$

式中，P_i为第i个污染物的最大地面浓度占标率，%；C_i为采用估算模式计算出的第i个污染物的最大地面浓度，mg/m^3；C_{0i}为第i个污染物的环境空气质量标准，mg/m^3。

C_{0i}一般选用GB 3095中1h平均取样时间的二级标准的浓度限值；对于没有小时浓度限值的污染物，可取日平均浓度限值的三倍值；对该标准中未包含的污染物，可参照TJ 36中居住区大气中有害物质的最高容许浓度的一次浓度限值；如已有地方标准，应选用地方标准中的相应值；对某些上述标准中都未包含的污染物，可参照国外有关标准选用，但应作出说明，报环保主管部门批准后执行。

评价工作等级按表 5-1 的分级判据进行划分。最大地面浓度占标率 P_i 按公式(5-1) 计算，如污染物数 i 大于 1，取 P 值中最大者（P_{max}）和其对应的 $D_{10\%}$。

表 5-1　评价工作等级划分

评价工作等级	评价工作分级判据
一级	P_{max}≥80%，且 $D_{10\%}$≥5km
二级	其他
三级	P_{max}<10%或 $D_{10\%}$<污染源距厂界最近距离

此外，评价工作等级的确定还应符合以下规定。

① 同一项目有多个（两个以上，含两个）污染源排放同一种污染物时，则按各污染源分别确定其评价等级，并取评价级别最高者作为项目的评价等级。

② 对于高耗能行业的多源（两个以上，含两个）项目，评价等级应不低于二级。

③ 对于建成后全厂的主要污染物排放总量都有明显减少的改、扩建项目，评价等级可低于一级。

④ 如果评价范围内包含一类环境空气质量功能区或者评价范围内主要评价因子的环境质量已接近或超过环境质量标准，或者项目排放的污染物对人体健康或生态环境有严重危害的特殊项目，评价等级一般不低于二级。

⑤ 对于以城市快速路、主干路等城市道路为主的新建、扩建项目，应考虑交通线源对道路两侧的环境保护目标的影响，评价等级应不低于二级。

⑥ 对于公路、铁路等项目，应分别按项目沿线主要集中式排放源（如服务区、车站等大气污染源）排放的污染物计算其评价等级。

三、评价标准

如第一章所述，常用的大气环境标准主要是《环境空气质量标准》、《大气污染物综合排放标准》以及《环境影响评价技术导则——大气环境》。

在《大气污染物综合排放标准》（GB 16297—1996）中规定了 33 种大气污染物排放限值，指标体系是最高排放浓度、最高允许排放速率和无组织排放监控浓度限值。在控制大气污染物排放方面，除该标准为综合性排放标准外，我国还有行业性排放标准。

四、评价范围的确定

项目的大气环境影响评价范围应根据项目排放污染物的最远影响范围来确定，即以排放源为中心点，以 $D_{10\%}$ 为半径的圆或以 $2\times D_{10\%}$ 为边长的矩形作为大气环境影响评价范围。当最远距离超过 25km 时，确定评价范围为半径 25km 的圆形区域，或边长为 50km 的矩形区域。评价范围的直径或边长一般不应小于 5km。

对于以线源为主的城市道路等项目，评价范围可设定为线源中心两侧各 200m 的范围。

第二节　气象观测资料的调查与分析

大气污染物的浓度是由污染物排放量和污染气象条件共同决定的。气象要素是决定大气污染物浓度分布的最主要因素，反映了项目当地的大气自净能力，因此，大气环境影响评价需要收集、观测和评述区域的有关气象资料。污染气象条件评述是对评价区的气象背景、大气污染的潜势和污染物浓度分布的分析和描述，是大气环境影响评价不可缺少的重要内容。

气象观测资料的调查要求不仅与项目的评价等级有关，还与评价范围内地形复杂程度、水平流场是否均匀一致、污染物排放是否连续稳定有关。常规气象观测资料包括常规地面气象观测资料和常规高空气象探测资料。

对于各级评价项目，均应调查评价范围 20 年以上的主要气象统计资料。包括年平均风速、风向玫瑰图、最大风速、月平均风速、年平均气温、极端气温、月平均气温、年平均相对湿度、年均降水量、降水量极值、日照等。对于一级、二级评价项目，还应调查逐日、逐次的常规气象观测资料及其他气象观测资料。

一、气象观测资料调查要求

对于一级、二级评价项目，评价范围不同，气象观测资料调查的基本要求也不同。评价范围小于 50km 时，须调查地面气象观测资料，并按选取的模式要求补充调查必需的常规高空气象探测资料；评价范围大于 50km 时，须调查地面气象观测资料和常规高空气象探测资料。

但对于不同评价等级的项目，地面气象观测资料调查要求与常规高空气象探测资料调查要求有所差异。

1. 地面气象观测资料调查要求

对于一级评价项目，调查距离项目最近的地面气象观测站近 5 年内至少连续 3 年的常规地面气象观测资料；对于二级评价项目，调查距离项目最近的地面气象观测站近 3 年内至少连续 1 年的常规地面气象观测资料。如果地面气象观测站与项目的距离超过 50km，并且地面站与评价范围的地理特征不一致时，一级、二级项目均需按补充地面气象观测所要求的内容进行补充地面气象观测。

补充地面气象观测的要求：观测地点上，在评价范围内设立地面气象站，站点设置应符合相关地面气象观测规范的要求；观测期限上，一级评价项目与二级评价项目要求不同，一级评价的补充观测应进行为期 1 年的连续观测，二级评价的补充观测可选择有代表性的季节进行连续观测，观测期限应在 2 个月以上；观测内容上，应符合地面气象观测资料的要求；观测方法上，应符合相关地面气象观测规范的要求；观测数据的应用上，补充地面气象观测数据可作为当地长期气象条件参与大气环境影响预测。

2. 常规高空气象探测资料调查要求

对于一级评价项目，调查距离项目最近的高空气象探测站近 5 年内至少连续 3 年的常规高空气象探测资料；对于二级评价项目，调查距离项目最近的常规高空气象探测站近 3 年内至少连续 1 年的常规高空气象探测资料。如果高空气象探测站与项目的距离超过 50km，一级、二级评价项目的高空气象资料均可采用中尺度气象模式模拟的 50km 内的格点气象资料。

二、气象观测资料调查内容

1. 地面气象观测资料调查内容

地面气象观测资料的时次需根据所调查地面气象观测站的类别来确定，并遵循先基准站，次基本站，后一般站的原则，收集每日实际逐次观测资料。观测资料的常规调查项目包括时间（年、月、日、时）、风向（以角度或按 16 个方位表示）、风速、干球温度、低云量、总云量。根据不同评价等级预测精度要求及预测因子特征，可选择调查的观测资料的内容包括湿球温度、露点温度、相对湿度、降水量、降水类型、海平面气压、观测站地面气压、云底高度、水平能见度等。地面气象观测资料内容汇总见表 5-2。

2. 常规高空气象探测资料

常规高空气象探测资料的时次需根据所调查常规高空气象探测站的实际探测时次确定，一般应至少调查每日 1 次（北京时间 08 点）的距地面 1500m 高度以下的高空气象探测资料。观测资料的常规调查项目包括时间（年、月、日、时）、探空数据层数、每层的气压、高度、气温、风速、风向（以角度或按 16 个方位表示）。常规高空气象探测资料内容汇总见表 5-3。

三、常规气象资料分析内容

常规气象资料分析内容主要包括温度、风速、风向、风频等。

1. 温度

温度分析包括温度统计量与温廓线两方面的内容。

① 温度统计量：统计长期地面气象资料中每月平均温度的变化情况，并绘制年平均温度月变化曲线图。

表 5-2 地面气象观测资料内容

名 称	单 位	名 称	单 位
年		湿球温度	℃
月		露点温度	℃
日		相对湿度	%
时		降水量	mm/h
风向	度(方位)	降水类型	
风速	m/s	海平面气压	hPa(百帕)
总云量	十分量	观测站地面气压	hPa(百帕)
低云量	十分量	云底高度	km
干球温度	℃	水平能见度	km

表 5-3 常规高空气象探测资料内容

名 称	单 位	名 称	单 位
年		高度	m
月		干球温度	℃
日		露点温度	℃
时		风速	m/s
探空数据层数		风向	度(方位)
气压	hPa(百帕)		

② 温廓线：对于一级评价项目，需酌情对污染较严重时的高空气象探测资料作温廓线的分析，分析逆温层出现的频率、平均高度范围和强度。

2. 风速

风速分析包括风速统计量与风廓线两方面的内容。

① 风速统计量：统计月平均风速随月份的变化和季小时平均风速的日变化，即根据长期气象资料统计每月平均风速、各季每小时的平均风速变化情况，并绘制平均风速的月变化

曲线图和季小时平均风速的日变化曲线图。

② 风廓线：对于一级评价项目，需酌情对污染较严重时的高空气象探测资料作风廓线的分析，分析不同时间段大气边界层内的风速变化规律。

3. 风向、风频

风向、风频分析包括风频统计量、风向玫瑰图、主导风向三方面的内容。

① 风频统计量：统计所收集的长期地面气象资料中，每月、各季及长期平均各风向风频变化情况。

② 风向玫瑰图：统计所收集的长期地面气象资料中，各风向出现的频率，静风频率单独统计。在极坐标中按各风向标出其频率的大小，绘制各季及年平均风向玫瑰图。风向玫瑰图应同时附当地气象台站多年（20 年以上）气候统计资料的统计结果。

③ 主导风向：主导风向指风频最大的风向角的范围。风向角范围一般为 22.5°～45°之间的夹角。某区域的主导风向应有明显的优势，其主导风向角风频之和应≥30%，否则可称该区域没有主导风向或主导风向不明显。在没有主导风向的地区，应考虑项目对全方位的环境空气敏感区的影响。

第三节 大气环境影响预测模式

评价等级确定以后，一级、二级评价应选择《环境影响评价技术导则——大气环境》（HJ 2.2—2008）推荐模式清单中的进一步预测模式进行大气环境影响预测工作；三级评价可不进行大气环境影响预测工作，直接以估算模式的计算结果作为预测与分析依据，并且确定评价工作等级的同时应说明估算模式计算参数和选项。

进一步预测模式主要包括 AERMOD 模式、ADMS 模式、CALPUFF 模式，下面将对各个模式作进一步的介绍。

一、AERMOD 模式系统

AERMOD 是一个稳态烟羽扩散模式，可基于大气边界层数据特征模拟点源、面源、体源等排放出的污染物在短期（小时平均、日平均）、长期（年平均）的浓度分布，适用于农村或城市地区、简单或复杂地形。AERMOD 考虑了建筑物尾流的影响，即烟羽下洗。模式使用每小时连续预处理气象数据模拟大于等于 1 小时平均时间的浓度分布，AERMOD 适用于评价范围小于等 50km 的一级、二级评价项目。

AERMOD 包括两个预处理模式，即 AERMET 气象预处理和 AERMAP 地形预处理模式。

AERMET 是 AERMOD 的气象预处理模型，输入数据包括每小时云量、地面气象观测资料和一天两次的探空资料，输出文件包括地面气象观测数据和一些大气参数的垂直分布数据。

AERMAP 是 AERMOD 的地形预处理模型，仅需输入标准的地形数据。输入数据包括计算点地形高度数据。地形数据可以是数字化地形数据格式，美国地理观测数据使用这种格式。输出文件包括每一个计算点的位置和高度，计算点高度用于计算山丘对气流的影响。

二、ADMS 模式系统

ADMS 是一个三维高斯模型，以高斯分布公式为主计算污染浓度，但在非稳定条件下的垂直扩散使用了倾斜式的高斯模型。烟羽扩散的计算使用了当地边界层的参数，化学模块中使用了远处传输的轨迹模型和箱式模型。可模拟点源、面源、线源和体源等排放出的污染物在短期（小时平均、日平均）、长期（年平均）的浓度分布，还包括一个街道窄谷模型，适用于农村或城市地区、简单或复杂地形。模式考虑了建筑物下洗、湿沉降、重力沉降和干沉降以及化学反应等功能。化学反应模块包括计算一氧化氮、二氧化氮和臭氧等之间的反应。ADMS 有气象预处理程序，可以用地面的常规观测资料、地表状况以及太阳辐射等参数模拟基本气象参数的廓线值。在简单地形条件下，使用该模型模拟计算时，可以不调查探空观测资料。

ADMS-EIA 版适用于评价范围小于等于 50km 的一级、二级评价项目。

三、CALPUFF 模式系统

CALPUFF 是一个烟团扩散模型系统，可模拟三维流场随时间和空间发生变化时污染物的输送、转化和清除过程。CALPUFF 适用于从 50 公里到几百公里范围内的模拟尺度，包括了近距离模拟的计算功能，如建筑物下洗、烟羽抬升、排气筒雨帽效应、部分烟羽穿透、次层网格尺度的地形和海陆的相互影响、地形的影响；还包括长距离模拟的计算功能，如干、湿沉降的污染物清除、化学转化、垂直风切变效应、跨越水面的传输、熏烟效应以及颗粒物浓度对能见度的影响。适合于特殊情况，如稳定状态下的持续静风、风向逆转、在传输和扩散过程中气象场时空发生变化下的模拟。

CALPUFF 适用于评价范围大于等于 50km 的一级评价项目，以及复杂风场下的一级、二级评价项目。

第四节　大气环境影响预测与评价

大气环境影响预测用于判断项目建成后对评价范围内大气环境影响的程度和范围。常用的大气环境影响预测方法是通过建立数学模型来模拟各种气象条件、地形条件下的污染物在大气中输送、扩散、转化和清除等物理、化学机制。模拟计算工程投产后将造成的长期和短期环境浓度分布，可得到影响浓度值。将本底浓度值与影响浓度值叠加，即可得到浓度分布预测值，并可据此绘制环境质量变化图。

大气环境影响评价的最终目的是从大气环境保护的角度评价拟建项目的可行性，做出明确的评价结论。评价报告一般应至少包括以下两个方面。

① 以法规、标准等为依据，根据明确的环境保护目标，在现状调查、工程分析和影响预测的基础上，判别拟建项目对当地环境的影响程度，把建设项目对大气环境的有利影响与不利影响进行全面比较，明确回答该项目选择是否可行，对拟建项目的选址方案、总图布置、产品结构、生产工艺等提出改进措施与建议。

② 针对建设项目特点、环境状况和经济技术条件，对不利的环境影响，提出进一步治理大气污染的具体方案和措施（包括环境管理与监测计划），把建设项目对环境的不利影响减小到最低程度，最终提出可行的环境保护对策和明确的评价结论。

一、大气环境影响预测

大气环境影响预测过程包括以下 10 个步骤。

1. 确定预测因子

预测因子应根据评价因子而定，选取有环境空气质量标准的评价因子作为预测因子。

2. 确定预测范围

预测范围应覆盖评价范围，同时还应考虑污染源的排放高度、评价范围的主导风向、地形和周围环境敏感区的位置等进行适当调整；计算污染源对评价范围的影响时，一般取东西向为 x 坐标轴、南北向为 y 坐标轴，项目位于预测范围的中心区域。

3. 确定计算点

计算点可分三类：环境空气敏感区、预测范围内的网格点以及区域最大地面浓度点。应选择所有环境空气敏感区中的环境空气保护目标作为计算点；预测网格点的分布应具有足够的分辨率以尽可能精确预测污染源对评价范围的最大影响，预测网格可以根据具体情况采用直角坐标网格或极坐标网格，并应覆盖整个评价范围，预测网格点设置方法见表 5-4；区域最大地面浓度点的预测网格设置，应依据计算出的网格点浓度分布而定，在高浓度分布区，计算点间距应不大于50m；对于临近污染源的高层住宅楼，应适当考虑不同代表高度上的预测受体。

表 5-4　预测网格点设置方法

预测网格方法		直角坐标网格	极坐标网格
布点原则		网格等间距或近密远疏法	径向等间距或距源中心近密远疏法
预测网格点	距离源中心≤1000m	50～100m	50～100m
网格距	距离源中心＞1000m	100～500m	100～500m

4. 确定污染源计算清单

根据《环境影响评价技术导则——大气环境》（HJ 2.2—2008）来确定点源、面源、体源和线源源强计算清单和颗粒物计算清单。

5. 确定气象条件

小时平均浓度与日平均浓度的计算结果与选定的气象条件有关。计算小时平均浓度需采用长期气象条件，进行逐时或逐次计算。选择污染最严重的（针对所有计算点）小时气象条件和对各环境空气保护目标影响最大的若干个小时气象条件（可视对各环境空气敏感区的影响程度而定）作为典型小时气象条件；计算日平均浓度需采用长期气象条件，进行逐日平均计算。选择污染最严重的（针对所有计算点）日气象条件和对各环境空气保护目标影响最大的若干个日气象条件（可视对各环境空气敏感区的影响程度而定）作为典型日气象条件。

6. 确定地形数据

在非平坦的评价范围内，地形的起伏对污染物的传输、扩散会有一定的影响。对于复杂地形下的污染物扩散模拟需要输入地形数据，并且对于地形数据的来源应予以说明，地形数据的精度应结合评价范围及预测网格点的设置进行合理选择。

7. 确定预测内容和设定预测情景

大气环境影响预测内容根据评价工作等级和项目的特点而定。

（1）一级评价项目预测内容一般包括：

① 全年逐时或逐次小时气象条件下，环境空气保护目标、网格点处的地面浓度和评价范围内的最大地面小时浓度。

② 全年逐日气象条件下，环境空气保护目标、网格点处的地面浓度和评价范围内的最大地面日平均浓度。

③ 长期气象条件下，环境空气保护目标、网格点处的地面浓度和评价范围内的最大地面年平均浓度。

④ 非正常排放情况，全年逐时或逐次小时气象条件下，环境空气保护目标的最大地面小时浓度和评价范围内的最大地面小时浓度。

⑤ 对于施工期超过一年以及施工期排放的污染物影响较大的项目，还应预测施工期间的大气环境质量。

（2）二级评价项目预测内容为一级评价项目预测内容中的①、②、③、④项。

（3）三级评价项目可不进行上述预测。

预测情景是根据预测内容设定的，一般考虑五个方面的内容：污染源类别、排放方案、预测因子、气象条件、计算点。污染源类别分新增加污染源、削减污染源和被取代污染源及其他在建、拟建项目相关污染源，新增污染源分正常排放和非正常排放两种情况；排放方案分工程设计或可行性研究报告中现有排放方案和环评报告所提出的推荐排放方案，排放方案内容根据项目选址、污染源的排放方式以及污染控制措施等进行选择；预测因子、气象条件、计算点见前述相关内容。常规预测情景组合见表 5-5。

表 5-5　常规预测情景组合

序号	污染源类别	排放方案	预测因子	计算点	常规预测内容
1	新增污染源(正常排放)	现有方案/推荐方案	所有预测因子	环境空气保护目标网格点区域最大地面浓度点	小时浓度日平均浓度年均浓度
2	新增污染源(非正常排放)	现有方案/推荐方案	主要预测因子	环境空气保护目标区域最大地面浓度点	小时浓度
3	削减污染源(若有)	现有方案/推荐方案	主要预测因子	环境空气保护目标	日平均浓度年均浓度
4	被取代污染源(若有)	现有方案/推荐方案	主要预测因子	环境空气保护目标	日平均浓度年均浓度
5	其他在建、拟建项目相关污染源(若有)		主要预测因子	环境空气保护目标	日平均浓度年均浓度

8. 选择预测模式

采用第三节所提到的大气环境影响预测推荐模式中的模式进行预测，并说明选择模式的理由。选择模式时，应结合模式的适用范围和对参数的要求进行合理选择。

9. 确定模式中的相关参数

在进行大气环境影响预测时，应对预测模式中的有关参数进行说明。例如在计算 1h 平均浓度时，可不考虑 SO_2 的转化；在计算日平均或更长时间平均浓度时，应考虑化学转化；SO_2 转化可取半衰期为 4h；对于一般的燃烧设备，在计算小时或日平均浓度时，可以假定 $NO_2/NO_x=0.9$；在计算年平均浓度时，可以假定 $NO_2/NO_x=0.75$；在计算机动车排放 NO_2 和 NO_x 的比例时，应根据不同车型的实际情况而定；在计算颗粒物浓度时，应考虑重力沉降的影响。

10. 进行大气环境影响预测与评价

按设计的各种预测情景分别进行模拟计算，以下是大气环境影响预测分析与评价的主要内容。

① 对环境空气敏感区的环境影响分析，应考虑其预测值和同点位处的现状背景值的最大值的叠加影响；对最大地面浓度点的环境影响分析可考虑预测值和所有现状背景值的平均值的叠加影响。

② 叠加现状背景值，分析项目建成后最终的区域环境质量状况，即新增污染源预测值＋现状监测值－削减污染源计算值（如果有）－被取代污染源计算值（如果有）＝项目建成后最终的环境影响。若评价范围内还有其他在建项目、已批复环境影响评价文件的拟建项目，也应考虑其建成后对评价范围的共同影响。

③ 分析典型小时气象条件下，项目对环境空气敏感区和评价范围的最大环境影响，分析是否超标、超标程度、超标位置，分析小时浓度超标概率和最大持续发生时间，并绘制评价范围内出现区域小时平均浓度最大值时所对应的浓度等值线分布图。

④ 分析典型日气象条件下，项目对环境空气敏感区和评价范围的最大环境影响，分析是否超标、超标程度、超标位置，分析日平均浓度超标概率和最大持续发生时间，并绘制评价范围内出现区域日平均浓度最大值时所对应的浓度等值线分布图。

⑤ 分析长期气象条件下，项目对环境空气敏感区和评价范围的环境影响，分析是否超标、超标程度、超标范围及位置，并绘制预测范围内的浓度等值线分布图。

⑥ 分析评价不同排放方案对环境的影响，即从项目的选址、污染源的排放强度与排放方式、污染控制措施等方面评价排放方案的优劣，并针对存在的问题（如果有）提出解决方案。

二、大气环境防护距离

1. 大气环境防护距离确定方法

采用推荐模式中的大气环境防护距离模式计算各无组织源的大气环境防护距离，计算出的距离是以污染源中心点为起点的控制距离，并结合厂区平面布置图，确定控制距离范围，超出厂界以外的范围，即为项目大气环境防护区域。当无组织源排放多种污染物时，应分别计算，并按计算结果的最大值确定其大气环境防护距离；对于属于同一生产单元（生产区、车间或工段）的无组织排放源，应合并作为单一面计算并确定其大气环境防护距离。

2. 大气环境防护距离参数选择

采用的评价标准应遵循第一节中评价等级划分中的相关规定。有场界排放浓度标准的，大气环境影响预测结果应首先满足场界排放标准，如预测结果在场界监控点处（以标准规定为准）出现超标，应要求削减排放源强。计算大气环境防护距离的污染物排放源强应采用削减达标后的源强。

三、建设项目大气环境影响评价内容

1. 项目选址及总图布置的合理性和可行性

根据大气环境影响预测结果及大气环境防护距离计算结果，评价项目选址及总图布置的合理性和可行性，并给出优化调整的建议及方案。

2. 污染源的排放强度与排放方式

根据大气环境影响预测结果，比较污染源的不同排放强度和排放方式（包括排气筒高度）对区域环境的影响，并给出优化调整的建议。

3. 大气污染控制措施

大气污染控制措施必须保证污染源的排放符合排放标准的有关规定，同时最终环境影响也应符合环境功能区划要求。根据大气环境影响预测结果评价大气污染防治措施的可行性，并提出对项目实施环境监测的建议，给出大气污染控制措施优化调整的建议及方案。

4. 大气环境防护距离设置

根据大气环境防护距离计算结果，结合厂区平面布置图，确定项目大气环境防护区域。在大气环境防护距离内不应有长期居住的人群，若大气环境防护区域内存在长期居住的人群，应给出相应的搬迁建议或优化调整项目布局的建议。行业卫生防护距离标准见表 5-6。

表 5-6　行业卫生防护距离标准一览表

序号	行业标准	是否考虑规模
1	水泥厂卫生防护距离标准 GB 18068—2000	有
2	硫化碱厂卫生防护距离标准 GB 18069—2000	否
3	油漆厂卫生防护距离标准 GB 18070—2000	否
4	氯碱厂卫生防护距离标准 GB 18071—2000	有
5	塑料厂卫生防护距离标准 GB 18072—2000	有
6	碳素厂卫生防护距离标准 GB 18073—2000	有
7	内燃机厂卫生防护距离标准 GB 18074—2000	否
8	汽车制造厂卫生防护距离标准 GB 18075—2000	否
9	石灰厂卫生防护距离标准 GB 18076—2000	否
10	石棉制品厂卫生防护距离标准 GB 18077—2000	否
11	肉类联合加工厂卫生防护距离标准 GB 18078—2000	有
12	制胶厂卫生防护距离标准 GB 18079—2000	有
13	缫丝厂卫生防护距离标准 GB 18080—2000	有
14	火葬场卫生防护距离标准 GB 18081—2000	有
15	制革厂卫生防护距离标准 GB 18082—2000	有
16	以噪声污染为主的工业企业卫生防护距离标准 GB 18083—2000	否
17	电视塔电磁辐射卫生防护距离标准 GB 9175—88	否
18	石油化工企业卫生防护距离标准 SH 3093—1999	有
19	煤制气厂卫生防护距离标准 GB/T 17222—1998	有
20	硫酸盐造纸厂卫生防护距离标准 GB 11654—89	否
21	氯丁橡胶厂卫生防护距离标准 GB 11655—89	否
22	黄磷厂卫生防护距离标准 GB 11656—89	否
23	铜冶炼厂(密闭鼓风炉型)卫生防护距离标准 GB 11657—89	否
24	聚氯乙烯树脂厂卫生防护距离标准 GB 11658—89	有
25	铅蓄电池厂卫生防护距离标准 GB 11659—89	有
26	炼铁厂卫生防护距离标准 GB 11660—89	否
27	焦化厂卫生防护距离标准 GB 11661—89	否
28	烧结厂卫生防护距离标准 GB 11662—89	否
29	硫酸厂卫生防护距离标准 GB 11663—89	否
30	钙镁磷肥厂卫生防护距离标准 GB 11664—89	否
31	普通过磷酸钙厂卫生防护距离标准 GB 11665—89	否
32	小型氮肥厂卫生防护距离标准 GB 11666—89	有
33	炼油厂卫生防护距离标准 GB 8195—87	有
34	以噪声污染为主的工业企业卫生防护距离标准 GB 18083—2000	有

5. 卫生防护距离的确定

《制定地方大气污染物排放标准的技术方法》（GB/T 13201—91）规定：无组织排放的有害气体进入呼吸带大气层时，其浓度如超过 GB 3095—1996 与 TJ 36—79 规定的居住区容许浓度限值，则无组织排放源所在的生产单元（生产区、车间或工段）与居住区之间应设置卫生防护距离。

确定卫生防护距离通常采用国家相关的卫生防护距离标准来确定，或根据大气污染物无组织排放量计算法。国家根据一些行业的生产规模和建设地的气象条件，规定了一定的卫生防护距离。

对国家尚无规定的各类工业、企业卫生防护距离，可根据相关污染物无组织排放量进行计算：

$$\frac{Q_c}{C_m}=\frac{1}{A}(BL^C+0.25r^2)^{0.05}L^D \tag{5-2}$$

式中，C_m 为标准浓度限值；L 为工业企业所需卫生防护距离，m；r 为有害气体无组织排放源所在生产单元的等效半径，m，根据该生产单元占地面积 S（m^2）计算；Q_c 为工业企业有害气体无组织排放量可以达到的控制水平，Q_c 取同类企业中生产工艺流程合理、生产管理与设备维护处于先进水平的工业企业在正常运行时的无组织排放量；A，B，C，D 分别为卫生防护距离计算系数，无因次，根据工业企业所在地区近五年平均风速及工业企业大气污染源构成类别从表 5-7 查取。

表 5-7　卫生防护距离计算系数

计算系数	工业企业所在地区近五年平均风速/(m/s)	卫生防护距离 L/m								
		$L\leqslant1000$			$1000<L\leqslant2000$			$L>2000$		
		工业企业大气污染源构成类别								
		Ⅰ	Ⅱ	Ⅲ	Ⅰ	Ⅱ	Ⅲ	Ⅰ	Ⅱ	Ⅲ
A	<2	400	400	400	400	400	400	80	80	80
	2～4	700	470	350	700	470	350	380	250	190
	>4	530	350	260	530	350	260	290	190	140
B	<2	0.01			0.015			0.015		
	>2	0.021			0.036			0.036		
C	<2	1.85			1.79			1.79		
	>2	1.85			1.77			1.77		
D	<2	0.78			0.78			0.57		
	>2	0.84			0.84			0.76		

注：工业企业大气污染源构成分为以下三类。

Ⅰ类：与无组织排放源共存的排放同种有害气体的排气筒的排放量大于标准规定的允许排放量的三分之一者。

Ⅱ类：与无组织排放源共存的排放同种有害气体的排气筒的排放量小于标准规定的允许排放量的三分之一，或虽无排放同种大气污染物之排气筒共存，但无组织排放的有害物质的容许浓度指标是按急性反应指标确定者。

Ⅲ类：无排放同种有害物质的排气筒与无组织排放源共存，且无组织排放的有害物质的容许浓度是按慢性反应指标确定者。

① 卫生防护距离在 100m 以内时，级差为 50m；超过 100m，但小于或等于 1000m 时，级差为 100m；超过 1000m 以上，级差为 200m。

② 当按式(5-2) 计算的 L 值在两级之间时，取偏宽的一级。

③ 无组织排放多种有害气体的工业企业，按 Q_c/C_m 的最大值计算其所需卫生防护距离；但当按两种或两种以上的有害气体的 Q_c/C_m 值计算的卫生防护距离在同一级别时，该类工业企业的卫生防护距离级别应该高一级。

④ 地处复杂地形条件下的工业企业所需卫生防护距离，应由建设单位主管部门与建设

项目所在省、市、自治区的卫生与环境保护主管部门，根据环境影响评价报告书共同确定。

6. 污染物排放总量控制指标的落实情况

评价项目完成后污染物排放总量控制指标能否满足环境管理要求，并明确总量控制指标的来源。

四、结论

结合项目选址、污染源的排放强度与排放方式、大气污染控制措施以及总量控制等方面综合进行评价，明确给出大气环境影响可行性结论。

(1) 应做出“可以满足大气环境保护目标要求”的结论的情况

① 建设项目在实施过程中的不同生产阶段除很小范围以外，大气环境质量均能达到预定要求，而且大气污染物排放量符合区域污染物总量控制的要求。

② 在建设项目实施过程的某个阶段，非主要的个别大气污染物参数在较大范围内不能达到预定的标准要求，但采取一定的环保措施后可以满足要求。

(2) 应做出“不能满足大气环境保护目标要求”的结论的情况

① 大气环境现状已“不能满足大气环境保护目标要求”。

② 要求的污染削减量过大而导致削减措施在技术、经济上明显不合理。

有些情况不能做出明确的结论，如建设项目大气环境的某些方面起了恶化作用的同时又改善了其他某些方面，则应说明建设项目对大气环境的正、负影响程度及其评价结果。

需要在评价结果中确定建设项目与大气环境的有关部分的方案比较时，应在结论中确定推荐方案，并说明理由。

复习思考题

1. 简述大气环境影响评价等级的划分和各自的评价范围。

2. 设有某污染源由烟囱排入大气的 SO_2 源强 50g/s，有效源高为 80m，烟囱出口处平均风速为 6m/s，当时气象条件下，正下风向 500m 处的 $\sigma_y=30.1$m，$\sigma_z=25.3$m，计算正下风向 500m 处的地面 SO_2 浓度。

3. 某一高架连续点源排放污染物，在风速 2m/s，有效高度为 H，地面最大浓度为 C_{max}，当风速为 4m/s 时，有效高度若为原来的 3/4，那地面最大浓度是多少？假定 y 方向上的扩散参数不变。

4. 已知一高架连续点源，$\sigma_y=\sigma_z=0.07$m，烟囱出口处平均风速为 5.0m/s，排烟有效源高 180m，排烟量为 $4.1\times10^4 m^3/h$，SO_2 浓度为 $1000mg/m^3$，试求该高架点源在轴线上最大浓度为多少？

5. 位于北纬 40°、东经 120°的某城市远郊区（丘陵）有一火力发电厂，烟囱高度 120m，烟囱排放口直径 $D=1.5$m，排放 SO_2 的源强 $Q=800$kg/h，排气温度 413K，烟气出口气速 18m/s。8 月中旬某天北京时间 17 点，云量 5/4，气温 303K，地面 10m 高处的风速 2.8m/s。试求：

① 地面轴线最大浓度及其出现距离。

② 地面轴线 1500m 处的浓度。

6. 某城区以边长为 1524m 的正方形区域进行 SO_2 排放编目，每个区域的排放估计为 6000mg/s，假定大气稳定度为 E 类，南风，风速 2.5m/s，区内源的平均有效高度是 20m，预测该区在其北面相邻区域中心造成的浓度。

第六章　水环境影响预测与评价

水环境影响评价是通过一定的方法，确定建设项目或开发行动耗用的水资源量和环境供给水平以及排放的主要污染物对周围环境可能造成的影响范围和程度，提出避免或减轻影响的对策，为建设项目或开发行动方案的优化决策提供科学的依据。

水环境包括地球表面上的各种水体，如海洋、江河、湖泊、水库，也包括潜藏在土壤和岩石空隙中的地下水。本章重点介绍地表水环境影响评价。

第一节　水环境影响评价等级与程序

一、环境影响评价的分级

《环境影响评价技术导则——地面水环境》根据建设项目的污水排放量，污水水质的复杂程度，受纳水域的规模以及水质要求，将水环境影响评价工作等级分为一级、二级、三级。分级判据见表 6-1，海湾环境影响评价分级判据见表 6-2。

具体应用上述划分原则时，可根据建设项目特性和建设地区或受纳水域的具体情况，如我国南、北方以及干旱、湿润地区的特点进行适当调整。

对于表 6-1 和表 6-2 中的污染物类型、纳污水体的大小规模和水质复杂程度等分级依据见表 6-3。

表 6-1　地面水环境影响评价分级判据

建设项目污水排放量/(m^3/d)	建设项目污水水质的复杂程度	一级		二级		三级	
		地面水域规模(大小规模)	地面水水质要求(水质类别)	地面水域规模(大小规模)	地面水水质要求(水质类别)	地面水域规模(大小规模)	地面水水质要求(水质类别)
≥20000	复杂	大	Ⅰ～Ⅲ	大	Ⅳ、Ⅴ		
		中、小	Ⅰ～Ⅳ	中、小	Ⅴ		
	中等	大	Ⅰ～Ⅲ	大	Ⅳ、Ⅴ		
		中、小	Ⅰ～Ⅳ	中、小	Ⅴ		
	简单	大	Ⅰ、Ⅱ	大	Ⅲ～Ⅴ		
		中、小	Ⅰ～Ⅲ	中、小	Ⅳ、Ⅴ		
<20000 ≥10000	复杂	大	Ⅰ～Ⅲ	大	Ⅳ、Ⅴ		
		中、小	Ⅰ～Ⅳ	中、小	Ⅴ		
	中等	大	Ⅰ、Ⅱ	大	Ⅲ、Ⅳ	大	Ⅴ
		中、小	Ⅰ、Ⅱ	中、小	Ⅲ～Ⅴ		
	简单			大	Ⅰ～Ⅲ	大	Ⅳ、Ⅴ
		中、小	Ⅰ	中、小	Ⅱ～Ⅳ	中、小	Ⅴ

续表

建设项目污水排放量/(m³/d)	建设项目污水水质的复杂程度	一级		二级		三级	
		地面水域规模(大小规模)	地面水水质要求(水质类别)	地面水域规模(大小规模)	地面水水质要求(水质类别)	地面水域规模(大小规模)	地面水水质要求(水质类别)
<10000 ≥5000	复杂	大、中	Ⅰ、Ⅱ	大、中	Ⅲ、Ⅳ	大、中	Ⅴ
		小	Ⅰ、Ⅱ	小	Ⅲ、Ⅳ	小	Ⅴ
	中等			大、中	Ⅰ-Ⅲ	大、中	Ⅳ、Ⅴ
		小	Ⅰ	小	Ⅱ～Ⅳ	小	Ⅴ
	简单			大、中	Ⅰ、Ⅱ	大、中	Ⅲ～Ⅴ
				小	Ⅰ～Ⅲ	小	Ⅳ、Ⅴ
<5000 ≥1000	复杂			大、中	Ⅰ～Ⅲ	大、中	Ⅳ、Ⅴ
		小	Ⅰ	小	Ⅱ～Ⅳ	小	Ⅴ
	中等			大、中	Ⅰ、Ⅱ	大、中	Ⅲ～Ⅴ
				小	Ⅰ～Ⅲ	小	Ⅳ、Ⅴ
	简单					大、中	Ⅰ～Ⅳ
				小	Ⅰ	小	Ⅱ～Ⅴ
<1000 ≥200	复杂					大、中	Ⅰ～Ⅳ
						小	Ⅰ～Ⅴ
	中等					大、中	Ⅰ～Ⅳ
						小	Ⅰ～Ⅴ
	简单					中、小	Ⅰ～Ⅳ

注：污水排放量中不包括间接冷却水、循环水以及其他含污染物极少的清净下水的排放量，但包括含热量大的冷却水的排放量。

表 6-2　海湾环境影响评价分级判据

污水排放量/(m³/d)	污水水质复杂程度	一级	二级	三级
≥20000	复杂	各类海湾		
	中等	各类海湾		
	简单	小型封闭海湾	其他各类海湾	
<20000 且≥5000	复杂	小型封闭海湾	其他各类海湾	
	中等		小型封闭海湾	其他各类海湾
	简单		小型封闭海湾	其他各类海湾
<5000 且≥1000	复杂		小型封闭海湾	其他各类海湾
	中等或简单			各类海湾
<1000 且≥500	复杂			各类海湾

注：污水排放量中不包括间接冷却水、循环水以及其他含污染物极少的清净下水的排放量，但包括含热量大的冷却水的排放量。

二、评价工作程序

地表水及海湾环境影响评价分级参数依据见表 6-3。水环境影响评价工作程序见图 6-1。

表 6-3 地表水及海湾环境影响评价分级参数依据表

<table>
<tr><th>项目</th><th colspan="2">名 称</th><th colspan="2">说 明</th></tr>
<tr><td rowspan="4">污染物类型</td><td colspan="2">①持久性污染物</td><td colspan="2">包括在水环境中难降解、毒性大、易长期积累的有毒物质，如 Cu、Pb、Zn、Cd 和有机氯农药等</td></tr>
<tr><td colspan="2">②非持久性污染物</td><td colspan="2">如易降解有机物、挥发酚等</td></tr>
<tr><td colspan="2">③酸和碱</td><td colspan="2">以 pH 表征</td></tr>
<tr><td colspan="2">④热污染</td><td colspan="2">以温度表征</td></tr>
<tr><td rowspan="3">污水水质复杂程度</td><td colspan="2">复杂</td><td colspan="2">污染物类型数≥3，或者只含有两类污染物，但需预测其浓度的水质参数数目≥10</td></tr>
<tr><td colspan="2">中等</td><td colspan="2">污染物类型数=2，且需预测其浓度的水质参数数目<10；或者只含有一类污染物，但需预测其浓度的水质参数数目≥7</td></tr>
<tr><td colspan="2">简单</td><td colspan="2">污染物类型数=1，需预测浓度的水质参数数目<7</td></tr>
<tr><td rowspan="9">纳污水域规模</td><td rowspan="3">河流与河口</td><td>大河</td><td colspan="2">流量≥150m^3/s</td></tr>
<tr><td>中河</td><td colspan="2">流量 15～150m^3/s</td></tr>
<tr><td>小河</td><td colspan="2">流量<15m^3/s</td></tr>
<tr><td rowspan="6">湖泊和水库</td><td rowspan="3">平均水深≥10m</td><td>大湖(库)</td><td>水面面积≥25km^2</td></tr>
<tr><td>中湖(库)</td><td>水面面积 2.5～25km^2</td></tr>
<tr><td>小湖(库)</td><td>水面面积<2.5km^2</td></tr>
<tr><td rowspan="3">平均水深<10m</td><td>大湖(库)</td><td>水面面积≥50km^2</td></tr>
<tr><td>中湖(库)</td><td>水面面积 5～50km^2</td></tr>
<tr><td>小湖(库)</td><td>水面面积<5km^2</td></tr>
</table>

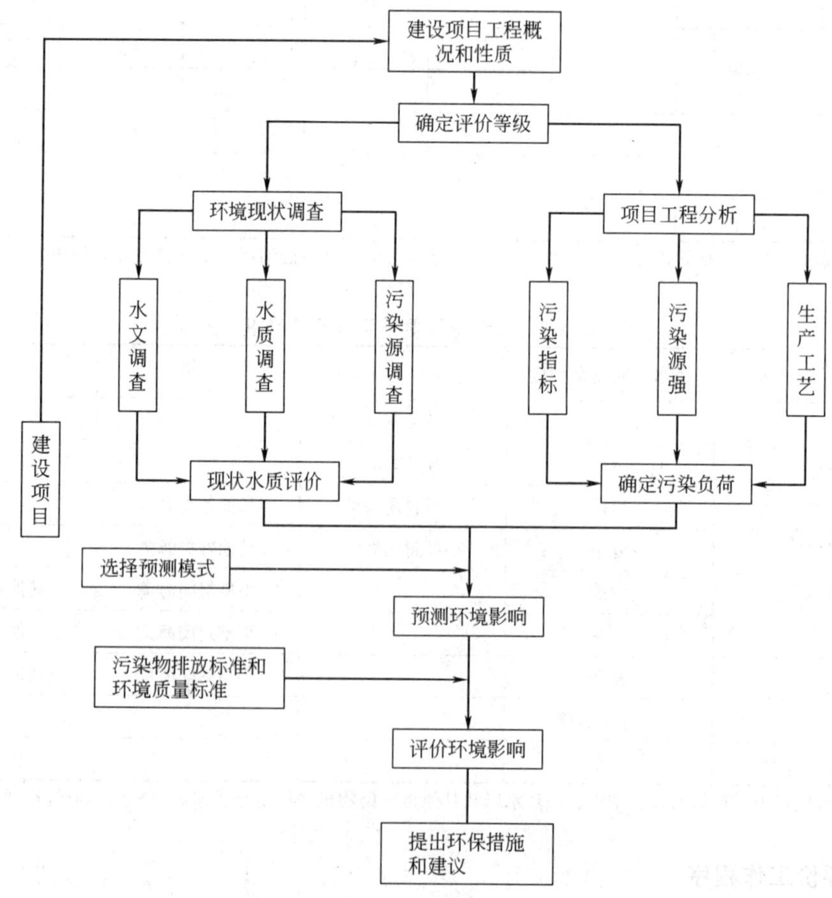

图 6-1 地表水环境影响评价工作程序

第二节　水环境影响预测方法与要求

一、预测方法简介

水环境影响预测方法大致可分为三类：数学模型法、物理模型法和类比分析法。

（1）数学模型法　利用污染物在水体中稀释、迁移和净化机制的数学方程预测建设项目排放的污染物引起的水质变化。该法应用一般比较简便，且能得到定量的预测结果，应首先考虑选用。但该方法有时需要通过估算确定模型参数，且用较为简单的数学方程来描述污染物在水中扩散和降解的复杂过程，势必存在一定的误差。

（2）物理模型法　依据相似理论，在按比例缩小的环境模型上进行水质模拟实验，预测建设项目排放的污染物引起的水质变化。该法能反映较复杂的水环境特点，在评价等级较高和对预测结果要求较高而无法利用数学模型预测时可选用。但该法需要建立较复杂的水环境模型，费时费力，且污染物在自然水环境中的物理化学和生物净化过程也难以在水环境模型中模拟。

（3）类比分析法　调查与建设项目性质相似和纳污水体性质类似的工程，分析建设项目的水环境影响。类比调查所得的结果往往比较粗略，属于定性或半定量的预测，适用于评价等级较低的项目。此外，可以通过类比分析法获得数学模型法中的模型参数和数据。

二、预测条件的确定

（1）筛选拟预测的水质参数　根据建设项目的工程分析结果，即排入水体的污染物种类和排放量，结合周围水环境特点和评价要求，筛选需要进行影响预测的水质参数，如 COD（BOD）、氨氮、总磷或其他特征污染物（重金属和持久污染物）指标。

（2）拟预测的排污状况　一般分废水排放（或连续排放）和非正常排放（或瞬时排放、有限时段排放）两种情况进行预测。两种排放情况均需确定污染物排放源强和排放位置。

（3）预测的水文条件　水环境预测时应考虑水体自净能力不同的水文阶段。对于内陆地表水体自净能力最小的时段一般为枯水期，个别水域由于面源污染严重也可能在丰水期；对于北方河流，冰封期的自净能力很小，情况比较特殊。影响预测时需要确定预测时段的水文条件，如河流多年平均枯水期月平均流量等。

（4）水质模型参数和边界条件（或初始条件）　利用数学模型进行水环境影响预测时，需要确定水质模型的相关参数，其方法有实验测定法、经验公式估算法、模型实定法和现场实测法等。对于稳态模型，需要确定水动力学和水质边界条件；对于动态模型或模拟瞬时排放或有限时段排放影响时，还需要确定初始条件。

第三节　水环境影响预测模式

一、河流完全混合模式

废水排放河流如能迅速与河水混合，或所含特征污染物为持久性污染物，则废水与河水充分混合后污染物的浓度可用下式计算：

$$c=\frac{c_p Q_p + c_h Q_h}{Q_p + Q_h} \tag{6-1}$$

式中，c 为混合后污染物浓度，mg/L；Q_p为废水流量，m^3/s；c_p为废水中污染物浓度，

mg/L；Q_h为河流水流量，m^3/s；c_h 为上游河水中污染物浓度，mg/L。

该式适用条件：①废水与河水充分混合；②持久性污染物，不考虑降解或沉淀；③河流为恒定流动；④废水连续稳定排放。

对于沿河有非点源（面源）分布入流时，可按下式计算河段（x=0km 至 $x=x_s$km）内 x 处污染物浓度：

$$c=\frac{c_pQ_p+c_hQ_h}{Q}+\frac{W_s}{86.4Q} \tag{6-2}$$

$$Q=Q_p+Q_h+\frac{Q_s}{x_s}x \tag{6-3}$$

式中，W_s为沿程河流内非点源汇入的污染物总量，kg/d；Q 为下游 x 处河水流量，m^3/s；Q_s为河段内非点源汇入的污水总量，m^3/s。

【例 6-1】 某企业产生 2000m^3/d 的有机废水，经处理达到《污水综合标准》的一级标准后排入附近河流（水功能区划为Ⅲ类多功能区），废水中 COD_{Cr}以 100mg/L 计，该河流平均流速 v 为 0.5m/s，平均河宽 W 为 15m，平均水深 h 为 0.6m，COD_{Cr}浓度 10m/L，问如果不考虑 COD 的降解，则该企业的废水排入河后，COD_{Cr}浓度是否超标？

解： 废水流量 Q_p=2000m^3/d=0.023m^3/s

河水流量为：$Q_h=u\times W\times h=0.5\times15\times0.6=4.5m^3/s$

根据完全混合模型（6-1），废水与河水充分混合后 COD 的浓度为：

$$c=\frac{c_pQ_p+c_hQ_h}{Q_p+Q_h}=\frac{100\times0.023+10\times4.5}{0.023+4.5}=15.03mg/L$$

对照《地表水环境质量标准》（GB 3838—2002）三级标准中 COD_{Cr} 的浓度限值（20mg/L），可知河水中 COD_{Cr}浓度未超标。

二、河流一维稳态模式

在河流的流量和其他水文条件不变的稳态情况下，废水排入河流并充分混合后，非持久性污染物或可降解污染物沿河下游 x 处的污染物浓度可按下式计算：

$$c=c_0\exp\left[\frac{ux}{2E_x}\left(1-\sqrt{1+\frac{4KE_x}{u^2}}\right)\right] \tag{6-4}$$

式中，c 为计算断面污染物浓度，mg/L；c_0 为初始断面污染物浓度，可按式(6-1) 计算；E_x 为废水与河流的纵向混合系数，m^2/d；K 为污染物降解系数，1/d；u 为河水平均流速，m/s。

对于一般条件下的河流，推流形成的污染物迁移作用要比弥散作用大得多，弥散作用可以忽略，则有

$$c=c_0\exp\left(-\frac{Kx}{86400u}\right) \tag{6-5}$$

该式适用条件。①非持久性污染物；②河流为恒定流动；③废水连续稳定排放；④废水与河水充分混合后河段，混合段长度可按下式估算：

$$L=\frac{(0.4B-0.6a)Bu}{(0.058H+0.0065B)(gHI)^{1/2}} \tag{6-6}$$

式中，L 为混合段长度，m；B 为河流宽度，m；a 为排放口到岸边的距离，m；H 为平均水深，m；u 为河流平均流速，m/s；I 为河流底坡，m/m。

【例 6-2】 某一个建设项目拟向附近河流排放达标废水，废水量 $Q_p=0.05m^3/s$，BOD 浓度为 $c_p=20mg/L$，河水流量 $Q_h=1.5m^3/s$，流速 $u=0.3m/s$，河水中 BOD 背景浓度为 $c_h=2.5mg/L$，BOD 的降解系数 $K=0.2d^{-1}$，纵向弥散系数 $E_x=10m^2/s$。求排放点下游 10km 处的 BOD 浓度。

解： 计算起始点处完全混合后的 BOD 初始浓度，由式(6-1) 得：

$$c=\frac{c_pQ_p+c_hQ_h}{Q_p+Q_h}=\frac{20\times0.05+2.5\times1.5}{0.05+1.5}=3.06mg/L$$

① 考虑纵向弥散条件的下游 10km 处的浓度：

$$c=3.06\exp\left[\frac{0.3\times10000}{2\times10}\left(1-\sqrt{1+\frac{4(0.2/24/60/60)10}{0.3^2}}\right)\right]=2.83$$

② 忽略纵向弥散时的下游 10km 处的浓度：

$$c=3.06\exp\left(-\frac{0.2\times10000}{0.3\times86400}\right)=2.83$$

由此看出，在稳定条件下，忽略弥散系数与考虑纵向弥散系数的差异很小，常可以忽略。

三、Streeter-Phelps（S-P）模式

S-P 模式反映了河流水中溶解氧与 BOD 的关系，水中的溶解氧只用于需氧有机物的生物降解，而水中溶解氧的补充主要来自大气。即在其他条件一定时，溶解氧的变化取决于有机物的耗氧和大气的复氧，生物氧化和复氧均为一级反应。则有：

$$c=c_0\exp\left(-\frac{K_1x}{86400u}\right) \tag{6-7}$$

$$D=\frac{K_1c_0}{K_2-K_1}\left[\exp\left(-K_1\frac{x}{86400u}\right)-\exp\left(-K_2\frac{x}{86400u}\right)\right]+D_0\exp\left(-K_2\frac{x}{86400u}\right) \tag{6-8}$$

其中：

$$D_0=\frac{D_pQ_p+D_hQ_h}{Q_p+Q_h} \tag{6-9}$$

式中，D 为亏氧量，即 DO_f-DO，mg/L；D_0 为计算初始断面氧亏量，mg/L；D_p 为废水中溶解氧亏量，mg/L；D_h 为上游来水中溶解氧亏量，mg/L；K_1 为耗氧系数，1/d；K_2 为大气复氧系数，1/d。

四、河流二维稳态混合模式

岸边排放

$$c(x,y)=c_h+\frac{c_pQ_p}{H\sqrt{\pi M_yxu}}\left\{\exp\left(-\frac{uy^2}{4M_yx}\right)+\exp\left[-\frac{u(2B-y)^2}{4M_yx}\right]\right\} \tag{6-10}$$

非岸边排放

$$c(x,y)=c_h+\frac{c_pQ_p}{2H\sqrt{\pi M_yxu}}\left\{\exp\left(-\frac{uy^2}{4M_yx}\right)+\exp\left[-\frac{u(2a+y)^2}{4M_yx}\right]+\exp\left[-\frac{u(2B-2a-y)^2}{4M_yx}\right]\right\} \tag{6-11}$$

式中，H 为平均水深，m；B 为平均河宽，m；a 为排放口与岸边距离，m；M_y 为横向混合系数，m^2/s。

该式适用条件：①平直、断面形状规则的混合过程段；②持久性污染物；③河流为恒定流动；④废水连续稳定排放；⑤对于非持久性污染物，需采用相应的衰减式。

五、河流二维稳态混合累积流量模式

岸边排放

$$c(x,q)=c_h+\frac{c_pQ_p}{\sqrt{\pi M_q x}}\left\{\exp\left(-\frac{q^2}{4M_q x}\right)+\exp\left[-\frac{u(2Q_h-q)^2}{4M_q x}\right]\right\} \tag{6-12}$$

$q=Huy$；$M_q=H^2uM_y$

式中，$c(x,q)$ 为累计流量坐标系下的污染物浓度，mg/L；M_y 为累计流量坐标系下的横向混合系数，m^2/s。

该式适用条件：①弯曲河流、断面形状不规则的混合过程段；②持久性污染物；③河流为恒定流动；④废水连续稳定排放；⑤对于非持久性污染物，需采用相应的衰减式。

六、河口一维动态混合衰减模式

常见的一维动态混合衰减模式为：

$$\frac{\partial c}{\partial t}+u\frac{\partial c}{\partial x}=\frac{1}{F}\frac{\partial}{\partial x}\left(FM_1\frac{\partial c}{\partial x}\right)-K_1c+S_p \tag{6-13}$$

式中，c 为污染物浓度，mg/L；u 为河水流速，m/s；F 为过水断面面积，m^2；M_1 为断面纵向混合系数；K_1 为衰减系数；S_p 为污染源强；t 为时间，s。

采用数值方法求解上述微分方程时，需要确定初值、边界条件和源强。流速和过流断面面积随时间变化，需要通过求解一维非恒定流方程来获取。

该式适用条件：①潮汐河口充分混合段；②非持久性污染物；③污染物连续稳定排放或非稳定排放；④需要预测任何时刻的水质。

七、欧康那（O′connor）河口（均匀河口）模式

上溯（$x<0$，自 $x=0$ 处排入）

$$c=\frac{c_pQ_p}{(Q_h+Q_p)M}\exp\left[\frac{ux}{2M_1}(1+M)\right]+c_h \tag{6-14}$$

下溯（$x>0$，自 $x=0$ 处排入）

$$c=\frac{c_pQ_p}{(Q_h+Q_p)M}\exp\left[\frac{ux}{2M_1}(1-M)\right]+c_h \tag{6-15}$$

其中：

$$M=(1+4K_1M_1/u^2)^{1/2}$$

该式适用条件：①均匀的潮汐河口充分混合段；②非持久性污染物；③污染物连续稳定排放；④只要求预测潮周平均、高潮平均和低潮平均的水质。

八、湖库完全混合衰减模式

动态模式：

$$c=\frac{W_0+c_pQ_p}{VK_h}+\left(c_h-\frac{W_0+c_pQ_p}{VK_h}\right)\exp(-K_ht) \tag{6-16}$$

平衡模式：

$$c=\frac{W_0+c_pQ_p}{VK_h} \tag{6-17}$$

其中：

$$K_h=\frac{Q_h}{V}+\frac{K_1}{86400} \tag{6-18}$$

式中，W_0 为湖库中现有污染物的量 V 为湖库水体积，m^3；t 为时间，s。

该式适用条件：①小湖库；②非持久性污染物；③废水连续稳定排放；④预测污染物浓度随时间变化时采用动态模式，预测长期浓度采用平衡模式。

九、湖库推流衰减模式

$$c_r = c_p \exp\left(-\frac{K_1 \Phi H r^2}{172800 Q_p}\right) + c_h \tag{6-19}$$

式中，Φ 为混合角度，平直岸边排放取 π，湖库中心排放取 2π；r 为以排放点为中心的径向距离，m。

该式适用条件：①大湖库；②非持久性污染物；③废水连续稳定排放。

第四节 水环境影响预测模式的应用

一、水质模型参数的确定

1. 耗氧系数 K_1 的估算方法

（1）实验室测定法　对于清洁河流（现状水质为Ⅰ、Ⅱ、Ⅲ级水体）可以采用实验室测定法。取研究河段或湖（库）的水样，采用自动BOD测定仪，也可将水样分成10份或更多份，置于20℃培养箱培养，分别测定10天或更长时间的BOD值。试验数据可采用最小二乘法，按下式求得 K_1。

$$\ln \frac{c_0}{c_t} = K_1 t \tag{6-20}$$

实验室测定的 K_1 可以直接用于湖泊、水库的预测。对于河流或河口的预测，K_1 值需按下式进行修正：

$$K_1' = K_1 + (0.11 + 54I) u / H \tag{6-21}$$

式中，I 为河流底坡，m/m。

（2）两点法　现场测定河段上、下游断面的BOD浓度（或利用常规监测数据），以及该河段长度 x 和河水平均流速 u，则可按下式求算 K_1

$$K_1 = \frac{u}{x} \ln \frac{c_1}{c_2} \tag{6-22}$$

式中，c_1、c_2 分别为上、下游断面的BOD浓度。

2. 复氧系数 K_2 的估算方法

复氧系数 K_2 的估算可采用实验测定法，但费时费力，一般采用经验公式估算。

（1）欧康那-道宾斯（O′Conner-Dobbins）公式

$$K_{2(20℃)} = 294 \frac{(D_m u)^{1/2}}{H^{3/2}}, C_z \geqslant 17 \tag{6-23}$$

$$K_{2(20℃)} = 824 \frac{{D_m}^{0.5} I^{0.25}}{H^{1.25}}, C_z < 17 \tag{6-24}$$

式中，谢才系数 $C_z = \frac{1}{n} H^{1/6}$；氧分子在水中扩散系数 $D_m = 1.774 \times 10^{-4} \times 1.037^{(T-20)}$；$n$ 为河床糙率，取值见表6-4。

（2）欧文斯等（Owens等）经验式

$$K_{2(20℃)} = 5.34 \frac{u^{0.67}}{H^{1.85}} \qquad 0.1\text{m} \leqslant H \leqslant 0.6\text{m}, u \leqslant 1.5\text{m/s} \tag{6-25}$$

（3）丘吉尔（Churchill）经验式

$$K_{2(20℃)} = 5.03 \frac{u^{0.696}}{H^{1.673}} \qquad 0.6 \leqslant H \leqslant 8\text{m}, 0.6 \leqslant u \leqslant 1.8\text{m/s} \tag{6-26}$$

表 6-4（a） 天然河道糙率（n）——主河道部分

<table>
<tr><th colspan="2" rowspan="2">类型</th><th colspan="3">河段特征</th><th rowspan="2">糙率 n</th></tr>
<tr><th>河床组成及床面特征</th><th>平面形态及水流流态</th><th>岸壁特征</th></tr>
<tr><td colspan="2">Ⅰ</td><td>河床为砂质组成，床面较平整</td><td>河段顺直，断面规整，水流通畅</td><td>两侧岸壁为水土质或土砂质，形状较整齐</td><td>0.020～0.024</td></tr>
<tr><td colspan="2">Ⅱ</td><td>河床为岩板、砂砾石或卵石组成，床面较平整</td><td>河段顺直，断面规整，水流通畅</td><td>两侧岸壁为土砂或石质，形状较整齐</td><td>0.022～0.026</td></tr>
<tr><td rowspan="2">Ⅲ</td><td>1</td><td>砂质河床，河底不太平顺</td><td>上游顺直，下游接缓弯，水流不够通畅，有局部回流</td><td>两侧岸壁为黄土，长有杂草</td><td>0.025～0.029</td></tr>
<tr><td>2</td><td>河底为砂砾或卵石组成，底坡较均匀，床面尚平整</td><td>河段顺直段较长，断面较规整，水流较通畅，基本上无死水、斜流或回流</td><td>两侧岸壁为土砂、岩石，略有杂草、小树，形状较整齐</td><td>0.025～0.029</td></tr>
<tr><td rowspan="2">Ⅳ</td><td>1</td><td>细砂，河底中有稀疏水草或水生植物</td><td>河段不够顺直，上下游附近弯曲，有挑水坝，水流不顺畅</td><td>土质岸壁，一岸坍塌严重，为锯齿状，长有稀疏杂草及灌木；一岸坍塌，长有稠密杂草或芦苇</td><td>0.030～0.034</td></tr>
<tr><td>2</td><td>河床为砾石或卵石组成，底坡尚均匀，床面不平整</td><td>顺直段距上弯道不远，断面尚规整，水流尚通畅，斜流或回流不甚明显</td><td>一侧岸壁为石质，陡坡，形状尚整齐，另一侧岸壁为砂土，略有杂草、小树，形状较整齐</td><td>0.030～0.034</td></tr>
<tr><td colspan="2">Ⅴ</td><td>河底为卵石、块石组成，间有大漂石，底坡尚均匀，床面不平整</td><td>顺直段夹于两弯道之间，距离不远，断面尚规整，水流显出斜流，回流或死水现象</td><td>两侧岸壁均为石质，陡坡，长有杂草、树木，形状尚整齐</td><td>0.035～0.040</td></tr>
<tr><td colspan="2">Ⅵ</td><td>河床为卵石、块石、乱石或大块石、大乱石及大孤石组成，床面不平整，底坡有凹凸状</td><td>河段不顺直，上游或下游有急弯，或下游有急滩、深坑等；
河段处于S形顺直段，不整齐，有阻塞或岩溶情况较发育；
水流不通畅，有斜流、回流、旋涡，死水现象；
河段上游为弯道或为两河汇口，落差大，水流急，河中有严重阻塞，或两侧有深入河中的岩石，伴有深潭或有回流等；
上游为弯道，河段不顺直，水行于深槽峡谷间，多阻塞，水流湍急，水声较大</td><td>两侧岸壁为岩石及砂土，长有杂草、树木，形状尚整齐；
两侧岸壁为石质砂夹乱石，风化页岩，崎岖不平整，上面生长杂草、树木</td><td>0.04～0.10</td></tr>
</table>

表 6-5 给出了我国某些河流 K_1 和 K_2 的实测结果。

3. K_1 和 K_2 的温度校正

温度对 K_1 和 K_2 有影响，一般以 20℃的值为基准，则温度 T（10～30℃范围）时的和值分别为：

$$K_{1,T}=K_{1,20}\theta^{(T-20)} \tag{6-27}$$

$$K_{2,T}=K_{2,20}\theta^{(T-20)} \tag{6-28}$$

对于 K_1，$\theta=1.02\sim1.06$，一般取 1.047；对于 K_2，$\theta=1.015\sim1.047$，一般取 1.024。

4. 混合系数的估算方法

混合系数的估算方法一般有实验测定和经验估算两种方法。

（1）经验公式法 对于流量稳定的顺直河流，其垂直、横向和纵向混合系数 E_z、E_y、E_x 可分别按下列公式估算。

表 6-4 (b)　天然河道糙率（n）——滩地部分

类型	滩地特征描述			糙率 n	
	平纵横形态	床质	植被	变化幅度	平均值
Ⅰ	平面顺直,纵断平顺,横向整齐	土,砂质,淤泥	基本上无植物或为已收割的麦地	0.026～0.038	0.030
Ⅱ	平面、纵面、横面尚顺直整齐	土,砂质	稀疏杂草,杂树或矮小农作物	0.030～0.050	0.040
Ⅲ	平面、纵面、横面尚顺直整齐	砂砾,卵石滩,土砂质	稀疏杂草,小杂树或种有高秆作物	0.040～0.060	0.050
Ⅳ	上下游有缓弯,纵面、横面尚平坦,但有束水作用,水流不通畅	土砂质	种有农作物或有稀疏树林	0.050～0.070	0.060
Ⅴ	平面不通畅,纵面,横面起伏不平	土砂质	有杂草、杂树或为水稻田	0.060～0.090	0.075
Ⅵ	平面尚顺直,纵面、横面起伏不平,有洼地、土埂等	土砂质	长满中密的杂草及农作物	0.080～0.120	0.100
Ⅶ	平面不通畅,纵面、横面起伏不平,有洼地、土埂等	土砂质	3/4 地带长满茂密的杂草、灌木	0.011～0.160	0.130
Ⅷ	平面不通畅,纵面、横面起伏不平,有洼地、土埂阻塞物	土砂质	全断面有稠密的植被、芦柴或其他植物	0.160～0.200	0.180

注：1. 天然河道糙率表内均列有三个方面的影响因素，河道糙率是三个方面因素综合作用的结果，如实际情况与本表组合有变化时，糙率值应适当变化。

2. 本表只适用于稳定河道，对于含砂量大的冲淤变化较严重的砂质河床，由于其糙率值有其特殊性，此表未能包括其特殊性，所以不宜用此表。

3. 表 6-4(a) 中的第Ⅵ类糙率值是很大的，超出了一般河道的糙率值，这种河段的水流实质上已为非均匀流，所列糙率值已把局部损失包括在内，所以糙率值就大了。此次收集的糙率资料中，糙率 n 值超过 0.04 的只有长江上游 8 个站，铁路、公路部门的糙率类型编号中西南地区有 8 个，中南华东地区 1 个，为数都是很少的，在使用此糙率表时应予以注意。

4. 影响滩地糙率很重要的一个因素是植物，植物对水流的影响随水深与植物高度比有着密切的关系，表中没有反映此种关系，在应用时应注意此因素。

表 6-5　我国某些河流的 K_1 和 K_2 值

河流名称	K_1/d^{-1}	K_2/d^{-1}	河流名称	K_1/d^{-1}	K_2/d^{-1}
第一松花江(黑龙江)	0.015～0.13	0.0006～0.07	黄河兰州段	0.41～0.87	0.82～1.9
第二松花江(吉林)	0.14～0.26	0.008～0.18	渭河(咸阳)	1.0	1.7
图们江(吉林)	0.20～3.45	1～4.20	清安河(江苏)	0.88～2.52	—
丹东大沙河	0.5～1.4	7～9.6	漓江(象山)	0.1～0.13	0.3～0.52

$$M_z=\alpha_z H(gHI)^{1/2} \tag{6-29}$$

$$M_y=\alpha_y H(gHI)^{1/2} \tag{6-30}$$

$$M_x=\alpha_x H(gHI)^{1/2} \tag{6-31}$$

一般河流的 α_z 在 0.067 左右。据菲希尔（Fischer）统计分析，矩形明渠的 $\alpha_y=0.1\sim0.2$，平均 0.15，有些灌溉渠可达 0.25。天然河流的 α_x 变化幅度较大，对于 15～60m 宽的河流 $\alpha_x=140\sim300$。

河流的横向混合系数 M_y 可采用泰勒（Taylor）公式法求得：

$$M_y=(0.058H+0.0065B)(gHI)^{1/2} \tag{6-32}$$

河流的纵向混合系数 M_x 可采用爱尔德（Elder）公式法求得：

$$M_x=5.93H(gHI)^{1/2} \tag{6-33}$$

（2）示踪试验测定法 示踪试验法是向某河段断面瞬间投放示踪剂，并在投放点下游断面取样测定不同时间 t 时示踪剂的浓度 c（x，t），按下式计算纵向混合系数 M_x：

$$c(x,t)=\frac{W}{A\sqrt{4\pi M_x t}}\exp\left[-\frac{(x-ut)^2}{4M_x t}\right] \tag{6-34}$$

式中，A 为河流断面面积，m^2；W 为示踪剂质量，g。

示踪剂有无机盐类（NaCl、LiCl）、荧光染料（如工业碱性玫瑰红）和放射性同位素等，示踪剂的选择应满足下列要求：a. 在水体中不沉降，不产生化学反应；b. 测定简单准确；c. 经济；d. 对环境无害。

二、水体和污染源的简化

地面水环境简化包括边界几何形状的规范化和水文、水力要素时空分布的简化等，这种简化应根据水文调查与水文测量的结果和评价等级等进行。

1. 河流的简化

（1）河流可以简化为矩形平直河流、矩形弯曲河流和非矩形河流。

① 河流的端面宽深比≥20 时，可视为矩形河流。

② 大中河流中，预测河段弯曲较大（如其最大弯曲系数＞1.3）时，可视为弯曲河流，否则可以简化为平直河流。

③ 大中河预测河段的断面形状沿程变化较大时，可以分段考虑。

④ 大中河流断面上水深变化很大且评价等级较高（如一级评价）时，可以视为非矩形河流并应调查其流场，其他情况均可简化为矩形河流。

⑤ 小河可以简化为矩形平直河流。

（2）河流水文特征或水质有急剧变化的河段，可在急剧变化处分段，各段分别进行环境影响预测。河网应分段进行环境影响预测。

（3）对于江心洲的简化处理

① 评价等级为三级时，江心洲、浅滩等均可按无江心洲、浅滩的情况对待。

② 江心洲位于充分混合段，评价等级为二级时，可以按无江心洲对待；评价等级为一级且江心洲较大时，可以分段进行环境影响预测，江心洲较小时可不考虑。

③ 江心洲位于混合过程段、可分段进行环境影响预测，评价等级为一级时也可以采用数学模式进行环境影响预测。

（4）人工控制河流根据水流情况可以视为水库，也可视为河流，分段进行环境影响预测。

2. 河口的简化

河口包括河流汇合部，河流感潮段，口外滨海段，河流与湖泊、水库汇合部。

河流感潮段是指受潮汐作用影响较明显的河段。可以将落潮时最大断面平均流速与涨潮时最小断面平均流速之差等于 0.05m/s 的断面作为其与河流的界限。除个别要求很高（如评价等级为一级）的情况外，河流感潮段一般可按潮周平均、高潮平均和低潮平均三种情况简化为稳态进行预测。

河流汇合部可以分为支流、汇合前主流、汇合后主流三段分别进行环境影响预测，小河汇入大河时可以把小河看成点源。

河流与湖泊、水库汇合部可以按照河流和湖泊、水库两部分分别预测其环境影响。

河口断面沿程变化较大时，可以分段进行环境影响预测。口外滨海段可视为海湾。

3. 湖泊、水库的简化

在预测湖泊、水库环境影响时，可以将湖泊、水库简化为大湖（库）、小湖（库）、分层湖（库）三种情况进行。

① 评价等级为一级时，中湖（库）可以按大湖（库）对待，停留时间较短时也可以按小湖（库）对待。

② 评价等级为三级时，中湖（库）可按小湖（库）对待，停留时间很长时也可以按大湖（库）对待。

③ 评价等级为二级时，如何简化可视具体情况而定。水深大于 10m 且分层期较长（如大于 30 天）的湖泊、水库可视为分层湖（库）。

珍珠串湖泊可以分为若干区，各区分别按上述情况简化。

不存在大面积回流区和死水区且流速较快，停留时间较短的狭长湖泊可简化为河流。其岸边形状和水文要素变化较大时还可以进一步分段。

不规则形状的湖泊、水库可根据流场的分布情况和几何形状分区。

自顶端入口附近排入废水的狭长湖泊或循环利用湖水的小湖，可以分别按各自特点考虑。

4. 海湾的简化

① 预测海湾水质时一般只考虑潮汐作用，不考虑波浪作用。

② 评价等级为一级且海流（主要指风海流）作用较强时，可以考虑海流对水质的影响。潮流可以简化为平面二维非恒定流场。

③ 当评价等级为三级时可以只考虑周期的平均情况。

④ 较大的海湾交换周期很长，可视为封闭流场。

⑤ 注入海湾的河流中，大河及评价等级为一级、二级的中河应考虑其对海湾流场和水质的影响；小河及评价等级为三级的中河可视为点源，忽略其对海湾流场的影响。

5. 污染源的简化

污染源简化包括排放形式的简化和排放规律的简化。根据污染源的具体情况排放形式可简化为点源和面源，排放规律可简化为连续恒定排放和非连续恒定排放。

① 排入河流的两排放口的间距较近时，可以简化为一个，其位置假设在两排放口之间，其排放量为两者之和。两排放口间距较远时，可分别单独考虑。

② 排入大湖（库）的两排放口间距较近时，可以简化成一个，其位置假设在两排放口之间，其排放量为两者之和。两排放口间距较远时，可分别单独考虑。

③ 当评价等级为一级、二级并且排入海湾的两排放口间距小于沿岸方向差分网格的步长时，可以简化一个，其排放量为两者之和。评价等级为三级时，海湾污染源简化与大湖（库）相同。

④ 无组织排放可以简化成面源。从多个间距很近的排放口排水时，也可以简化为面源。

⑤ 在地面水环境影响预测中，通常可以把排放规律简化为连续恒定排放。

三、水质模型的选用

1. 一般原则

（1）在《环境影响评价技术导则——地面水环境》中主要考虑环境影响评价中经常遇到而其预测模式又不相同的四种污染物，即持久性污染物、非持久性污染物、酸碱污染和废热。

① 持久性污染物是存在地面水中，不能或很难由于物理、化学、生物作用而分解、沉

淀或挥发的污染物，例如在悬浮物甚少、沉降作用不明显水体中无机盐类、重金属等。

② 非持久性污染物是存在地面水中，由于生物作用而逐渐减少的污染物，例如耗氧有机物。

③ 酸碱污染物有各种废酸、废碱等。表征废热的水质参数是 pH 值。

④ 废热主要由排放热废水所引起，表征废热的水质参数是水温。

(2) 预测范围内的河段可以分为充分混合段、混合过程段和上游河段。充分混合段是指污染物浓度在断面上均匀分布的河段。当断面上任意一点的浓度与断面平均浓度之差小于平均浓度的 5%时，可以认为达到均匀分布。混合过程段是指排放口下游达到充分混合以前的河段。上游河段是排放口上游的河段。

(3) 在利用数学模式预测河流水质时，充分混合以采用一维模式或零维模式预测断面平均水质。大、中河流一级、二级评价，且排放口下游 3～5km 以内有集中取水点式其他特别重要的环保目标时，采用二维稳态混合模式预测混合过程段水质。其他情况可根据工程、环境特点、评价工作等级及当地环保要求，决定是否采用二维模式。

(4) 上述的数学模式中，解析模式适用于恒定水域中点源连续恒定排放，其中二维解析模式只适用于矩形河流或水深变化不大的湖泊、水库；稳态数值模式适用于非矩形河流、水深变化较大的浅水湖泊、水库形成的恒定水域内的连续恒定排放；动态数值模式适用于各类恒定水域中的非连续恒定排放或非恒定水域中的各类排放。

2. 河流常用数学模式及其推荐

对于不同类型的河段（充分混合段、平直河流混合过程段、弯曲河流混合过程段和沉降作用明显的河流），不同的污染物类型（持久性污染物、非持久性污染物、酸碱和热污染），以及不同的评价等级，可参照表 6-6 选用不同的数学模式进行预测。

表 6-6　河流数学模式选择参照表

污染物类型	河段类型	评价等级	数学模式
持久性污染物	充分混合段	一、二、三级	河流完全混合模式
	平直河流混合过程段	一、二、三级	二维稳态混合模式
	弯曲河流混合过程段	一、二、三级	稳态混合累积流量模式
	沉降作用明显的河流		目前尚无相应模式。混合过程段可近似采用非持久性污染物的相应模式，但应将 K_1 改为 K_3（沉降系数）；充分混合段可近似采用托马斯(Thomas)模式，但模式中的 K_1 为零
非持久性污染物	充分混合段	一、二、三级	S-P 模式，清洁河流和三级评价可以不预测溶解氧
	平直河流混合过程段	一、二、三级	二维稳态混合衰减模式
	弯曲河流混合过程段	一、二、三级	稳态混合累积流量模式
	沉降作用明显的河流		目前尚无相应模式。混合过程段可近似采用沉降作用不明显河流相应的预测模式，但应将 K_1 改为综合削减系数 K，充分混合段可以采用托马斯模式
酸碱	充分混合段	一、二、三级	河流 pH 模式
	混合过程段		目前尚无相应模式。可假设酸碱污染物在河流中只有混合作用，按照持久性污染物模式预测混合过程段各点的酸碱物的浓度，然后通过室内试验找出该污染物浓度与 pH 值的关系曲线，最后根据各点污染物的计算浓度查曲线以近似求得相应点的 pH 值
废热	充分混合段	一、二、三级	一维日均水温模式
	混合过程段		目前尚无成熟的简单模式。一级、二级可参考水电部门采用的方法

3. 河口数学模式推荐

对于不同类型的河口（充分混合段、混合过程段），不同的污染物类型（持久性污染物、非持久性污染物、酸碱和热污染），以及不同的评价等级，可参照表 6-7 选用不同的数学模式进行预测。

表 6-7　河口数学模式选择参照表

污染物类型	河口类型	评价等级	数学模式
持久性污染物	充分混合段	一级	大河：一维非恒定流方程数值模式（偏心差分解法）计算流场，一维动态混合数值模式预测任意时刻的水质 中小河：欧康那（O′connor）河口模式，计算潮周平均、高潮平均和低潮平均水质
		二级	欧康那河口模式
		三级	河流完全混合模式预测潮周平均、高潮平均和低潮平均水质
	混合过程段	一级	可采用二维动态混合数值模式预测水质。也可以采用河流相应情况的模式预测潮周平均、高潮平均和低潮平均水质
		二级	可以采用河流相应情况的模式预测潮周平均情况
非持久性污染物	充分混合段	一级	大河可以采用一维非恒定流方程数值模式计算流场，采用一维动态混合衰减数值模式预测水质，小河和中河可以采用欧康那河口衰减模式，预测潮周平均、高潮平均和低潮平均水质
		二级	可以采用欧康那河口衰减模式预测潮周平均、高潮平均和低潮平均水质
		三级	可以采用 S-P 模式，预测潮周平均、高潮平均和低潮平均水质。可以不预测溶解氧
	混合过程段	一级	可以采用二维动态混合衰减数值模式预测水质。也可以采用河流相应情况的模式预测潮周平均、高潮平均和低潮平均水质
		二级	可以采用河流相应模式预测潮周平均、高潮平均和低潮平均水质
酸碱	充分混合段	一、二、三级	可以采用河流相应情况模式预测潮周平均、高潮平均和低潮平均水质
废热	混合过程段	一、二、三级	可以采用河流一维日均温度模式近似地估算潮周平均、高潮平均和低潮平均的温度情况，或参照河流相关模式处理

注：本表中的河口特指河流感潮段，其他形成的河口预测计算问题分别参见河流、湖库或海湾相关模式。

4. 湖库数学模式推荐

对于不同类型的湖库（小湖库、无风时的大湖库、近岸环流显著的大湖库、分层湖库），不同的污染物类型（持久性污染物、非持久性污染物、酸碱和热污染），以及不同的评价等级，可参照表 6-8 选用不同的数学模式进行预测。

5. 海湾数学模式推荐

对于不同的污染物类型（持久性污染物、非持久性污染物、酸碱和热污染）以及不同的评价等级，可参照表 6-9 选用不同的数学模式对海湾进行影响预测。

表 6-8 湖库数学模式选择参照表

污染物类型	湖库类型	评价等级	数学模式
持久性污染物	小湖(库)	一、二、三级	均采用湖泊完全混合平衡模式
	无风时的大湖(库)	一、二、三级	一、二、三级均可采用卡拉乌舍夫模式
	近岸环流显著的大湖(库)	一、二、三级	湖泊环流二维稳态混合模式
	分层湖(库)		分层湖(库)集总参数模式
非持久性污染物	小湖(库)	一、二、三级	湖泊完全混合模式
	无风时的大湖(库)	一、二、三级	一、二、三级均可采用湖泊推流衰减模式
	近岸环流显著的大湖(库)	一、二、三级	湖泊环流二维稳态混合衰减模式
	分层湖(库)	一、二、三级	分层湖(库)集总参数衰减模式
	顶端入口附近排入废水的狭长湖(库)	一、二、三级	狭长湖移流衰减模式
	循环利用湖水的小湖(库)	一、二、三级	部分混合水质模式
酸碱污染物	小湖		河流 pH 模式
	大湖(库)和近岸环流显著的大湖(库)		首先假设酸碱污染物在湖(库)中只有混合作用,并按照湖泊持久性污染物相关模式预测该污染物在湖(库)各点的浓度,然后通过室内试验找出该污染物浓度与 pH 的关系曲线,最后根据各点浓度查曲线近似求得该点的 pH 值

表 6-9 海湾数学模式选择参照表

污染物类型	评价等级	数 学 模 式
持久性污染物	一、二级	建议采用 ADI 潮流模式计算流场,采用 ADI 水质模式预测水质;也可以采用特征理论模式计算流场,采用特征理论水质模式预测水质
	三级	建议采用约瑟夫-新德那(Joseph-Sendner,简称约-新)模式
非持久性污染物	一、二、三级	由于海湾中非持久性污染物的衰减作用远小于混合作用,所以不同评价等级时,均可近似采用持久性污染物的相应模式预测
酸碱		目前尚无通用成熟的数学模式。可先假设拟排入的酸碱污染物只有混合作用,并按照海湾持久性污染物相关模式预测该污染物各点的浓度,然后通过室内试验找出该污染物浓度与 pH 的关系曲线,最后根据某点该污染物的浓度查曲线,即可近似求得该点的 pH 值
废热	一级	可以采用特征理论潮流模式计算流场,采用特征理论温度模式预测水温
	二级	废水量较大且温度较高时,可以采用与一级相同的方法预测水温;废水量较小且温度较低时,可以采用与三级相同的方法
	三级	可以采用类比调查法分析废热对海湾水温的影响

第五节 水环境影响评价

一、水环境影响评价方法

一般情况建议采用标准指数法进行单项评价。

单项水质参数的标准指数:

$$S_i=\frac{C_i}{C_{si}} \tag{6-35}$$

式中，C_i 为第 i 种污染物的浓度，mg/L；C_{si} 为水质参数 i 的地表水质标准，mg/L。

DO 的标准指数为：

$$S_{DO}=\frac{|DO_f-DO|}{DO_f-DO_s},DO_f\geqslant DO_s \tag{6-36}$$

$$S_{DO}=10-9\frac{DO}{DO_s},DO_f<DO_s \tag{6-37}$$

式中，DO_f 为一定温度下饱和溶解氧浓度，mg/L；DO_s 为溶解氧的地表水质标准，mg/L。

pH 的标准指数为：

$$S_{pH}=\frac{7.0-pH}{7.0-pH_{sd}},pH\leqslant 7.0 \tag{6-38}$$

$$S_{pH}=\frac{pH-7.0}{pH_{su}-7.0},pH>7.0 \tag{6-39}$$

式中，pH_{su} 为地表水质标准中 pH 上限值；pH_{sd} 为地表水质标准中 pH 下限值。

水质参数的标准指数大于 1，表明该水质参数超过了规定的水质标准，已经不能满足使用要求。

二、水环境影响评价小结

（1）编写小结的原则、要求与编写报告书的结论相同。评价等级为一级、二级时应编写小结。若地面水环境影响评价单独成册则应编写分册结论，编写分册结论的有关事项与小结基本相同，但应更详尽。

评价等级为三级且地面水环境部分在报告书中的篇幅较短时可以省略小结，直接由报告书的结论部分叙述与地面水环境影响评价有关的问题。

（2）小结的内容包括地面水环境现状概要、建设项目工程分析与地面水环境有关部分的概要、建设项目对地面水环境影响预测和评价的结果、水环境保护措施的评述和建议等。由于报告书的地面水环境部分没有专门的章节评述环保措施，所以在编写小结的这一部分时应给予充分的注意和足够的篇幅。环保措施建议一般包括污染削减措施建议和环境管理措施建议两部分。

① 削减措施建议应尽量具体、可行，对建设项目的环境工程设计起指导作用。削减措施的评述，主要评述其环境效益（应说明排放物的达标情况），或做些简单的技术经济分析。

② 环境管理建议包括环境监测（含监测点、监测项目和监测次数）的建议、水土保持措施建议、防止泄漏等事故发生的措施建议、环境管理机构设置的建议等。

（3）评价建设项目的地面水环境影响的最终结果应得出建设项目在实施过程的不同阶段能否满足预定的地面水环境质量的结论。

下面两种情况应做出可以满足地面水环境保护要求的结论：①建设项目在实施过程的不同阶段，除排放口附近很小范围外，水域的水质均能达到预定要求；②在建设项目实施过程的某个阶段，个别水质参数在较大范围内不能达到预定的水质要求，但采取一定的环保措施后可以满足要求。

下面两种情况原则上应做出不能满足地面水环境保护要求的结论：①地面水现状水质已经超标；②污染削减量过大以至于削减措施在技术、经济上明显不合理。

建设项目在个别情况下虽然不能满足预定的环保要求，但其影响不大而且发生的机会不多时，应根据具体情况做出分析。有些情况不宜做出明确的结论，如建设项目恶化了地面水环境的某些方面，同时又改善了其他某些方面，这种情况应说明建设项目对地面水环境的正影响、负影响及其范围、程度和评价者的意见。

（4）需要在评价过程中确定建设项目与地面水环境有关部分的方案比较时，应在小结中确定推荐方案并说明其理由。

复习思考题

1. 水体是如何分类的？水体污染源、污染物是如何分类的？

2. 水环境评价参数有哪些？

3. 某监测点数据如下，请用单项水质标准指数对其进行评价，标准采用 GB 3838—88 Ⅱ类水质标准。

BOD_5 /(mg/L)	COD_{Mn} /(mg/L)	DO /(mg/L)	Cd /(mg/L)	Cr /(mg/L)	Cu /(mg/L)	As/(mg/L)	石油 /(mg/L)	酚 /(mg/L)
15	10	9	0.004	0.05	0.6	0.05	0.04	0.01

4. 某一个建设项目，建成投产以后废水排放量为 $2.5m^3/s$，废水中含 Pb 为 1000mg/L，废水排入一条河流中，河水的流量为 $100m^3/s$，该河上游含 Pb 的浓度为 300mg/L，问废水排入河水后，其污染程度如何？

5. 需预测某一个工厂投产后的废水的挥发酚对河水下游的影响。污水的挥发酚浓度为 100mg/L，污水的流量为 $2.5m^3/s$，河水的流量为 $25m^3/s$，河水的流速为 3.6m/s，河水中不含挥发酚，该河流可以认为是其弥散系数为零，挥发酚的自净系数 K_1 取 $0.1d^{-1}$。问在河流的下游 2km 处，挥发酚的浓度为多少（mg/L)？

6. 拟建一个化工厂，其废水排入工厂边的一条河流，已知污水与河水在排放口下游 1.5km 处完全混合，在这个位置 $BOD_5=7.8mg/L$，$DO=5.6mg/L$，河流的平均流速为 1.5m/s，在完全混合断面的下游 25km 处是渔业用水的引水源，河流的 $K_1=0.35d^{-1}$，$K_2=0.5d^{-1}$，若从 BOD_5 和 DO 的浓度分析，该厂的废水排放对下游的渔业用水有何影响？

7. 已知某一个工厂的排污断面上的 BOD_5 的浓度为 65mg/L，DO 为 7mg/L，受纳废水的河流平均流速为 1.8km/d，河水的 $K_1=0.18d^{-1}$，$K_2=0.2d^{-1}$，试求：

① 距离排污断面下游 1.5km 处的 BOD_5 和 DO 的浓度。

② DO 的临界浓度 C_c 和临界距离 X_c。

8. 有一条河段长 4km，河段起点的 BOD_5 浓度为 38mg/L，河段末端 BOD_5 的浓度为 16mg/L，河水的平均流速为 1.5km/d，求该河段的自净系数为 K_1 为多少？

9. 有一条河流其上断面的河水 $BOD_5=3mg/L$，复氧系数 $K_2=0.026d^{-1}$，水团追踪实验测得实验数据如下表，试用 S-P 模型推求自净系数 K_1 的值。

流经距离/km	0	2.47	6.11	9.36	13.48	14.00
流经时间/d	0	0.035	0.085	0.133	0.187	0.194
河水水温/℃	12.3	12.4	12.2	11.8	11.1	11.0
溶解氧/(mg/L)	8.4	8.2	8.1	8.2	9.9	10.3
BOD_5/(mg/L)	3.0					

10. 有一条河流为二类水体，COD_{Cr}背景监测浓度为6mg/L，有一个拟建项目投产后废水将使COD_{Cr}浓度提高到12mg/L。当地的发展规划已确定还将有两个同样的拟建项目在附近兴建，如按照水环境规划此河段自净能力允许利用率为0.8。问当地环保部门是否应批准后面两个拟建项目排放废水?

第七章　声环境影响预测与评价

建设项目在建设过程和建成后运行阶段会不同程度地产生噪声，影响周围人群正常的学习、工作和生活。噪声会损伤人的听觉，影响人的情绪，甚至会引发神经系统和心血管系统疾病等。声环境影响评价是在噪声源调查分析、背景噪声测量和敏感目标调查的基础上，对建设项目产生的噪声影响，按照噪声传播声级衰减和叠加的计算方法，预测噪声影响的范围、程度和影响人口情况，对照相应的标准评价环境噪声影响，并提出相应防治对策措施的过程。

第一节　声环境影响评价等级的确定

一、划分依据

噪声评价工作等级划分的依据包括：

① 建设项目所在区域的声环境功能区类别。

② 建设项目建设前后所在区域的声环境质量变化程度。

③ 受建设项目影响人口的数量。

二、划分原则

噪声评价工作等级一般分为三级，一级为详细评价，二级为一般性评价，三级为简要评价。划分的基本原则如下。

① 对于大、中型建设项目，属于规划区内的建设工程，或受噪声影响的范围内有适用于 GB 3096—93 规定的 0 类标准及以上的需要特别安静的地区，以及对噪声有限制的保护区等噪声敏感目标，项目建设前后噪声级有显著增高［噪声级增高量达 3～5dB(A) 或以上］或受影响人口显著增多的情况，应按一级评价进行工作。

② 对于新建、扩建及改建的大、中型建设项目，若其所在功能区属于适用于 GB 3096—93 规定的 1 类、2 类标准的地区，或项目建设前后噪声级有较明显增高［噪声级增高量达 3～5dB(A)］或受噪声影响人口增加较多的情况，应按二级评价进行工作。

③ 对处在适用 GB 3096—93 规定的 3 类标准及以上的地区［指允许的噪声标准值为 65dB(A) 及以上的区域］的中型建设项目以及处在 GB 3096—93 规定的 1、2 类标准地区的小型建设项目，或者大、中型建设项目建设前后噪声级增加很小［噪声级增高量在 3dB(A) 以内］且受影响人口变化不大的情况，应按三级评价进行工作。

第二节　声环境影响评价的基本要求

一、一级评价工作基本要求

① 在工程分析中，给出建设项目对环境有影响的主要声源的数量、位置和声源源强，并在标有比例尺的图中标识固定声源的具体位置或流动声源的路线、跑道等位置。在缺少声源源强的相关资料时，应通过类比测量取得，并给出类比测量的条件。

② 评价范围内具有代表性的敏感目标的声环境质量现状需要实测。对实测结果进行评

价，并分析现状声源的构成及其对敏感目标的影响。

③ 噪声预测应覆盖全部敏感目标，给出各敏感目标的预测值及厂界（或场界、边界）噪声值。固定声源评价、机场周围飞机噪声评价、流动声源经过城镇建成区和规划区路段的评价应绘制等声级线图，当敏感目标高于（含）三层建筑时，还应绘制垂直方向的等声级线图。给出建设项目建成后不同类别的声环境功能区内受影响的人口分布、噪声超标的范围和程度。

④ 工程预测的不同代表性时段噪声级可能发生变化的建设项目，应分别预测其不同时段的噪声级。

⑤ 对工程可行性研究和评价中提出的不同选址（选线）和建设布局方案，应根据不同方案噪声影响人口的数量和噪声影响的程度进行比选，并从声环境保护角度提出最终的推荐方案。

⑥ 针对建设项目的工程特点和所在区域的环境特征提出噪声防治措施，并进行经济、技术可行性论证，明确防治措施的最终降噪效果和达标分析。

二、二级评价工作基本要求

① 在工程分析中，给出建设项目对环境有影响的主要声源的数量、位置和声源源强，并在标有比例尺的图中标识固定声源的具体位置或流动声源的路线、跑道等位置。在缺少声源源强的相关资料时，应通过类比测量取得，并给出类比测量的条件。

② 评价范围内具有代表性的敏感目标的声环境质量现状以实测为主，可适当利用评价范围内已有的声环境质量监测资料，并对声环境质量现状进行评价。

③ 噪声预测应覆盖全部敏感目标，给出各敏感目标的预测值及厂界（或场界、边界）噪声值，根据评价需要绘制等声级线图。给出建设项目建成后不同类别的声环境功能区内受影响的人口分布、噪声超标的范围和程度。

④ 当工程预测的不同代表性时段噪声级可能发生变化的建设项目，应分别预测其不同时段的噪声级。

⑤ 从声环境保护角度对工程可行性研究和评价中提出的不同选址（选线）和建设布局方案的环境合理性进行分析。

⑥ 针对建设项目的工程特点和所在区域的环境特征提出噪声防治措施，并进行经济、技术可行性论证，给出防治措施的最终降噪效果和达标分析。

三、三级评价工作基本要求

① 在工程分析中，给出建设项目对环境有影响的主要声源的数量、位置和声源源强，并在标有比例尺的图中标识固定声源的具体位置或流动声源的路线、跑道等位置。在缺少声源源强的相关资料时，应通过类比测量取得，并给出类比测量的条件。

② 重点调查评价范围内主要敏感目标的声环境质量现状，可利用评价范围内已有的声环境质量监测资料，若无现状监测资料时应进行实测，并对声环境质量现状进行评价。

③ 噪声预测应给出建设项目建成后各敏感目标的预测值及厂界（或场界、边界）噪声值，分析敏感目标受影响的范围和程度。

④ 对建设项目的工程特点和所在区域的环境特征提出噪声防治措施，并进行达标分析。

第三节　噪声环境影响的评价范围

噪声环境影响的评价范围一般根据评价工作等级确定。

《环境影响评价技术导则——声环境》规定：

① 对于以固定声源为主的建设项目（如工厂、港口、施工工地、铁路站场等），一般建设项目边界往外 200m 内评价范围一般能满足一级评价的要求；相应的二级和三级评价的范围可根据实际情况适当缩小。若建设项目周围较为空旷而较远处有敏感区，则评价范围应适当放宽到敏感区附近，如依据建设项目声源计算得到的贡献值到 200m 处仍不能满足相应功能区标准值时，应将评价范围扩大到满足标准值的距离。

② 铁路、城市轨道交通、公路等呈线状声源性质的建设项目两侧各 200m 的评价范围一般能满足一级评价的要求；相应的二级和三级评价的范围可根据实际情况适当缩小。若建设项目周围较为空旷而较远处有敏感区，则评价范围应适当放宽到敏感区附近；如依据建设项目声源计算得到的贡献值到 200m 处仍不能满足相应功能区标准值时，应将评价范围扩大到满足标准值的距离。

③ 建设项目是机场的情况，主要飞行航迹下离跑道两端各 6～12km、侧向各 1～2km 的范围为评价范围；评价范围一般能满足一级评价的要求；相应的二级和三级评价范围可根据实际情况适当缩小。

第四节　噪声影响预测模式

一、环境噪声评价量

1. 连续 A 声级 L_A

由于人耳对低频噪声不太敏感，而对高频噪声较为敏感，声压级相同而频率不同的噪声听起来不一样响。根据人耳的听觉特性，在声学测量仪器中设置了“A 计权网络”，使接收到的噪声在低频处有较大的衰减而高频处甚至稍有放大，这样测得的声级称为 A 声级，计为 dB（A）。实践证明，A 声级比较接近人耳的听觉。A 声级是一切噪声源及影响评价的基本量，但它只适用于连续稳定噪声源及影响的评价。

2. 等效连续 A 声级 L_{Aeq}

一般噪声源的 A 声级或在某一受声点测量到的 A 声级往往是随时间变化的，因此需要引入某一时段内的平均 A 声级评价量——等效连续 A 声级。即在声场内的一点位上，将某一时段内连续变化的声级，用能量平均的方法表示该时段内噪声的大小：

$$L_{Aeq}=10\lg\left[\frac{1}{T}\int_0^T 10^{0.1L_A(t)}\,dt\right] \tag{7-1}$$

3. 统计噪声级 L_n

统计噪声级是指在某点若噪声级有较大波动时，用于描述其噪声随时间变化状况的统计物理量，一般用 L_{10}、L_{50}、L_{90} 表示。L_{10} 表示在监测时段内 10％的时间超过的噪声级，相当于噪声的平均峰值；L_{50} 表示在监测时段内 50％的时间超过的噪声级，相当于噪声的平均中值；L_{90} 表示在监测时段内 90％的时间超过的噪声级，相当于噪声的平均底值。

其计算方法是：将测得的 100 个或 200 个数据按大小顺序排列，总数为 100 个的第 10 个数据或总数为 200 个的第 20 个数据即为 L_{10}，总数为 100 个的第 50 个数据或总数为 200 个的第 100 个数据即为 L_{50}，总数为 100 个的第 90 个数据或总数为 200 个的第 180 个数据即为 L_{90}。

4. 计权有效连续感觉噪声级

计权有效连续感觉噪声级是在有效感觉噪声级的基础上发展起来的，用于评价航空噪声的方法。其特点是既考虑了在 24h 内飞机通过某一固定点所产生的总噪声级，同时也考虑了不同时间内飞机对周围环境所造成的影响。我国现行的《机场周围飞机噪声环境标准》即规定采用此方法进行评价。

一日计权有效连续感觉噪声级的计算公式如下：

$$L_{WECPN}=\overline{L_{EPN}}+10\lg(N_1+3N_2+10N_3)-39.4 \tag{7-2}$$

式中，$\overline{L_{EPN}}$为 N 次飞行的有效感觉噪声级的能量平均值（$N=N_1+N_2+N_3$），dB；N_1 为白天 7～19 时通过该点飞行次数；N_2 为傍晚 19～22 时通过该点飞行次数；N_3 为夜间 22～7 时通过该点飞行次数。

二、噪声级的叠加

在声环境影响评价中经常要进行多声源的叠加或噪声贡献值与噪声现状本底值的叠加。声级的叠加一定要按能量（声功率或声压平方）来相加，可按下式计算：

$$L_{P_T}=10\lg\left[\sum_{1}^{n}(10^{\frac{L_{P_i}}{10}})\right] \tag{7-3}$$

【例 7-1】 $L_1=80$dB，$L_2=80$dB，则

$$L_{1+2}=10\lg(10^{80/10}+10^{80/10})=10\lg2+10\lg10^8=3+80=83\ (\text{dB})$$

【例 7-2】 $L_1=100$dB，$L_2=98$dB，则

$$L_{1+2}=10\lg(10^{100/10}+10^{98/10})=10\lg(10^{10}+10^{9.8})$$
$$=10\lg16309573445\approx102.2\ (\text{dB})$$

此外，为了避免公式计算，可以将几个需要叠加的噪声级按从大到小的顺序排列，求出相邻两个噪声级的差值（L_1-L_2），然后由表 7-1 查出分贝增加值 ΔL，再与 L_1 相加求得 L_{1+2}。依次类推，最后求得总噪声级。

三、噪声的传播与衰减模式

（1）点声源的衰减　点声源随传播距离增加引起的衰减值为：

$$\Delta L=10\lg\frac{1}{4\pi r^2} \tag{7-4}$$

式中，r 为点声源到受声点的距离，m。

在距离点声源 r_1 处至 r_2 处的衰减值为：

$$\Delta L=20\lg\frac{r_1}{r_2} \tag{7-5}$$

当 $r_2=2r_1$ 时，$\Delta L=6$dB，即点声源传播距离增加一倍，衰减 6dB。

【例 7-3】 已知锅炉房 2m 处噪声测值为 80dB，距居民楼 16m；冷却塔 5m 处噪声测值为 80dB，距居民楼 20m，求两设备噪声对居民楼共同影响的声级。

解：锅炉房对居民楼的噪声贡献值为：

$$L_1=80-|20\lg(2/16)|=61.94\text{dB}$$

冷却塔对居民楼的噪声贡献值为：

$$L_2=80-|20\lg(5/20)|=67.96\text{dB}$$

表 7-1　分贝增加值 ΔL　　单位：dB

L_1-L_2（整位数）		L_1-L_2(小位数)								
		009	0.1	0.2	0.3	0.4	0.5	0.6	0.7	0.8
0	3.0	3.0	2.9	2.9	2.8	2.8	2.7	2.7	2.6	2.6
1	2.5	2.5	2.5	2.4	2.4	2.3	2.3	2.3	2.2	2.2
2	2.1	2.1	2.1	2.0	2.0	1.9	1.9	1.9	1.8	1.8
3	1.8	1.7	1.7	1.7	1.6	1.6	1.6	1.5	1.5	1.5
4	1.5	1.4	1.4	1.4	1.4	1.3	1.3	1.3	1.2	1.2
5	1.2	1.2	1.2	1.1	1.1	1.1	1.1	1.0	1.0	1.0
6	1.0	1.0	1.0	0.9	0.9	0.9	0.9	0.8	0.8	0.8
7	0.8	0.8	0.8	0.7	0.7	0.7	0.7	0.7	0.7	0.7
8	0.6	0.6	0.6	0.6	0.6	0.6	0.6	0.6	0.5	0.5
9	0.5	0.5	0.5	0.5	0.5	0.5	0.5	0.4	0.4	0.4
10	0.4									
11	0.3									
12	0.3									
13	0.2									
14	0.2									
15	0.1									

两设备对居民楼噪声贡献叠加值为：$L=10\lg(1563147+6251727)=69\text{dB}$

（2）线声源的衰减　线声源随传播距离的增加引起的衰减值

$$\Delta L=10\lg\frac{1}{4\pi rl} \tag{7-6}$$

式中，r 为线声源到受声点的距离，m；l 为线声源的长度，m。

当$\frac{r}{1}<\frac{1}{10}$时，可视为无限长声源。此时在距离线声源 r_1 处至 r_2 处的衰减值为：

$$\Delta L=10\lg\frac{r_1}{r_2} \tag{7-7}$$

当 $r_2=2r_1$ 时，$\Delta L=3\text{dB}$，即线声源传播距离增加一倍，衰减 3dB。

当$\frac{r}{l}\geqslant 1$时，可视为点声源。

【例 7-4】 离某城市道路中心 10m 处测得交通噪声值为 70dB，若该区域声环境功能区为 2 类区，即噪声的标准为昼间 60dB，请问沿路第一排民居至少应离道路中心多远昼间噪声方可达标？

解： $10\lg(x/10)=65-60$

$\lg(x/10)=0.5$

$x/10=10^{0.5}$

$x=31.6\text{m}$　　应离道路中心 31.6m 昼间噪声方可达标。

(3) 整体声源的传播与衰减模式　在声环境影响评价中，可以将一个生产车间或市场视为整体声源，如图 7-1 所示。

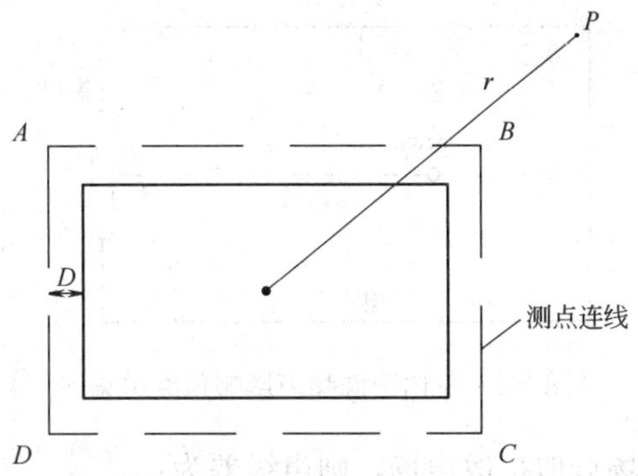

图 7-1　整体声源噪声影响示意图

为评价整体声源对周围环境的影响，可预先求得整体声源的声功率级 L_W，再计算声传播过程中各种因素造成的衰减 $\sum A_i$，然后求得预测受声点 P 的声级 L_p，具体计算公式如下：

$$L_p = L_W - \sum A_i \tag{7-8}$$

式中，L_W 为整体声源的声功率级；$\sum A_i$ 为声波传播过程中由于各种因素造成的总衰减量，即距离衰减 A_d、屏障衰减 A_b、空气吸收衰减 A_a 之和。

$$A_d = 10\lg(2\pi r^2) \tag{7-9}$$

式中，r 为整体声源的中心到受声点的距离。

$$L_W = \overline{L}_{pi} + 10\lg(2S_a + hL) + 0.5\alpha\sqrt{S_a} + \lg\frac{\overline{D}}{4\sqrt{S_p}} \tag{7-10}$$

式中，$\overline{L}_{pi}$ 为整体声源周界的声级平均值；L 为测点连线总长；α 为空气吸收系数；S_a 为测量线所围成的面积；h 为传声器高度，$h = H + 0.025\sqrt{S_p}$，H 为整体声源平均高度 (m)，上限为 10m；S_p 为厂房或车间实际面积；$\overline{D}$ 为测量线至厂房界的平均距离；在 $S_p \gg \overline{D}$ 条件下，$S_a \approx S_p = S$，则上式可简化为

$$L_W = \overline{L}_{pi} + 10\lg(2S) \tag{7-11}$$

【例 7-5】　某机械加工车间（10m×20m）外 1m 处测得平均周界噪声值为 70dB，若该企业厂界噪声执行Ⅲ类标准，即噪声的标准为昼间 65dB，请问车间对 10m 外的厂界噪声贡献值（仅考虑距离衰减）昼间是否达标？

解：车间的整体声功率级为：

$$L_W = L_{pi} + 10\lg(2S) = 70 + 10\lg(2\times10\times20) = 96\text{dB}$$

车间的等效半径为：

$$r_0 = \sqrt{\frac{S}{\pi}} = \sqrt{\frac{200}{3.14}} \approx 8.0\text{m}$$

车间到厂界的噪声距离衰减为：

$$A_d = 10\lg[2\pi(r_0 + 10)^2] = 10\lg[2\pi(18)^2] = 33.1\text{dB}$$

车间对厂界的噪声贡献值为：

$$L_p = L_W - \sum A_i = 96 - 33.1 = 62.9\text{dB}$$

车间对厂界的噪声贡献值可以达标。

（4）噪声从室内向室外传播的声级差计算　设靠近房屋开口处（或窗户）室内和室外的声级分别为 L_1 和 L_2，如图 7-2 所示。

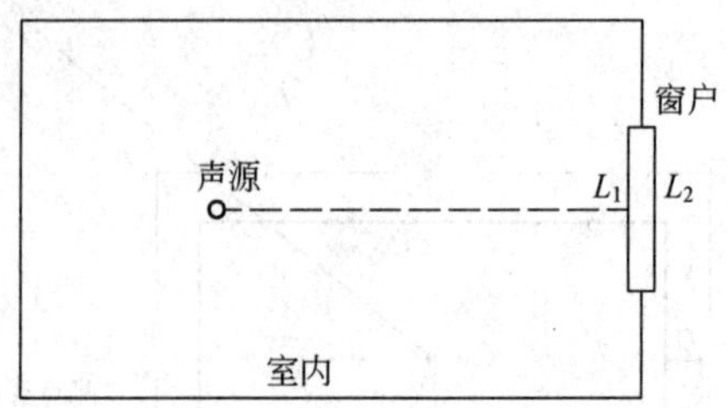

图 7-2　室内声源噪声影响预测示意图

若声源所在的室内声场近似扩散声场，则声级差为：

$$\mathrm{NR}=L_1-L_2=\mathrm{TL}+6 \tag{7-12}$$

式中，TL 为隔墙或窗户的传输损失。

其中 L_1 可以是测量值，也可按下式计算：

$$L_1=L_{\mathrm{W1}}+10\lg\left(\frac{Q}{4\pi r_1^2}+\frac{4}{R}\right) \tag{7-13}$$

式中，L_{W1} 为某个室内声源在靠近开口处产生的倍频带声功率级；r_1 为某个室内声源距开口处的距离，m；R 为房间常数，$S\alpha/(1-\alpha)$，S 为房间内表面面积，m^2；α 为平均吸声系数（当房间的壁面为全反射时，$R=0$；当房间壁面为全吸声时，$R=\infty$；一般的房间 $R=$ 5、10、20、50、…、1000、2000）；Q 为指向性因数，通常对无指向性声源，当声源放在房间中心时，$Q=1$，当放在一面墙的中心时，$Q=2$，当放在两面墙夹角处时，$Q=4$，当放在三面墙夹角处时，$Q=8$。

在计算过程中，先按式(7-13) 分别计算出室内所有点声源在开口处的倍频带声压级，然后按公式(7-3) 计算出所有室内声源在围护结构处产生的倍频带叠加声压级。

在室内近似为扩散声场时，按公式(7-14) 计算出靠近室外围护结构处的声压级：

$$L_2(T)=L_1(T)-(TL+6) \tag{7-14}$$

式中，$L_2(T)$ 为靠近围护结构处室外 N 个声源倍频带的叠加声压级，dB；TL 为围护结构倍频带的隔声量，dB。

再将室外声级 L_2 和透声面积换算成等效室外倍频带声功率级：

$$L_{\mathrm{W2}}=L_2(T)+10\lg S \tag{7-15}$$

式中，S 为透声面积，m^2；L_{W2} 为某个室内声源在靠近开口处产生的倍频带声功率级。

四、交通噪声的预测模式

1. 公路噪声的预测模式

（1）美国联邦公路管理局（FHWA）公路噪声预测模式　《环境影响评价技术导则——声环境》中推荐：公路交通噪声预测模式可用美国联邦公路管理局（FHWA）公路噪声预测模式。

将公路上汽车按照车种分类（如大、中、小型车），车型分类（大、中、小型车）方法见表 7-2。

表 7-2　车型分类

车型	总质量(GVM)
小	≤3.5t,M1,M2,N1
中	3.5～12t,M2,M3,N2
大	>12t,N3

注：M1，M2，M3，N1，N2，N3 和 GB 1495 划定方法相一致，摩托车、拖拉机等应另外归类。

先求出某一类车辆的小时等效声级：

$$L_{eq}(h)_i=(\overline{L_{0E}})_i+10\lg\left(\frac{N_i}{V_iT}\right)+10\lg\left(\frac{7.5}{r}\right)+10\lg\left(\frac{\varphi_1+\varphi_2}{\pi}\right)+\Delta L-16 \qquad (7\text{-}16)$$

式中，L_{eq} $(h)_i$ 为第 i 类车的小时等效声级，dB(A)；$(\overline{L_{0E}})_i$ 为第 i 类车速度为 V_i (km/h)、水平距离为 7.5m 处的能量平均 A 声级，dB(A)；N_i 为昼间、夜间通过某个预测点的第 i 类车平均小时车流量，辆/h；V_i 为第 i 类车的平均车速，km/h；T 为计算等效声级的时间，1h；r 为从车道中心线到预测点的距离，m；式(7-16) 适用于 $r>7.5$m 预测点的噪声预测，如图 7-3 所示。其中 Ψ_1、Ψ_2 为预测点到有限长路段两端的张角（rad）；ΔL 为由其他因素引起的修正量，dB(A)，它包括线路因素引起的修正量，传播过程和反射等引起的修正量。可按下式计算：

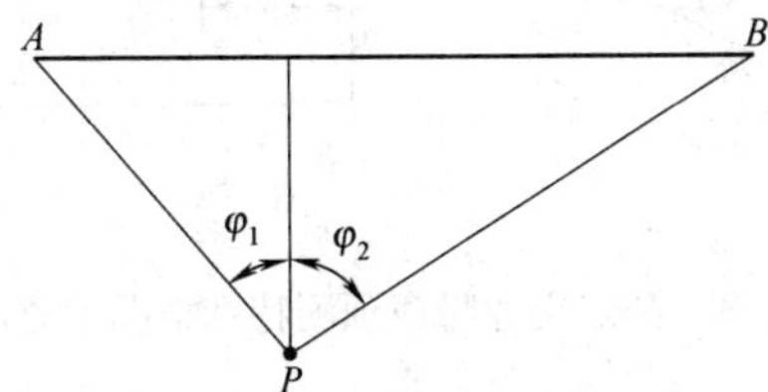

图 7-3　公路交通噪声预测示意图

$$\Delta L=\Delta L_1-\Delta L_2+\Delta L_3 \qquad (7\text{-}17)$$

$$\Delta L_1=\Delta L_{坡度}+\Delta L_{路面} \qquad (7\text{-}18)$$

$$\Delta L_2=A_a+A_b+A_g \qquad (7\text{-}19)$$

式中，ΔL_1 为线路因素引起的修正量，dB(A)；$\Delta L_{坡度}$ 为公路纵坡修正量，dB(A)；$\Delta L_{路面}$ 为公路路面材料引起的修正量，dB(A)；ΔL_2 为声波传播途径中引起的衰减量，dB(A)；ΔL_3 为由反射等引起的修正量，dB(A)。

线路因素引起的修正量（ΔL_1）中公路纵坡修正量 $\Delta L_{坡度}$ 可按下式计算：

大型车：$$\Delta L_{坡度}=98\times\beta \qquad (7\text{-}20)$$

中型车：$$\Delta L_{坡度}=73\times\beta \qquad (7\text{-}21)$$

小型车：$$\Delta L_{坡度}=50\times\beta \qquad (7\text{-}22)$$

式中，β 为公路纵坡坡度，%。

不同路面的噪声修正量见表 7-3。

表 7-3　常见路面噪声修正量

路面类型	不同行驶速度修正量/(km/h)		
	30	40	50
沥青混凝土	0	0	0
水泥混凝土	1.0	1.5	2.0

混合车流模式的等效声级是将各类车流等效声级叠加求得。如果将车流分成大、中、小三类车，那么总车流等效声级为：

$$L_{eq}(T)=10\lg[10^{0.1L_{eq}(h)_1}+10^{0.1L_{eq}(h)_2}+10^{0.1L_{eq}(h)_3}] \tag{7-23}$$

如某个预测点受多条线路交通噪声影响（如高架桥周边预测点受桥上和桥下多条车道的影响，路边高层建筑预测点受地面多条车道的影响），应分别计算每条车道对该预测点的声级后，经叠加后得到贡献值。

该模式应用注意事项：

① 预测点与车道中心的距离 D 必须大于 15m。

② 模式的预测误差一般在±2.5dB 范围。

③ 该模式未考虑道路坡度和路面粗糙度引起的修正。

④ 某一类车的参考能量平均辐射声级数据必须经过严格测试获得。

⑤ 模式既适用于大车流量，也适用于小车流量。

如果预测点与某段车道的垂直距离小于 15m 或预测点位于某段车道的延长线上，如图 7-4 所示。

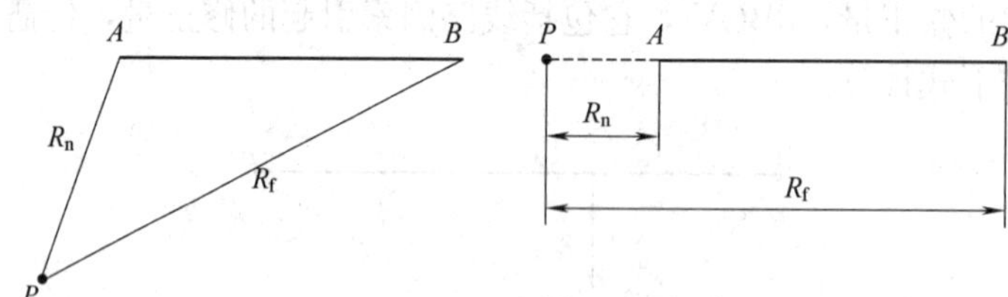

图 7-4　公路交通噪声预测特殊情况示意图

这时公式(7-16) 不成立。如果预测点与所考虑车道两端的最近距离仍大于 15m，那么预测公式成为：

$$L_{eq}(h)_i=(\overline{L_0})_{E_i}+10\lg\left(\frac{N_iD_0}{S_iT}\right)+10\lg\left\{\frac{1}{1+a}\left[\left(\frac{D_0}{R_n}\right)^{1+a}-\left(\frac{D_0}{R_f}\right)^{1+a}\right]\right\}-30 \tag{7-24}$$

式中，R_n、R_f 分别为预测点与该车道两端的近端距离和远端距离。只有当 $R_n \geqslant 15$m 时，公式(7-24) 成立。

(2) 国家环保部推荐的公路噪声预测模式　国家环保部在《中国环境影响评价培训教材》中推荐按公路交通噪声预测模式，计算预测点接受到的噪声值。公路上行驶的机动车辆分为三类，重型车—H，中型车—M，小型车—S。车型分类标准见表 7-4。

表 7-4　机动车辆分类

车　型	标定载重	标定座位
小型车 S	2t 以下货车	19 座以下客车
中型车 M	2.5～7.0t 货车	20～49 座客车
重型车 H	7.5t 以上货车	50 座以上客车

各类机动车辆距行驶路面中心线 7.5m 处的平均辐射噪声级，可按下列格式计算：

小型车：
$$L_S=59.3+0.23V \tag{7-25}$$

中型车：
$$L_M=62.6+0.32V \tag{7-26}$$

重型车：
$$L_H=77.2+0.18V \tag{7-27}$$

式中，V 为车辆平均行驶速度，km/h。设计车速为 100km/h、120km/h 时，V 为设计车速的 65%；设计车速为 80km/h 时，V 为设计车速的 90%；设计车速为 60km/h 时，V 为设计车速的 100%。

第 i 类车辆行驶于昼间或夜间，使预测点接受到的交通噪声值为：

$$L_{eqi}=L_i+10\lg\frac{Q_i}{V_iT}+K\lg\left(\frac{7.5}{r}\right)^{1+a}+\Delta S-13 \tag{7-28}$$

式中，L_i 为第 i 类车辆距行驶路面中心 7.5m 处的平均辐射噪声级；Q_i 为第 i 类车辆的车流量，辆/h；V_i 为第 i 类车辆平均行驶速度，km/h；T 为评价小时数，这里取 1；r 为预测点距路面中心距离，m；K 为车流密度修正系数，按线-点声源考虑，取 10～20；a 为地面吸收、衰减因子；ΔS 为附加衰减，含所筑路面性质、坡度、屏障影响。

各类车辆总交通噪声在预测点 r 的预测值可写为：

$$L_{eq(交)}=10\lg\left(\frac{1}{T}\sum_{i=1}^{n}10^{0.1L_{eqi}}\right) \tag{7-29}$$

式中，L_{eqi} 为第 i 类车辆在预测点 r 处的噪声值，dB(A)。

2. 铁路噪声的预测模式

(1) 比例预测法　比例预测模型的应用条件为：①列车通过速度基本不变；②铁路干线两侧建筑物分布状况不变；③列车噪声辐射特性不变；④机车鸣笛位置基本不变；⑤主要受铁路噪声的影响。

比例预测模型常用于远离铁路站场的铁路干线噪声预测。

比例预测的基本计算公式如下：

$$L_{eq2}=L_{eq1}+10\lg\left[\left(\frac{KA_2+B_2}{KA_1+B_1}\right)\times(1-K_3)10^{0.1\Delta L}+K_3\frac{N_2}{N_1}\right] \tag{7-30}$$

$$A_1=N_{p1}L_{p1}\quad A_2=N_{p2}L_{p2}\quad B_1=N_{f1}L_{f1}\quad B_2=N_{f2}L_{f2}$$

式中，L_{eq1} 为改扩建前某预测点的等效声级，dB(A)；L_{eq2} 为改扩建后某预测点的等效声级，dB(A)；N_1 为改扩建前列车日通过列数；N_2 为改扩建后列车日通过列数；A_1 为改扩建前客运列车日通过总长度，m；A_2 为改扩建后客运列车日通过总长度，m；B_1 为改扩建前货运列车日通过总长度，m；B_2 为改扩建后货运列车日通过总长度，m；N_{p1} 为改扩建前客车日通过列数；N_{p2} 为改扩建后客车日通过列数；N_{f1} 为改扩建前货车日通过列数；N_{f2} 为改扩建后货车日通过列数；L_{p1} 为改扩建前客运列车平均长度，m；L_{p2} 为改扩建后客运列车平均长度，m；L_{f1} 为改扩建前货运列车平均长度，m；L_{f2} 为改扩建后货运列车平均长度，m；ΔL 为改扩建前后路轨的轮轨噪声辐射声级差，dB (A)，$\Delta L=L_{r2}-L_{r1}$；K、K_3 为噪声辐射能量比，见下面的说明。

客、货列车辐射噪声能量比：

$$K=\frac{10^{0.1L_1}}{10^{0.1L_2}} \tag{7-31}$$

式中，L_1、L_2 分别为客车和货车的辐射噪声级，dB (A)。

鸣笛噪声辐射能量比：

$$K_3=\frac{10^{0.1L_3}t_3}{10^{0.1L_{eq1}}T} \tag{7-32}$$

式中，L_3 为列车鸣笛噪声平均声级，dB (A)；t_3 为鸣笛噪声作用时间，s；T 为测量总时间，s；L_{eq_1} 为改扩建前某预测点的等效声级，dB (A)。

（2）模式预测法 把铁路各类声源简化为点声源和线声源，分别进行计算。

对于点声源：

$$L_p = L_{p0} - 20\lg(\frac{r}{r_0}) - \Delta L \tag{7-33}$$

式中，L_p 为测点的声级（可以是倍频带声压级或 A 声级）；L_{p0} 为参考位置 r_0 处的声级（可以是倍频带声压级或 A 声级）；r 为预测点与点声源之间的距离，m；r_0 为测量参考声级处与点声源之间的距离，m；ΔL 为各种衰减量，包括空气吸收、声屏障或遮挡物、地面效应等引起的衰减量。

对于线声源：

$$L_p = L_{p0} - 10\lg(\frac{r}{r_0}) - \Delta L \tag{7-34}$$

式中，L_p 为线声源在预测点产生的声级（倍频带声压级或 A 声级）；L_{p0} 为线声源参考位置 r_0 处的声级；r 为预测点与线声源之间的垂直距离，m；r_0 为测量参考声级处与线声源之间的垂直距离，m；ΔL 为各种衰减量，包括空气吸收、声屏障或遮挡物、地面效应等引起的衰减量。

总的等效声级为：

$$L_{eq}(T) = 10\lg\left[\frac{1}{T} \times 10^{0.1L_{pi}} \sum_{i=1}^{n} t_i\right] \tag{7-35}$$

式中，t_i 为第 i 个声源在预测点的噪声作用时间（在 T 时间内）；L_{pi} 为第 i 个声源在预测点产生的 A 声级；T 为计算等效声级的时间。

该式应用注意事项如下。

① 比例预测法仅适用于预测铁路线路噪声，只适用于铁路改、扩建工程，并且假定铁路站、场、干线既有状况基本不变，铁路干线两侧的建筑物分布状况不变。

② 模式计算法适用于大型铁路建设项目，能包括列车运行和编组作业系统的复杂情况，但要把铁路各种噪声源简化为点声源或线声源进行计算。

3. 机场飞机噪声预测模式

机场飞机噪声预测根据下列基本步骤进行。

（1）计算斜距 以飞机起飞或降落点为原点、跑道中心线为 x 轴、垂直于地面线为 z 轴、垂直于跑道中心线为 y 轴建立坐标系。设预测点的坐标为（x，y，z），飞机起飞、爬升、降落时与地面所角度为 θ，则飞机与预测点之间的斜距为：

$$R = \sqrt{y^2 + (x\tan\theta\cos\theta)^2} \tag{7-36}$$

如果可以查得离起飞或降落点不同位置飞机距地面的高度 H，斜距为：

$$R = \sqrt{y^2 + (H\cos\theta)^2} \tag{7-37}$$

（2）查出各次飞行的有效感觉噪声级数据 根据飞机机型、起飞或降落、斜距可以查出飞机飞过预测点时在预测点产生的有效感觉噪声级（EPNL）。查出一天当中所有飞行事件的 EPNL。

（3）计算平均有效感觉噪声级

$$\overline{L_{EPN}} = 10\lg\left[\left(\frac{1}{N_1 + N_2 + N_3}\right) \sum_{i=1}^{n} 10^{0.1L_{EPNi}}\right] \tag{7-38}$$

式中，N_1、N_2、N_3 分别为白天（07：00～19：00）、晚上（19：00～22：00）和夜间

（22：00～07：00）通过该点的飞行次数，$N=N_1+N_2+N_3$。

（4）计算出计权等效连续感觉噪声级

$$L_{WECPN}=\overline{L_{EPN}}+10\lg(N_1+3N_2+10N_3)-39.4 \quad (7\text{-}39)$$

第五节　声环境影响评价

一、噪声环境影响评价基本内容

噪声环境影响评价的基本内容包括以下七个方面。

① 项目建设前环境噪声现状。

② 根据噪声预测结果和环境噪声评价标准，评述建设项目施工、运行阶段噪声的影响程度、影响范围和超标状况（以敏感区域或敏感点为主），给出边界（厂界、场界）及敏感目标的达标分析。

③ 给出评价范围内不同声级范围覆盖下的面积，主要建筑物类型、名称、数量及位置，影响的户数、人口数。

④ 分析建设项目的噪声源和引起超标的主要噪声源或主要原因。对于通过城镇建成区和规划区的路段，还应分析建设项目与敏感目标间的距离是否符合城市规划部门提出的防噪声距离。

⑤ 分析建设项目的选址、设备布置和设备选型的合理性；分析建设项目设计中已有的噪声防治对策的适用性和防治效果。

⑥ 为了使建设项目的噪声达标，评价评价必须提出需要增加的、适用于评价工程噪声的防治对策，并分析其经济、技术的可行性。

⑦ 提出针对该建设项目的有关噪声污染管理、噪声监测和城市规划方面的建议。

二、噪声防治对策

噪声环境影响评价中，噪声防治对策应该考虑从声源上降低噪声和从噪声传播途径上降低噪声两个环节。

1. 从声源上降低噪声

① 选择低噪声的设备。

② 改革工艺和操作方法以降低噪声，如用压力式打桩机代替柴油打桩机，反铆接改为焊接，液压代替锻压等。

③ 维持设备处于良好的运转状态。

④ 建设项目在选址上避让。

2. 在噪声传播途径上降低噪声

为使噪声敏感区达标，常用噪声防治手段是在噪声传播途径上降低噪声，具体做法如下。

① 采用“闹静分开”和“合理布局”的设计原则，使高噪声敏感设备尽可能远离噪声敏感区，将声源设置于地下或半地下的室内等。

② 利用自然地形物，如位于噪声源和噪声敏感区之间的山丘、土坡、地堑、围墙等降噪。

③ 采取消声、隔振和减振措施，在传播途径上增设吸声、隔声等措施。

评价中提出的噪声防治对策，必须符合针对性、具体性、经济合理性、技术可行性原则。

三、噪声环境影响评价结论

噪声环境影响评价结论是全部噪声评价工作的总结，一般应包括下列内容。

① 环境噪声现状概述，包括现有噪声源、功能区噪声超标情况和受噪声影响的人口。

② 简要说明建设项目的噪声级预测和影响评价结果，包括功能区噪声超标情况，主要噪声源和受噪声影响的人口分布。

③ 着重说明评价过程中提出的噪声防治对策。

④ 对环境噪声管理和监测以及城市规划方面的建议。

复习思考题

1. 计算如下几个点声源噪声之和：52dB，61dB，58dB，55dB，52dB，64dB，57dB。

2. 距房 2m 处测为 80dB，距居民楼 16m；距冷却塔 5m 处测为 80dB，距居民楼 20m，求两设备噪声对居民楼的共同影响。

3. 某热电厂排气筒（直径 1m）排出蒸汽产生噪声，距排气筒 2m 处测得噪声为 80dB，排气筒距居民楼 12m，问排气筒噪声在居民楼处是否超标（标准为 60dB）？如果超标应离开多少米才能达标？

4. 某锅炉排气筒 3m 处测得噪声值为 75dB，若该项目厂界噪声的标准为昼间 60dB，请问至少应离锅炉多远处，厂界昼间噪声可达标。

第八章　固体废物环境影响评价

第一节　固体废物的来源与特点

固体废物是指在生产、生活和其他活动中产生的丧失原有利用价值或者虽未丧失利用价值但被抛弃或者放弃的固态、半固态和置于容器中的气态物品、物质，以及法律、行政法规规定纳入固体废物管理的物品、物质。需要指出的是，不能排入水体的液态废物和不能排入大气的置于容器中的气态废物，由于多具有较大的危害性，一般归入固体废物管理体系。

一、固体废物来源

固体废物来自人类活动的许多环节，主要包括生产过程和生活活动的一些环节。表 8-1 列出从各类发生源产生的主要固体废物。

表 8-1　各类发生源产生的主要固体废物

产生源	产生的主要固体废物
居民生活	食物、垃圾、纸、木、布、庭院植物修剪物、金属、玻璃、塑料、陶瓷、燃料灰渣、脏土、碎砖瓦、废器具、粪便、杂品等
商业、机关	除上述废物外，另有管道、碎砌体、沥青及其他建筑材料，易爆、易燃、腐蚀性、放射性废物以及废汽车、废电器、废器具等
市政维护、管理部门	脏土、碎砖瓦、树叶、死畜禽、金属、锅炉灰渣、污泥等
矿业	废石、尾矿、金属、废木、砖瓦、水泥、砂石等
冶金、金属、交通、机械等工业	金属、渣、砂石、模型、芯、陶瓷、涂料、管道、绝热和绝缘材料、黏结剂、污垢、废木、塑料、橡胶、纸、各种建筑材料、烟尘等
建筑材料工业	金属、水泥、黏土、陶瓷、石膏、石棉、砂、石、纸、纤维等
食品加工业	肉、谷物、蔬菜、硬壳果、水果、烟草等
橡胶、皮革、塑料等工业	橡胶、塑料、皮革、布、线、纤维、染料、金属等
石油化工工业	化学药剂、金属、塑料、橡胶、陶瓷、沥青、油毡、石棉、涂料等
电器、仪器、仪表等工业	金属、玻璃、木、橡胶、塑料、化学药剂、研磨料、陶瓷、绝缘材料等
纺织服装工业	布头、纤维、金属、橡胶、塑料等
造纸、木材、印刷等工业	刨花、锯末、碎木、化学药剂、金属填料、塑料等
核工业和放射性医疗单位	金属、含放射性废渣、粉尘、污泥、器具和建筑材料等
农业	秸秆、蔬菜、水果、果树枝条、糠秕、人和畜禽粪便、农药等

二、固体废物分类

固体废物种类繁多，按其污染特性可分为一般废物和危险废物。按废物来源又可分为城市固体废物、工业固体废物和农业固体废物。

1. 城市固体废物

城市固体废物是指居民生活、商业活动、市政建设与维护、机关办公等过程产生的固体废物。

2. 工业固体废物

工业固体废物是指在工业生产活动中产生的固体废物，主要包括以下几类。

(1) 冶金工业固体废物　主要包括金属冶炼或加工过程中所产生的各种废渣，如高炉炼铁产生的高炉渣，平炉、转炉、电炉炼钢产生的钢渣，铜镍铅锌等有色金属冶炼过程产生的有色金属渣、铁合金渣及提炼氧化铝时产生的赤泥等。

(2) 能源工业固体废物　主要包括燃煤电厂产生的粉煤灰、炉渣、烟道灰、采煤及洗煤过程中产生的煤矸石等。

(3) 石油化学工业固体废物　主要包括石油及加工工业产生的油泥、焦油、页岩渣、废催化剂、废有机溶剂等，化学工业生产过程中产生的硫铁矿渣、酸渣、碱渣、盐泥、釜底泥、精（蒸）馏残渣以及医药和农药生产过程中产生的医药废物、废药品、废农药等。

(4) 矿业固体废物　矿业固体废物主要包括采矿废石和尾矿。废石是指各种金属、非金属矿山开采过程中从主矿上剥离下来的各种围岩，尾矿是指在选矿过程中提取精矿以后剩下的尾渣。

(5) 轻工业固体废物　主要包括食品工业、造纸印刷工业、纺织印染工业、皮革工业等工业加工过程中产生的污泥、动物残物、废酸、废碱以及其他废物。

(6) 其他工业固体废物　主要包括机械加工过程产生的金属碎屑、电镀污泥、建筑废料以及其他工业加工过程产生的废渣等。

3. 农业固体废物

固体废物来自农业生产、畜禽饲养、农副产品加工所产生的废物，如农作物秸秆、农用薄膜及畜禽排泄物等。

4. 危险废物

工业固体废物按其毒性和有害程度又可分为一般废物和危险废物。《中华人民共和国固体废物污染环境防治法》中规定：“危险废物是指列入国家危险废物名录或者根据国家规定的危险废物鉴别标准和鉴别方法认定的具有危险特性的固体废物”。《国家危险废物名录》规定：“具有下列情形之一的固体废物和液态废物，列入本名录：（一）具有腐蚀性、毒性、易燃性、反应性或者感染性等一种或者几种危险特性的；（二）不排除具有危险特性，可能对环境或者人体健康造成有害影响，需要按照危险废物进行管理的”。

根据 2008 年 8 月 1 日实施的《国家危险废物名录》，我国危险废物共分为 49 类，各大类废物类别见表 8-2。每一类别的危险废物又列出了其行业来源、废物代码、废物细类和危险特性，其中，医疗废物没有列出具体细类，而是根据《医疗废物管理条例 》单独制定《医疗废物分类目录》。危险废物和非危险废物混合物的性质判定，按照国家危险废物鉴别标准执行。家庭日常生活中产生的危险废物，可以不按照危险废物进行管理。将上述废弃物从生活垃圾中分类收集后，其运输、贮存、利用或者处置，按照危险废物进行管理。受研究方法、科学技术手段以及认识水平等因素的限制，不可能制定出完备的危险废物名录、鉴别标准和鉴别方法。未列入《国家危险废物名录》和《医疗废物分类目录》的固体废物和液态废物，由国务院环境保护行政主管部门组织专家，根据国家危险废物鉴别标准和鉴别方法认定具有危险特性的，属于危险废物，适时增补进名录。

三、固体废物特点

固体废物具有下述特点。

1. 兼具有废物和资源的相对性

固体废物具有鲜明的时间和空间特征，是在错误时间放在错误地点的资源。

表 8-2 危险废物分类

编 号	废物类别	编 号	废物类别	编 号	废物类别
HW01	医疗废物	HW18	焚烧处置残渣	HW35	废碱
HW02	医药废物	HW19	含金属羰基化合物废物	HW36	石棉废物
HW03	废药物、药品	HW20	含铍废物	HW37	有机磷化合物废物
HW04	农药废物	HW21	含铬废物	HW38	有机氰化物废物
HW05	木材防腐剂废物	HW22	含铜废物	HW39	含酚废物
HW06	有机溶剂废物	HW23	含锌废物	HW40	含醚废物
HW07	热处理含氰废物	HW24	含砷废物	HW41	废卤化有机溶剂
HW08	废矿物油	HW25	含硒废物	HW42	废有机溶剂
HW09	油/水、烃/水混合物或乳化液	HW26	含镉废物	HW43	含多氯苯并呋喃类废物
HW10	多氯(溴)联苯类废物	HW27	含锑废物	HW44	含多氯苯并二噁英废物
HW11	精(蒸)馏残渣	HW28	含碲废物	HW45	含有机卤化物废物
HW12	染料、涂料废物	HW29	含汞废物	HW46	含镍废物
HW13	有机树脂类废物	HW30	含铊废物	HW47	含钡废物
HW14	新化学品废物	HW31	含铅废物	HW48	有色金属冶炼废物
HW15	爆炸性废物	HW32	无机氟化物废物	HW49	其他废物
HW16	感光材料废物	HW33	无机氰化物废物		
HW17	表面处理废物	HW34	废酸		

从时间方面讲，它仅仅是在目前的科学技术和经济条件下无法加以利用，但随着时间的推移、科学技术的发展以及人们的要求变化，今天的废物可能成为明天的资源。从空间角度看，废物仅仅相对于某一过程或某一方面没有使用价值，而并非在一切过程或一切方面都没有使用价值。一种过程的废物，往往可以成为另一种过程的原料。固体废物一般具有某些工业原材料所具有的化学、物理特性，且较废水、废气容易收集、运输、加工处理，可以回收利用。

2. 富集多种污染成分的终态，污染环境的源头

固体废物往往是许多污染成分的终极状态。一些有害气体或飘尘，通过治理，最终富集成为固体废物；一些有害溶质和悬浮物，通过治理，最终被分离出来成为污泥或残渣；一些含重金属的可燃性固体废物，通过焚烧处理，有害金属浓集于灰烬中。这些“终态”物质中的有害成分，在长期的自然因素作用下，又会转入大气、水体和土壤，成为环境的污染“源头”。

3. 危害具有潜在性、长期性和灾难性

固体废物对环境的污染不同于废水、废气和噪声。固体废物中的有害物质停滞性大，扩散性小，它对环境的影响主要是通过水、气和土壤进行的。污染环境不易被及时发现，一旦造成环境污染，有时很难补救恢复。其中污染成分的迁移转化，如浸出液在土壤中的迁移，是一个比较缓慢的过程，其危害可能在数年以至数十年后才能发现。从某种意义上讲，固体废物，特别是危险废物对环境造成的危害可能要比水、气造成的危害严重得多。日本的水俣病等已充分说明了这一点。

四、固体废物污染物的释放及对环境的污染

1. 对环境空气的影响

堆放的固体废物中的细微颗粒、粉尘等可随风飞扬，从而对环境空气造成污染。一些有机固体废物，在适宜的湿度和温度下被微生物分解，能释放出有害气体，可以不同程度上产生毒气或恶臭，造成地区性空气污染。

采用焚烧法处理固体废物，已成为有些国家大气污染的主要污染源之一，据报道，有的发达国家的固体废物焚烧炉，约有 2/3 由于缺乏空气净化装置而污染空气，有的露天焚烧炉排出的粉尘在接近地面处的浓度达到 0.5g/m^3 以上。我国的部分企业，采用焚烧法处理塑料排出 Cl_2、HCl 和大量粉尘，也造成严重的空气污染。而一些工业和民用锅炉，由于收尘效率不高造成的空气污染更是屡见不鲜。

2. 对水环境的影响

固体废物弃置于水体，将使水质直接受到污染，严重危害水生生物的生存条件，并影响水资源的充分利用。此外，向水体的倾倒固体废物还将缩减江河湖面有效面积，使其排洪和灌溉能力有所降低。在陆地堆积的或简单填埋的固体废物，经过雨水的浸渍和废物本身的分解，将会产生含有有害化学物质的渗滤液，会对附近地区的地表及地下水系造成污染。

3. 对土壤环境的影响

废物堆放，其中有害组分容易污染土壤。土壤是许多细菌、真菌等微生物聚居的场所。这些微生物与其周围环境构成一个生态系统，在大自然的物质循环中，担负着碳循环和氮循环的一部分重要任务。工业固体废物特别是有害固体废物，经过风化、雨雪淋溶、地表径流的侵蚀，产生高温和有毒液体渗入土壤，能杀害土壤中的微生物，使堆置区土壤变酸、变碱、变硬，土壤结构遭到破坏，破坏土壤的腐解能力，导致草木不生。废物堆放同时占用大量土地资源。

4. 对人体健康的危害

固体废物常常是多种污染成分存在的终态而长期存在于环境中，在一定条件下会发生化学的、物理的或生物的转化，对周围环境造成一定的影响。如果处理、处置管理不当，污染成分就会通过水、气、土壤、食物链等途径污染环境，危害人体健康。

通常，工业、矿业等废物所含的化学成分会形成化学物质型污染。人畜粪便和有机垃圾

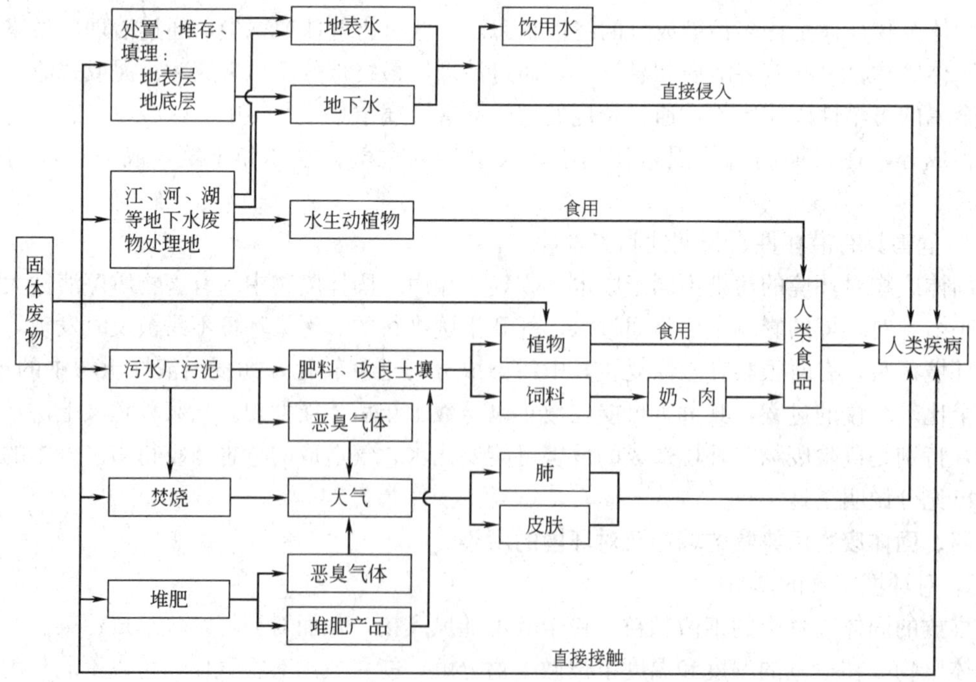

图 8-1　固体废物中化学物质致人疾病的途径

是各种病原微生物的孳生地和繁殖场，形成病原体型污染，其污染途径与化学污染物类似。固体废物中化学物质致人疾病的途径见图 8-1。

5. 景观影响

固体废物不适当堆置会破坏周围自然景观。同时固体废物特别是生活垃圾容易孳生蚊蝇、鼠类，是流行病的重要发生源，腐烂分解产生的恶臭影响人的感官。

6. 放射性危害

一些放射性物质含量较高的废耐火砖、废渣被用作建筑材料，使居住者受到额外的辐射照射。

第二节　固体废物调查与产生量预测

一、工程分析

建设项目环境影响评价工作的目的是贯彻“预防为主”的方针，在项目的开发建设之前，通过对其“活动、产品或服务”的识别，预测和评价可能带来的环境污染与破坏，制定出消除或减轻其负面影响的措施，从而为环境决策提供科学依据。

根据以上原则，结合固体废物必须从“摇篮到坟墓”的全过程管理的污染控制特点，在建设项目的工程分析中，必须抓住以下几个基本环节。

① 根据清洁生产、环境管理体系（ISO 14000）这一新的环境保护模式的要求，对建设项目的工艺、设备、原辅材料以及产品进行分析，从生产活动的源头控制抓起，以消除或减少固体废物的产出。因此不但对《淘汰落后生产能力、工艺和产品的目录》、《中国禁止或严格限制的有毒化学品目录》等有关的规定必须执行，而且要对生产工艺、设备、生产水平以及目前具有的部分工业行业固体废物排放系数等进行（同行业）比较。

② 对照《危险废物名录》、《危险废物鉴别标准》以及相对应的污染控制标准，对固体废物进行判别分类，并确定其环境影响危害程度。

③ 依据《资源综合利用目录》，判别可重复回用或综合利用的废物。

④ 对有毒有害的原辅材料，采用替代或更换环境影响小的物料加以分析。

⑤ 对建设项目固体废物从产生、收集、运输、贮存、处理到最终处置的全过程管理控制进行分析。

二、固体废物产生量预测

固体废物产生量预测应结合具体的工程分析，采用物料衡算法、资料复用法、现场调查或类比分析等手段进行预测。一般说来，建设项目建设期主要固体废物为建筑垃圾和施工人员生活垃圾；营运期主要固体废物为职工生活垃圾和工业固体废物等。

1. 建筑垃圾的产生量

建筑垃圾是指建设单位、施工单位和个人在建设和修缮各类建筑物、构筑物、管网等过程中所产生的渣土、弃土、弃料、余泥及其他废物。建筑垃圾大多为固体，一般是在建设过程中或旧建筑物维修、拆除过程中产生的。不同结构类型的建筑所产生的垃圾各种成分的含量虽有所不同，但其基本组成是一致的，主要由土、渣土、散落的砂浆和混凝土、剔凿产生的砖石和混凝土碎块、打桩截下的钢筋混凝土桩头、金属、竹木材、装饰装修产生的废料、各种包装材料和其他废弃物等组成。根据对砖混结构、全现浇结构和框架结构等建筑的施工材料损耗的粗略统计，在每万平方米建筑的施工过程中，产生建筑废渣 500～600t。

建筑垃圾的产生量可用式（8-1）计算：

$$J_s=\frac{Q_s\times D_s}{1000} \tag{8-1}$$

式中，J_s 为年建筑垃圾产生量，t/a；Q_s 为年建筑面积，m^2；D_s 为单位建筑面积年垃圾产生量，kg/（m^2 · a）。

2. 生活垃圾产生量

生活垃圾产生量预测主要采用人口预测法和回归分析法等，可参见《城市生活垃圾产量计算及预测方法》（CJ/T 106—1999）。

在没有详细统计资料的情况下，生活垃圾的产生量可用式（8-2）计算：

$$W_s=\frac{P_s\times C_s}{1000} \tag{8-2}$$

式中，W_s 为生活垃圾产生量，t/d；P_s 为人口数量，人；C_s 为人均生活垃圾产生量，kg/（人 · d）。

根据我国经济发展及居民生活水平，目前城市人均生活垃圾产生量一般可按 1.0～1.3kg/d 计算。随着社会经济及居民生活水平的发展，生活垃圾产生量会随之增长。根据估计，在 2030 年，我国城市地区废弃物产生量约为 1.50kg/（人 · d），虽然在 GDP 增长和人均废弃物产生增长之间有着不可分割的关系，但是，也可能存在明显的变动。日本和美国的情况证明了这一点。两个国家有着相似的人均 GDP，但是，日本的人均废弃物产生量仅为 1.1kg/（人 · d），而美国城市居民的废弃物产生量差不多是日本的两倍，为 2.1kg/（人 · d）。

根据调查，北京和上海地区垃圾产生量增长速率如图 8-2 所示，可以大致估算今后人均生活垃圾产生量。

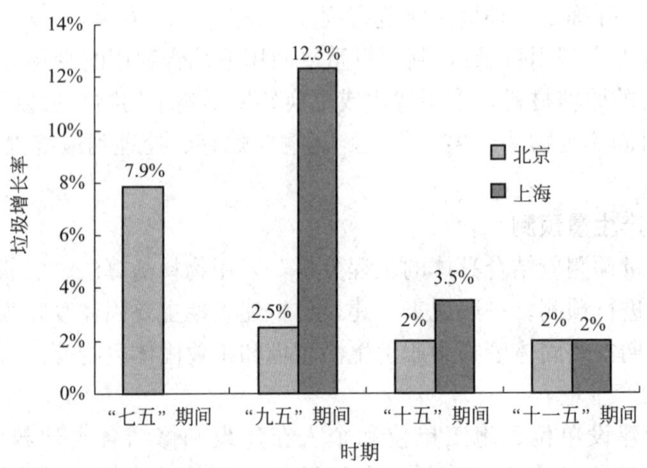

图 8-2 北京和上海垃圾产生量增长速率

成分预测采用趋势分析与类比分析相结合的预测方法。城市生活垃圾主要有食品、金属、玻璃、织物、纸类、塑料及其他。表 8-3 列出了几个城市的典型生活垃圾主要构成。在城市气化率逐渐增大过程中，灰土量迅速减少，有机质含量迅速增加，玻璃、纸类、塑料含量呈现上升趋势。上海市垃圾构成变化见图 8-3。

表 8-3 城市生活垃圾构成

地域	动物	植物	炉灰	渣石	纸类	塑料	玻璃	金属	布	竹木	厨余、食品
长沙(1995)	0.2～1.3	5.7～20.4	51.6～69.9	18.6～20.6	0.5～1.8	0.3～0.8	0.4～1.4	0.2～0.5	0.3～1.0	0.1～0.9	
郴州(2001)	9.7	8.9	55	8.5	2.8	4.5	1.2	1.2	6.4	1.8	
北京市事业区(1995)		22.91	4.45	3.27	12.78	11.11	11.20	1.75	3.19		29.34
北京市平房区(1995)		11.49	22.40	2.33	6.52	8.26	3.67	0.38	2.16		42.79
杭州(1995)			65		3	1.5	2	2	1.5		25
上海(2003)				2	9	13	3	1	3	1	68

注：资料来源为生活垃圾成分及含量（长沙郴州北京）；《杭州天子岭垃圾填埋产生沼气发电技术经济评价》；胥传阳，《上海市固体废弃物处置现状及对策》，上海人居与信息化论坛。

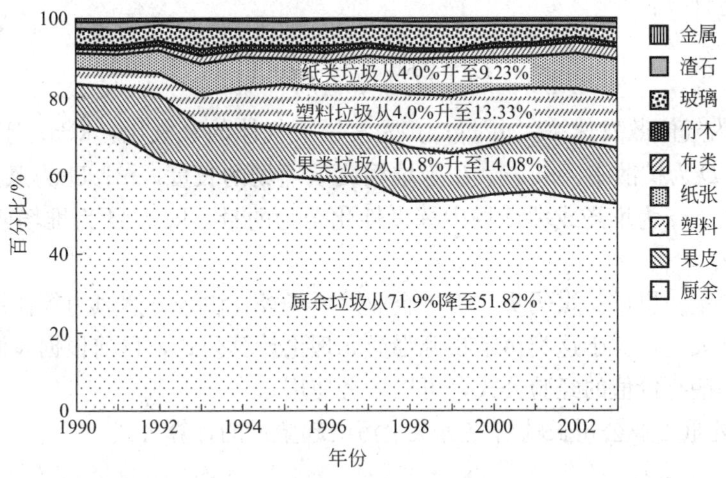

图 8-3 上海市垃圾构成变化图

3. 工业固体废物产生量

工业固体废物产生量指企业在生产过程中产生的固体状、半固体状和高浓度液体状废弃物的总量，包括危险废物、冶炼废渣、粉煤灰、炉渣、煤矸石、尾矿、放射性废物和其他废物等；不包括矿山开采的剥离废石和掘进废石（煤矸石和呈酸性或碱性的废石除外）。酸性或碱性废石是指采掘的废石其流经水、雨淋水的 pH 值小于 4 或大于 10.5 者。

中国的工业固体废物有 95%来自以下行业：矿业、电力蒸汽热水生产和供应业、黑色金属冶炼及压延加工业、化学工业、有色金属冶炼及压延加工业、食品饮料及烟草制造业、建筑材料及其他非金属矿物制造业、机械电气电子设备制造业。

目前中国的工业固体废物大致组成如下：尾矿 29%，粉煤灰 19%，煤矸石 17%，炉渣 12%，冶金废渣 11%，其他废物 10%，危险废物 1.5%，放射性废渣 0.3%。

工业固体废物产生量结合具体的工程分析，进行物料衡算，或采用现场调查、类比分析等手段进行预测。通过现场调查实测后，可采用产品排污系数、工业产值排污系数等方法预测。

产品排污系数预测法可采用如下公式计算：

$$M_t = S_t \times W_t \tag{8-3}$$

$$S_t = S_0(1-k)^{t-t_0} \tag{8-4}$$

式中，M_t 为废物产生量，kg 污染物/年；S_t 为目标年的单位产品废物产生量，kg 污染物/t 产品；S_0 为基准年的单位产品废物产生量，kg 污染物/t 产品；W_t 为预计的产品产量，t 产品/年；k 为单产排污量的年削减率。

单产排污系数 S_t 是一个变化的量，随着技术进步和管理水平的提高，单产排污量逐步下降。故预测中排污系数需考虑到科学技术进步对废物产生量的影响，引入衰减系数。

4. 有毒有害气体的释放量

固体废物除一部分本身有异味或恶臭外，极大部分是由于生物或细菌的作用、遇水引起化学反应或自燃的情况下释放出大量有毒有害气体。下面列出几种典型情况。

（1）恶臭气体挥发速率计算公式　含有有机物和生物病原体的固体废物，在堆置过程中，因有机物的腐烂变质或厌氧分解产生恶臭气体污染环境。恶臭气体的散发速率，有关资料推荐下式进行计算：

$$E_r = 2pW\sqrt{\frac{DLU}{\pi F}} \times \frac{m}{M} \tag{8-5}$$

式中，E_r 为气体散发速率，m^3/s；p 为常压下气体的蒸气压，kPa；W 为堆场或填埋场的宽度，m；D 为扩散率，m^2/s；L 为堆场或填埋场的长度，m；U 为风速，m/s；F 为蒸气压校正系数；m 为堆场或填埋场中挥发性化合物的量，kg；M 为堆场或填埋场中所有物质的总量，kg。

（2）煤起尘量　煤矿、煤码头、工矿企业贮料场等，由于自然风力等作用，将产生粉尘固体废物，污染大气，关于这类污染物源强尚无理论计算公式，目前根据风洞模拟试验等测定数据，得出一些有价值的经验公式，可以参考使用。

① 日本三菱重工业公司长崎研究所煤尘污染起尘量的计算公式：

$$Q_p = \beta\left(\frac{W}{4}\right)^{-6} U^5 A_p \tag{8-6}$$

式中，Q_p 为起尘量，mg/s；W 为物料含水率，%；A_p 为煤场的面积，m^2；U 为煤场平均风速，m/s；β 为经验系数，大同煤 $\beta=6.13\times10^{-5}$，淮北煤 $\beta=1.55\times10^{-4}$。

② 西安建筑科技大学常用公式：

$$Q_p = 4.23\times10^{-4} U^{4.9} A_p \text{（适用于干煤堆放，} W\leqslant 2.8\%\text{）} \tag{8-7}$$

$$Q_p = 1.479\times10^{2} e^{-0.43W} A_p \text{（适用于湿煤堆放，} 2.8\%\leqslant W\leqslant 8.2\%\text{）} \tag{8-8}$$

式中符号意义同上。

③ 秦皇岛码头煤堆起尘量计算公式：

$$Q_p = 2.1K(U-U_0)^3 e^{-1.023W} P \tag{8-9}$$

式中，Q_p 为煤堆起尘量，kg/a；K 为经验系数，是煤含水量的函数，参见表 8-4；U 为煤场平均风速，m/s；U_0 为煤尘的启动风速，m/s；W 为煤尘表面含水率，%；P 为煤场年累计堆煤量，t/a。

表 8-4　不同含水量的 K 值

含水量/%	1	2	3	4	5	6	7	8	9
K	1.019	1.010	1.002	0.995	0.986	0.979	0.971	0.963	0.960

第三节　固体废物环境影响评价

一、环评类型与内容

固体废物的环境影响评价主要分为两大类型：第一类是对一般工程项目产生的固体废物，由产生、收集、运输、处理到最终处置的环境影响评价；第二类是对污水处理、处置设施建设项目的环境影响评价。

对第一类的环境影响评价内容主要包括：①污染源调查。根据调查结果，要给出包括固体废物的名称、组分、性态、数量等内容的调查清单，同时应按一般工业固体废物和危险废物分别列出。②污染防治措施的论证。根据工艺过程、各个产出环节提出防治措施，并对防治措施的可行性加以论证。③提出最终处置措施方案，如综合利用、填埋、焚烧等。④全过程的环境影响分析。固体废物的分类收集，有害与一般固体废物、生活垃圾的混放对环境的影响；包装、运输过程中散落、泄漏的环境影响；堆放、贮存场所的环境影响；综合利用、处理、处置的环境影响。固体废物本身是一个综合性的污染源，因此，预测其对环境的影响，重点是依据固体废物的种类、产生量及其管理的全过程可能造成的环境影响进行针对性地分析和预测。

对于一般工程项目产生的固体废物将可能涉及收集、运输过程。另一方面为了保证固体废物处理、处置设施的安全稳定运行，必须建立一个完整的收、贮、运体系，因此在环评中这个体系是与处理、处置设施构成一个整体的。例如这一体系中必然涉及运输设备、运输方式、运输距离、运输路径等，运输可能对路线周围环境敏感目标造成影响，如何规避运输风险也是环评的主要任务。

对处理、处置固体废物设施的环境影响评价内容，则是根据处理处置的工艺特点，依据《环境影响评价技术导则》，执行相应的污染控制标准进行环境影响评价，如一般工业废物贮存、处置场，危险废物贮存场所，生活垃圾填埋场，生活垃圾焚烧厂，危险废物填埋场，危险废物焚烧厂等。在这些工程项目污染物控制标准中，对厂（场）址选择、污染控制项目、污染物排放限制等都有相应的规定，是环境影响评价必须严格予以执行的。在预测分析中，需对固体废物堆放、贮存、转移及最终处置（如建设项目自建焚烧炉、自设填埋场）可能造成的对大气、水体、土壤的污染影响及人体、生物的危害进行充分的分析与预测，避免产生二次污染。

二、固体废物环评的特点

首先，固体废物的形态特点决定了只有评价其对环境的实际危害而非潜在危害才更具有意义；其次，固体废物形态的多样性和不确定性，使其难以获取确定的源参数，对环境的影响不能像评价废水、废气污染源对环境的影响一样采用常规的数学模式法等评价方法；另外，固体废物是通过水体、大气、土壤等介质对环境造成危害，也决定了难以对其直接进行评价。

第四节　建设项目固体废物处理处置对策

一、对策措施的原则

固体废物由于其来源和种类的多样化和复杂性，其处理、处置方法应遵循如下无害化、减量化、资源化原则，简称“三化”原则，并根据各自的特点和组成进行优化选择。

无害化：基本任务是将固体废物通过工程处理，达到不损害人体健康、不污染周围的自然环境的目的。

减量化：基本任务是通过适宜手段减少和减小固体废弃物的数量和容积。从两方面着手，一方面减少产生（前端），另一方面对其处理利用（末端）。

资源化：基本任务是采用适宜工艺从固体废弃物中回收有用的物质和能源。

通常，针对固体废物污染防治的措施，环评报告书中往往容易出现就事论事、按照建设项目的可研报告进行描述、没有进行深入的研究等这样一些不足。根据固体废物的污染、利用与处理、处置的特性，对其防治对策与建议，必须涉及以下几方面。

① 法律、法规的符合性。对固体废物尤其是危险废物的管理、防治和控制技术，处理、处置途径及相应措施，过程控制与最终处置是否符合法律、法规要求。

② 综合利用、处理、处置的合理性。对固体废物综合利用的基本渠道，包括利用方式、技术路线、经济效益等，应进行合理性论述。

③ 固体废物削减、管理及监控措施建议。对建设项目固体废物的削减、管理及其监控措施应提出实质性、可操作的建议。

二、主要控制措施

2005 年 4 月 1 日，新修订的《固体废物污染环境防治法》生效实施。该法确立了对固体废物进行全过程管理（Integrated Solid Waste Management）的原则。全过程管理是指对固体废物的产生、收集、运输、利用、贮存、处理和处置的全过程及各个环节都实行控制管理和开展污染防治。实施这一原则，是基于固体废物从产生到最终处置的全过程中的各个环节都有产生污染危害的可能性，因而有必要对整个过程及每个环节都实施控制和监督。在环评报告的污染防治对策中应从以下几个方面提出固体废物控制措施。

(1) 改革生产工艺（减量化）

① 积极推进企业清洁生产，通过改进工艺、提高原料利用效率、加强生产环节的环境质量管理，减少废弃物的产生，促进各类废物在企业内部的循环使用和综合利用；加强企业工艺技术改造，改变末端固体废物产生状态，为固体废物的资源化利用创造积极有利条件。

② 采用精料。

③ 提高产品质量和使用寿命。

(2) 发展物质循环利用工艺（资源化） 使第一种产品的废物成为第二种产品的原料，使第二种产品的废物成为第三种产品的原料，如此往复，最后只剩少量废物进入环境。

(3) 进行综合利用（资源化） 如硫铁矿烧渣等可用于制砖和水泥；废胶片废催化剂等采用适当的物化熔炼加工法，可回收其中的铜、银等贵金属。

(4) 进行无害化处理与处置（无害化）。

(5) 提高国民对固体废物污染环境的认识，加强科学研究和宣传教育。

三、固体废物管理

1. 固体废物管理体系

我国固体废物管理体系是以环境保护主管部门为主，结合有关工业主管部门及城市建设主管部门，共同对固体废物实行全过程管理。各主管部门在所辖的职权范围内，建立相应的管理体系和管理制度，对固体废物污染环境的防治工作实施统一监督管理。其主要工作有：

① 指定有关固体废物管理的规定、规则和标准。

② 建立固体废物污染环境的监测制度。

③ 审批产生固体废物的项目以及建设贮存、处置固体废物的项目的环境影响评价。

④ 验收、监督和审批固体废物污染环境防治设施的“三同时”及其关闭、拆除。

⑤ 对与固体废物污染环境防治有关的单位进行现场检查。

⑥ 对固体废物的转移、处置进行审批、监督。

⑦ 进口可用作原料的废物的审批。

⑧ 制定防治工业固体废物污染环境的技术政策，组织推广先进的防治工业固体废物污染环境的生产工艺设备。

⑨ 制定工业固体废物污染环境的防治工作规划。

⑩ 组织工业固体废物和危险废物的申报登记。

⑪ 对所产生的危险废物不处置或处置不符合国家有关规定的单位实行行政代执行审批，颁发危险废物经营许可证。

⑫ 对固体废物污染事故进行监督、调查和处理。

国务院有关部门及地方人民政府有关部门在其职责范围内负责固体废物污染环境防治的监督管理工作，主要有：

① 对所管辖范围内有关单位的固体废物污染环境防治工作进行监督管理。

② 对造成固体废物严重污染环境的企事业单位进行限期治理。

③ 制定防治工业固体废物污染环境的技术政策，组织推广先进的防治工业废物污染环境的生产工艺和设备。

④ 组织、研究、开发和推广减少工业废物产生量的生产工艺和设备，限期淘汰产生严重污染环境的工业固体废物的落后生产工艺和设备。

⑤ 制定工业固体废物污染环境的防治工作规划，组织建设工业固体废物和危险废物储存、处置设施。

各级人民政府环境卫生行政主管部门负责城市生活垃圾的清扫、贮存、运输和处置的监督管理工作，主要包括：

① 组织制定有关城市生活垃圾管理的规定和环境卫生标准。

② 组织建设城市生活垃圾的清扫、贮存、运输和处置设施，对其运转进行监督管理。

③ 对城市生活垃圾的清扫、贮存、运输和处置经营单位进行统一管理。

2. 固体废物管理新概念

固体废物特别是有毒有害废物的无序管理已经严重地影响到一些大江、大河的水质和某些地区的地下水质，威胁着人们赖以生存的环境。许多发达国家在工业发展道路上曾经有过十分沉痛的教训，所以，近二三十年来，在实践中逐步确定了一个新的废物管理模式。

（1）设立专门的废物管理机构　国家设立专门的废物管理机构，负责制订废物管理的法规和方针政策；审批和发放废物经营单位废物经营许可证；对废物科研进行统一安排和协调；对废物产生和运输、贮存、加工处理、最终处置实行监督管理；对废物经营者和经营效果进行评估奖惩；推广废物经营管理经验。

（2）全过程管理　废物从“初生”那一刻起，对废物的产生、收集、运输、贮存、再循环、再利用、加工处理直至最终处置（进入“坟墓”）实行全过程管理，以实行废物减量化、资源化和无害化。

（3）固体废物最小量化　现代废物管理的基点是使废物最小量化，是针对废物最终体积而言的，它包括以下内容。

① 培养每个生产人员和生产管理人员，在每个岗位、每个工段、每个环节树立废物最小量化意识，负起最小量化责任，建立废物最小量化制度和操作规范。

② 改进生产工艺或设计，选择适当原料，使生产过程不产生废物或少产生废物。

③ 制订科学的运行操作程序，使废物产生量达到合理可达到尽可能少。

④ 对有可能利用的废物进行循环和回收利用。

⑤ 采用压缩、焚烧等技术，减少处置废物体积。

⑥ 实行奖惩制度，提高员工废物最小量化的积极性和创新精神。

（4）实行废物交换　通常，一个行业或企业的废物有可能是另一个行业或企业的原料，通过现代信息技术对废物进行交换。这种废物交换已不同于一般意义上的废物综合利用，而是现代信息技术对废物资源实行合理配置的一种系统工程。

（5）废物审计　过去粗放型的管理对废物产生、收集、处理、处置和排放一般都没有严格的程序。工作人员缺乏必要的环保意识以致经常出现废物不应发生的增量或出现跑、冒、滴、漏，甚至非法排放，造成环境污染。而废物审计制度是对废物从产生、处理到处置排放实行全过程监督的有效手段。它的主要内容有：①废物合理产生的估量；②废物流向和分配及监测记录；③废物处理和转化；④废物有效排放和废物总量衡算；⑤废物从产生到处置的全过程评估。废物审计的结果可以及时判断工艺的合理性，发现操作过程中是否有跑、冒、滴、漏或非法排放，有助于改善工艺、改进操作，实现废物最小量化。

（6）建立废物信息和转移跟踪系统　废物从产生起直至最终处置的每个环节实行申报、登记、监督跟踪管理。废物产生者和经营者要对所有产生的废物的名称、时间、地点、生产厂家、生产工艺、废物种类、组成、数量、物理化学特性和加工、处理、转移、贮存、处置以及它们对环境的影响向废物管理机构进行申报、登记，所有数据和信息都存入信息系统并实行跟踪。管理部门对废物业主和经营者进行监督管理和指导。

（7）对废物贮存、运输、加工处理、处置实行许可证制度　废物的贮存、转运、加工处理特别是处置实行经营许可证制度。经营者原则上应独立于废物生产者，经营者和经营人员必须经过专门的培训，并经考核取得专门的资格证书，经营者必须持有专门的废物管理机构发放的经营许可证，并接受废物管理机构的监督检查。废物经营实行收费制，促使废物最小量化。

复习思考题

1. 试述固体废物的概念与特点。
2. 固体废物是如何分类的？
3. 固体废物处理处置应遵循哪些原则？
4. 试述固体废物的主要控制措施。

第九章　生态影响评价

第一节　生态影响评价概述

一、基本概念

1. 生态系统

生态系统通常指人类生存环境中所有生态因子的总和，包括水、气、光、声、温度、土壤、生物等全部环境要素。小的生态系统联合成大的生态系统，简单的生态系统组合成复杂的生态系统，而最大、最复杂的生态系统就是生物圈。

2. 生态影响

生态影响指的是，经济社会活动对生态系统及其生物因子、非生物因子所产生的任何有害的或有益的作用，影响可划分为不利影响和有利影响，直接影响、间接影响和累积影响，可逆影响和不可逆影响。

3. 直接生态影响

经济社会活动所导致的不可避免的、与该活动同时同地发生的生态影响。

4. 间接生态影响

经济社会活动及其直接生态影响所诱发的、与该活动不在同一地点或不在同一时间发生的生态影响。

5. 累积生态影响

经济社会活动各个组成部分之间或者该活动与其他相关活动（包括过去、现在、未来）之间造成生态影响的相互叠加。

针对建设项目的生态影响评价，国家环保部发布的行业标准《环境影响评价技术导则——生态影响》（HJ 19—2011）规定了开展此项评价工作的一般性原则、内容、方法和技术要求。区域和规划的生态影响评价可参照使用。

二、生态影响的特点

1. 生态影响具有累积性特点

即生态系统常常是一个从量变到质变的过程，在某种外力作用下，其变化起初是不显著的，或者不为人们所觉察与认识，但当这种变化发生到一定程度时，就突然地、显著地和以出乎常人预料的结果显示出来。例如，草原退化是渐进的、缓慢的，但当退化到一定程度时，就以沙漠化甚至沙尘暴的形式表现出来。

2. 生态影响也常具有区域性或流域性特点

即一地发生的生态恶化会殃及其他广大的地区。沙尘暴是大范围影响的灾害，土壤侵蚀发生的沙尘甚至可漂洋过海，降落在异国他乡。四川西部高山峡谷区的森林砍伐，引发的洪水影响直达长江中下游。河流上一座小水坝、湖泊口一座拦门闸，其影响往往是全流域的，不仅洄游性水生生物受到影响，其他水生生物也因流态规律改变而受到影响。由于影响面大，此类影响往往也具有战略性影响性质。

3. 生态影响具有高度相关和综合性的特点

这与生态因子间的复杂联系密切相关。

例如，河流上修水库，不仅水库对外环境有重要影响，而且外环境对水库也有重要影响。上游的污染源会使水库水质恶化，上游流域的水土流失会增加水库的淤积，而水土流失又与植被覆盖紧密联系，所以水库区的森林与水、陆地与河流是高度相关的。

由于有上述特点，生态影响也就具有了整体性特点，即不管影响到生态系统的什么因子，其影响效应是系统整体性的。

三、项目影响区域的分类

在生态影响评价中，根据建设项目对所影响区域的生态服务功能的重要性、所造成的生态影响的严重程度，项目影响区域可以分为特殊生态敏感区、重要生态敏感区和一般区域。

1. 特殊生态敏感区

指具有极重要的生态服务功能，生态系统极为脆弱或已有较为严重的生态问题，如遭到占用、损失或破坏后所造成的生态影响后果严重且难以预防、生态功能难以恢复和替代的区域，包括自然保护区、世界文化和自然遗产地等。

2. 重要生态敏感区

具有相对重要的生态服务功能或生态系统较为脆弱，如遭到占用、损失或破坏后所造成的生态影响后果较严重，但可以通过一定措施加以预防、恢复和替代的区域，包括风景名胜区、森林公园、地质公园、重要湿地、原始天然林、珍稀濒危野生动植物天然集中分布区、重要水生生物的自然产卵场及索饵场、越冬场和洄游通道、天然渔场等。

3. 一般区域

除特殊生态敏感区和重要生态敏感区以外的其他区域。

四、生态影响评价原则

生态影响预测包括三方面的分析：影响因素（如建设项目）分析，即工程影响因素分析；生态影响受体分析，即受影响对象的确定；生态影响效应的分析，即发生了什么问题。后两个问题往往因生态系统类型的不同而不同。

生态影响评价应坚持以下原则。

1. 重点与全面相结合

既要突出评价项目所涉及的重点区域、关键时段和主导生态因子，又要从整体上兼顾评价项目所涉及的生态系统和生态因子在不同时空等级尺度上结构与功能的完整性。

生态系统的影响可概括为整体性影响和敏感性影响两大主要问题，并有自然资源影响乃至区域和流域性影响等问题。

生态整体性影响可从区域或流域、景观生态、生态系统或生物群落等不同的层次作分析。如应用景观生态学方法作分析时，主要回答的问题是：生态体系（生态系统或群落）稳定性如何、其生物总量增加还是减少、其第一性生产力是增加还是削弱。换句话说，其恢复稳定性（一般以植被生物量度量）是否增加，其阻抗稳定性（如物种多样性、景观多样性、连通性与面积等）是否增加等。

生态敏感性问题常是影响预测的重点。这类敏感区（或重点保护对象）有的是法定的，有的是科学评价认定的，还有来自社会或局部地域的。有的法定保护目标需作科学评定，例如很多自然遗迹（地质学的、地理学的等）因其内容复杂，法规难以一一列举，对其重要性的认识也有较大差距，都需在评价中科学地认识。

2. 预防与恢复相结合

预防优先，恢复补偿为辅。恢复、补偿等措施必须与项目所在地的生态功能区划的要求相适应。

3. 定量与定性相结合

生态影响评价应尽量采用定量方法进行描述和分析，当现有科学方法不能满足定量需要或因其他原因无法实现定量测定时，生态影响评价可通过定性或类比的方法进行描述和分析。

五、生态影响评价的目的

开展生态影响评价并实施相应的生态保护措施，至少应达到以下8个具体目标。

(1) 地域分布的连续性　人类开发利用土地的结果，将自然生态系统分割成一个个处于人类包围中的“岛屿”，使之成为易受影响和破坏的岛屿式生态系统。按照岛屿生物地理学理论，一个岛上的物种数与岛屿的面积和该岛屿与其他岛屿相隔的距离有关，面积越大、距离越近，物种数就越多。

(2) 生物组成的协调性　生物之间在长期的进化过程中，形成了相生相克关系，保护着生态平衡，而这种平衡一旦被破坏，会使生态系统发生巨大改变。

(3) 保护生物多样性　生物多样性包括基因（遗传）多样性、物种多样性和生态系统多样性三个层次。生物多样性是生态系统趋于稳定的重要因素之一，其保护已被列为全球重大环境目标之一。

(4) 保护特殊性目标　开发建设活动中对生态系统的保护要特别关注的特殊性目标有特殊生态敏感区和重要生态敏感区。

(5) 保护生存性资源　水资源和土地资源是人类生存和发展所依赖的基本物质基础，也是保障区域可持续发展的决定性条件。在我国，由于人口众多，水、土资源成为两项最紧缺的资源，已接近一种危机的程度，许多地方因地少人多，陷入资源缺乏性贫困的困境中。

(6) 保持生态系统的再生产能力　自然生态系统都有一定的再生和恢复功能。一般复杂的系统，受干扰后恢复其功能的自调节能力较强。由于许多生态系统的退化是人类过度开发利用其资源造成的，因而合理利用可再生资源，是保持生态系统再生产能力不受损害的主要措施。

(7) 注意解决区域性生态问题　区域性生态问题是制约区域可持续发展的主要因素。新的开发建设活动要遵循可持续发展的原则，要有助于区域性生态问题的解决。事实上，任何开发建设活动的生态影响，都具有一定的区域性特点，不从区域角度考察这类问题，也难以阐明开发建设活动的生态影响特点和后果，难以阐明生态保护措施的导向和重点。

因此，生态影响评价应持区域性观点，注重区域性生态问题的阐明和寻求解决途径。区域性生态问题主要指水土流失、沙尘暴、沙漠化及各种自然灾害等几个方面。

(8) 重建退化的生态系统　恢复生态学的理论基础是生物群落具有自然演替的机制，人工改善基质条件和选择适宜的植物种类，可以大大加速演替的进程和迅速重建生态系统。

建设项目在实施过程中，有可能破坏森林生态系统、草原生态系统、江河和湖泊生态系统、海洋和海岸生态系统，因而“重建”也涉及这些生态系统。目前研究最多的生态恢复工程当首推矿产开发废弃地的生态恢复。

概括地说，建设项目的生态恢复工程主要有被破坏土地的恢复利用、植被再建、土壤和水域的污染防治等。

第二节 生态影响评价基本技术

一、评价工作分级

评价等级的划分是为了确定评价工作的深度和广度，体现对建设项目的生态影响的关切程度和保护生态系统的要求程度。

《环境影响评价技术导则——生态影响》（HJ 19—2011）根据评价项目对生态影响的程度和影响范围的大小，依据影响区域的生态敏感性和评价项目的工程占地（含水域）范围，包括永久占地和临时占地，将生态影响评价工作等级划分为一级、二级和三级，见表 9-1。

表 9-1 生态影响评价工作等级划分表

影响区域生态敏感性	工程占地(水域)范围		
	面积≥20km^2 或长度≥100km	面积 2～20km^2 或长度 50～100km	面积≤2km^2 或长度≤50km
特殊生态敏感区	一级	一级	一级
重要生态敏感区	一级	二级	三级
一般区域	二级	三级	三级

当工程占地（含水域）范围的面积或长度分别属于两个不同评价工作等级时，原则上应按其中较高的评价工作等级进行评价。改扩建工程的工程占地范围以新增占地（含水域）面积或长度计算。

在矿山开采可能导致矿区土地利用类型明显改变，或拦河闸坝建设可能明显改变水文情势等情况下，评价工作等级应上调一级。位于原厂界（或永久用地）范围内的工业类改扩建项目，可对工作进行适当简化，做相应的生态影响分析。

二、评价工作范围

生态影响评价应能够充分体现生态完整性，涵盖评价项目全部活动（包括工程的全部建设内容和全部建设过程）的直接影响区域和间接影响区域。评价工作范围应依据评价项目对生态因子的影响方式、影响程度和生态因子之间的相互影响和相互依存关系确定。可综合考虑评价项目与项目区的气候过程、水文过程、生物过程等生物地球化学循环过程的相互作用关系，以评价项目影响区域所涉及的完整气候单元、水文单元、生态单元、地理单元界限为参照边界。

在确定评价范围的过程中容易出现以下问题：一是建设单位大多希望确定的评价范围小一点，只管工程占地及施工、生产或营运直接影响的区域甚至仅仅是项目征地范围内的直接影响，忽略实际存在的间接影响。而间接影响相对于直接影响存在空间上的异地性或时间上的滞后性，往往是不容易观测、监测或察觉到的。某些行业规范确定的评价范围不尽合理，实际可能存在的生态影响超出其规定的评价范围。另外，生态影响的特点决定了其影响因素的多元性和影响受体的复杂性，仅从某一种影响因素确定评价范围存在局限性。二是不做充分的现场调查，难以获取并阐明评价对象的具体情况，只收集到宏观尺度的资料，难以收集到小尺度的资料，会出现放大评价范围、泛泛而谈的情况，甚至出现地理概念、敏感目标及性质不明、评价范围确定错误等情况。

要避免以上问题，必须进行详细的现场调查，获取所需的大量第一手资料，根据导则的要求，由评价人员根据生态学专业知识进行初步判断，并通过生态影响评价过程明确“影响区域”的界定，这主要是因为特殊生态敏感区和重要生态敏感区的类型复杂，保护目标的生态学特征差异巨大，难以给出一个通用、明确的界定。例如，水利水电工程中，低温水的影响范围可达坝下几十公里至上百公里处，引水工程可能对下游数百公里外的河口地区的特殊生态敏感区和重要生态敏感区产生影响。所以针对不同类型的建设项目，影响区域范围差异极大，很难有具体的距离数值。

在实际工作中，陆地石油天然气、民用机场、水利水电等各行业导则已给出相对比较明确的评价范围，可以根据项目情况来确定。

三、评价标准

在对大气、水、土壤等人类的物化环境的影响评价中，以污染控制为宗旨，可以用一组物化指标表征其环境质量，这就是评价标准，是一种纯质量型评价。

生态影响评价中也需要一定的判定依据。但是，生态系统不是大气和水那样的均匀介质和单一体系，而是一种类型和结构多样性很高、地域性特别强的复杂系统，其影响变化包括内在本质（生态结构）变化的过程和外在表征（状态与环境功能）的变化，既有量变问题，也有质变问题，并且存在着由量变到质变的发展变化规律（累积性影响），还有系统修复、重建、系统改换、生态功能补偿等复杂问题，因而评价的标准体系不仅复杂，而且因地而异。此外，生态环评是分层次进行的，评价标准也是根据需要分层次决定的，即系统整体评价有整体评价的标准，单因子评价有单因子评价的标准。

开发建设项目生态影响评价的标准可从以下几个方面选取。

① 国家、行业和地方已颁布的资源环境保护等相关法规、政策、标准、规划和区划等确定的目标、措施与要求（如区域绿化率要求、水土流失防治要求等）。

② 科学研究判定的生态效应或评价项目实际的生态监测、模拟结果。通过当地或相似条件下科学研究已判定的保障生态安全的绿化率要求、污染物在生物体内的最高允许量、特别敏感生物的环境质量要求等，亦可作为生态环境影响评价中的参考标准。

③ 评价项目所在地区及相似区域生态背景值或本底值。以项目所在区域生态环境的背景值或本底值作为评价参考“标准”，如区域土壤背景值、区域植被覆盖率与生物量、区域水土流失本底值等。有时，亦可选取建设项目进行前项目所在地的生态环境背景值作为参考标准，如植被覆盖率、生物量、生物种丰度和生物多样性等。

④ 已有性质、规模以及区域生态敏感性相似项目的实际生态影响类比。以未受人类严重干扰的同类生态系统或以相似自然条件下的原生自然生态系统作为类比参考对象；以类似条件的生态因子和功能作为类比参考对象；以同类工程的影响作为类比评价参考数据；以类似的环境条件下发生的影响作为影响评价参考等。

⑤ 相关领域专家、管理部门及公众的咨询意见。以历史性、文化价值、稀缺性、可替代性、法定保护级别和公众可接受程度等为依据进行评估。

生态影响评价以评价生态系统的环境服务功能为主，所有能反映生态功能和表征生态因子状态的参数或指标值，可以直接用作判别标准；大量反映生态系统结构和运行状态的指标，尚需按照功能与结构对应性原理，根据生态系统具体性状，借助于一些相关关系经适当计算而转化为反映环境功能的指标，方可用作功能判别标准。

四、生态影响识别

生态影响识别是将开发建设活动与影响区域生态系统及其生态因子的相互关系结合起来做综合分析的第一步，其目的是明确建设项目的影响因素、受影响的生态系统和生态因子、影响涉及的生态敏感区、影响效应，从而筛选出评价工作的重点内容。

1. 影响因素识别

影响因素的识别主要是识别产生影响的主体（开发建设活动），识别要点如下。

（1）内容全面 需要调查项目所处的地理位置、工程的规划依据和规划环评依据、工程类型、项目组成、占地规模、总平面及现场布置、施工方式、施工时序、运行方式、替代方案、工程总投资与环保投资、设计方案中的生态保护措施等。

应包括项目所有组成（主体工程、辅助工程、公用工程和配套设施建设等），包括永久工程和临时工程。如为工程建设开通的进场道路、施工便道、作业场地、重要原材料生产、贮运设施、污染控制工程、绿化工程、迁建补建工程、施工队伍驻地和拆迁居民安置地等。

（2）全过程识别 应涵盖勘察期、施工期、运营期直至退役期（如矿山闭矿、渔场封闭），以施工期和运营期为调查分析的重点。

（3）识别全部作用方式 可能产生重大生态影响的工程行为；与特殊生态敏感区和重要生态敏感区有关的工程行为；可能产生间接、累积生态影响的工程行为；可能造成重大资源占用和配置的工程行为等。

影响因素识别实质上是一个工程分析的过程，应建立在对工程性质和内容全面了解和深入认识的基础上。详细研读工程的可研资料，参阅同类项目的环评资料，进行必要的类比调查（调查已建的同类项目），随时了解项目的动态变化，才能做好影响因素识别工作。

2. 影响对象识别

受影响对象的识别主要是识别影响受体（生态系统及其生态因子），识别要点如下。

（1）生态系统及其主导因子 首先要识别受影响的生态系统的类型，接着要识别受影响的生态系统的组成要素，如生态系统主要限制性生物因子、非生物因子等，考察这些主导因子受影响的可能性。

（2）重要生态系统 有些生态系统对生物多样性保护是至关重要的，识别方法见表 9-2。

表 9-2 重要生态系统识别方法

生态系统的性质	重要性比较
天然性	真正的原始生态系统＞次生生态系统＞人工生态系统（如农田）
面积的大小	在其他条件相同的情况下，面积大的生态系统＞面积小的生态系统
多样性	群落或生境类型多、复杂的区域＞类型单一、简单的区域
稀有性	拥有一个或多个稀有物种的区域＞没有稀有物种的区域
可恢复性	易天然恢复的生态系统＞不易天然恢复的生态系统
完整性	具完整性的生态系统＞零碎性生态系统
生态联系	功能上相互联系的生态系统＞功能上孤立的生态系统
潜在价值	经过自然过程或适当管理最终能发展成较目前更具自然保存价值的生态系统＞无发展潜力的生态系统
功能价值	有物种或群落繁殖、成长的生态系统＞无此功能的生态系统
存在期限	历史久远的生态系统＞新近形成的生态系统
生物丰度	生物多样性丰富的生态系统＞生物多样性贫乏的生态系统

一般说来，天然林、天然海岸、沙滩、海湾、潮间带滩涂、河口、湿地、沼泽、珊瑚礁、天然溪流、河道以及自然性较高的草原等是重要生态系统。

（3）主要自然资源 许多区域的生态结构和功能退化与破坏是由于自然资源的不合理开发利用造成的。如水资源、耕地（尤其是基本农田保护区）资源、特色资源、景观资源以及对区域可持续发展有重要作用的资源，都是应首先加以影响识别和保护的对象。

(4) 生态敏感区 常作为环境影响评价的重点，也是衡量评价工作是否深入或完成的标志。生态影响评价中生态敏感区根据《环境影响评价技术导则——生态影响》(HJ 19—2011) 进行判别，已列于本章第一节。另外，还应关注具有美学意义、经济价值和具有社会安全意义的保护目标，环境变化易于感受且环境质量急剧退化或环境质量已达不到环境功能区划要求的地域、水域等。

(5) 景观 具有美学意义的景观，包括自然景观和人文景观，对于缓解当代人与自然的矛盾，满足人类对自然的需求和人类精神生活需求，具有越来越重要的意义。由于我国自然景观多样，人文景观又特别丰富，许多有保护价值的景观尚未纳入法规保护范围，需要在环境影响评价中给予特别关注，并认真调查和识别。

3. 影响效应识别

影响效应识别主要是对影响作用产生的生态效应进行识别，识别要点如下。

(1) 影响的性质 即有利和不利影响，直接和间接影响，可逆与不可逆影响，一次性与累积性影响等。

(2) 影响的程度 即影响范围的大小，持续时间的长短，影响发生的剧烈程度，是否影响生态敏感区域及主要自然资源。

(3) 影响的可能性 判别直接影响和间接影响及其发生的可能性。影响识别以列表清单法或矩阵表达，并辅之以必要的说明。

影响识别可用矩阵法，辅以文字说明，一般能较清楚地表达出生态影响识别的结果。

五、生态影响评价因子筛选

在环境影响识别的基础上进行评价因子的筛选，是评价工作不断深化并达到具体操作的必要步骤，也是对环境更深层次认识的反映。生态影响评价因子是一个比较复杂的体系，评价中应根据具体情况进行筛选。筛选中要考虑的主要因素是：①最能代表和反映受影响生态系统的性质和特点；②易于测量或易于获得其有关信息；③法规要求或评价中要求的因子等。

一般而言，生态影响评价因子主要依据区域环境特点、生态敏感区、社会经济可持续发展对生态功能的需求、主要生态限制因子和主要存在的生态问题等筛选确定。

第三节 生态现状调查与评价

一、生态现状调查

1. 调查要求

生态现状调查是生态现状评价、影响预测的基础和依据，调查的内容和指标应能反映评价工作范围内的生态背景特征和现存的主要生态问题。在有敏感生态保护目标（包括特殊生态敏感区和重要生态敏感区）或其他特别保护要求对象时，应做专题调查。

生态现状调查应在收集资料的基础上开展现场工作，生态现状调查的范围应不小于评价工作的范围。

一级评价应给出采样地样方实测、遥感等方法测定的生物量、物种多样性等数据，给出主要生物物种名录、受保护的野生动植物物种等调查资料。

二级评价的生物量和物种多样性调查可依据已有资料推断，或实测一定数量的、具有代表性的样方予以验证。

三级评价可充分借鉴已有资料进行说明。

2. 调查内容

生态现状调查的主要内容和指标应满足生态系统结构与功能分析的要求，一般应包括组成生态系统的主要生物因子和非生物因子，能分析区域自然资源优势和资源利用情况。主要包括生态系统调查、自然资源调查、敏感保护目标调查和主要生态问题调查等几个方面。

（1）生态系统调查 根据生态影响的空间和时间尺度特点，调查影响区域内涉及的生态系统类型、结构、功能和过程以及相关的非生物因子特征（如气候、土壤、地形地貌、水文及水文地质等），重点调查受保护的珍稀濒危物种、关键种、土著种、建群种和特有种，天然的重要经济物种等。

在陆生生态系统调查中，植被的调查始终是一个重点。植被有自然植被与人工植被之分，其中自然植被的调查尤为重要，因为它关系到生物多样性的保护，可能涉及尚未认识的生物种。植被调查可利用地图、航空遥感照片（航片）、卫星遥感照片（卫片）提供的信息，但现场踏勘是不可缺少的，而且还需要按中国生态系统研究网络观察与分析标准方法《陆地生物群落调查观察与分析》进行样方调查，以获得定量概念。植被调查是一个数量与质量相结合的调查过程，即不但应调查植被的类型，各类植被的分布、面积，建群种与优势种等内容，而且还须调查盖度、生长情况、生物生产力等，不但调查现状，而且还应调查其历史状况及受人干扰的演变情况。

（2）自然资源调查 在生态影响评价中，水土资源和动植物资源的调查也十分重要，因为它涉及社会经济稳定和可持续发展的问题。资源调查也应本着质和量相结合的原则进行。例如各类土地资源不仅有面积、人均拥有量等数量概念，还有结构、肥分、有机质等质量指标；水亦有水资源量与水质两类指标；植物资源也同样有数量多少和质量好坏之别。如涉及国家级和省级保护物种、珍稀濒危物种和地方特有物种时，应逐个或逐类说明其类型、分布、保护级别、保护状况等。

景观也是一种资源，它的调查不仅重要，而且具有特殊性。景观资源的自然属性（物质性）和社会属性（主观性）的双重属性，使它的调查无规可循，也无由考核。训练有素和审美能力较高的人才是这一工作成功的关键。

（3）敏感保护目标调查 敏感保护目标调查包括特殊生态敏感区和重要生态敏感区，应逐个说明其类型、等级、分布、保护对象、功能区划、保护要求等。

（4）主要生态问题调查 包括区域生态系统历史演变、主要环境问题及自然灾害等，见表 9-3。

表 9-3 生态问题调查主要内容

生态问题	指标	评价作用
水土流失	历史演变，流失面积与分布、侵蚀类型，侵蚀模数，水分、肥分流失量，泥沙去向，原因与影响	分析生态系统动态变化，环境功能保护需求，控制措施与实施地
沙漠化	历史演变，面积与分布，侵蚀类型，侵蚀量，侵蚀原因与影响	分析生态系统动态变化，环境功能需求，改善措施方向
盐渍化	历史演变，面积与分布，程度、原因与影响	分析生态系统敏感性，水土关系，寻求减少危害和改善途径
污染影响	污染来源，主要影响对象，影响途径，影响后果	寻求防止污染、恢复生态系统的措施
自然灾害	类型、地区、面积、历史变迁、发生率、危害等	评价规划布局、划定防护区域、编制生态建设方案和管理计划

3. 调查方法

（1）资料收集法　即收集现有的能反映生态现状或生态背景的资料，从表现形式上分为文字资料和图形资料，从时间上可分为历史资料和现状资料，从收集行业类别上可分为农、林、牧、渔和环境保护部门，从资料性质上可分为环境影响报告书、有关污染源调查、生态保护规划和规定、生态功能区划、生态敏感目标的基本情况以及其他生态调查材料等。使用资料收集法时，应保证资料的现时性，引用资料必须建立在现场校验的基础上。

（2）现场勘查法　现场勘查应遵循整体与重点相结合的原则，在综合考虑主导生态因子结构与功能的完整性的同时，突出重点区域和关键时段的调查，并通过对影响区域的实际踏勘，核实收集资料的准确性，以获取实际资料和数据。

（3）专家和公众咨询法　专家和公众咨询法是对现场勘查的有益补充。通过咨询有关专家，收集评价工作范围内的公众、社会团体和相关管理部门对项目影响的意见，发现现场踏勘中遗漏的生态问题。专家和公众咨询应与资料收集和现场勘查同步开展。

（4）生态监测法　当资料收集、现场勘查、专家和公众咨询提供的数据无法满足评价的定量需要，或项目可能产生潜在的或长期累积效应时，可考虑选用生态监测法。生态监测应根据监测因子的生态学特点和干扰活动的特点确定监测位置和频次，有代表性地布点。生态监测方法与技术要求须符合国家现行的有关生态监测规范和监测标准分析方法；对于生态系统生产力的调查，必要时需现场采样、实验室测定。

（5）遥感调查法　当涉及区域范围较大或主导生态因子的空间等级尺度较大，通过人力踏勘较为困难或难以完成评价时，可采用遥感调查法。遥感调查过程中必须辅助必要的现场勘查工作。

另外，海洋生态调查方法和水库渔业资源调查方法可以参照相应的行业调查规范（分别为 GB/T 12763.9 和 SL 167）。

二、生态现状评价

1. 评价要求

生态现状评价应在现状调查的基础上阐明生态系统现状，分析工程影响生态系统的因素，评价生态系统总体存在的问题、变化趋势。分析影响区域内动、植物等生态因子的组成、分布；涉及敏感区时，分析其生态现状、保护现状和存在的问题。

在区域生态基本特征现状调查的基础上，对评价区域的生态现状进行定量或定性的分析评价，评价应采用文字和图件相结合的表现形式，图件由基本图件和推荐图件构成，见表9-4。根据评价项目自身特点、评价工作等级以及区域生态敏感性不同，对图件的要求也不同。

其中基本图件是指根据生态影响评价工作等级不同，各级生态影响评价工作需提供的必要图件。当评价项目涉及特殊生态敏感区域和重要生态敏感区时必须提供能反映生态敏感特征的专题图，如保护物种空间分布图；当开展生态监测工作时必须提供相应的生态监测点位图。推荐图件是在现有技术条件下可以图形图像形式表达的、有助于阐明生态影响评价结果的选作图件。

2. 评价内容

生态现状评价是将生态分析得到的重要信息进行量化，在阐明生态系统现状的基础上，分析影响区域内生态系统状况的主要原因。

表 9-4 不同工作等级生态影响评价图件构成要求

评价工作等级	基本图件	推荐图件
一级	① 项目区域地理位置图 ② 工程平面图 ③ 土地利用现状图 ④ 地表水系图 ⑤ 植被类型图 ⑥ 特殊生态敏感区和重要生态敏感区空间分布图 ⑦ 主要评价因子的评价成果和预测图 ⑧ 生态监测布点图 ⑨ 典型生态保护措施平面布置示意图	① 当评价工作范围内涉及山岭重丘区时，可提供地形地貌图、土壤类型图和土壤侵蚀分布图 ② 当评价工作范围内涉及河流、湖泊等地表水时，可提供水环境功能区划图；当涉及地下水时，可提供水文地质图件等 ③ 当评价工作范围涉及海洋和海岸带时，可提供海域岸线图、海洋功能区划图，根据评价需要选作海洋渔业资源分布图、主要经济鱼类产卵场分布图、滩涂分布现状图 ④ 当评价工作范围内已有土地利用规划时，可提供已有土地利用规划图和生态功能分区图 ⑤ 当评价工作范围内涉及地表塌陷时，可提供塌陷等值线图 ⑥ 此外，可根据评价工作范围内涉及的不同生态系统类型，选作动植物资源分布图、珍稀濒危物种分布图、基本农田分布图、绿化布置图、荒漠化土地分布图等
二级	① 项目区域地理位置图 ② 工程平面图 ③ 土地利用现状图 ④ 地表水系图 ⑤ 特殊生态敏感区和重要生态敏感区空间分布图 ⑥ 主要评价因子的评价成果和预测图 ⑦ 典型生态保护措施平面布置示意图	① 当评价工作范围内涉及山岭重丘区时，可提供地形地貌图和土壤侵蚀分布图 ② 当评价工作范围内涉及河流、湖泊等地表水时，可提供水环境功能区划图；当涉及地下水时，可提供水文地质图件 ③ 当评价工作范围内涉及海域时，可提供海域岸线图和海洋功能区划图 ④ 当评价工作范围内已有土地利用规划时，可提供已有土地利用规划图和生态功能分区图 ⑤ 评价工作范围内，陆域可根据评价需要选作植被类型图或绿化布置图
三级	① 项目区域地理位置图 ② 工程平面图 ③ 土地利用或水体利用现状图 ④ 典型生态保护措施平面布置示意图	① 评价工作范围内，陆域可根据评价需要选作植被类型图或绿化布置图 ② 当评价工作范围内涉及山岭重丘区时，可提供地形地貌图 ③ 当评价工作范围内涉及河流、湖泊等地表水时，可提供地表水系图 ④ 当评价工作范围内涉及海域时，可提供海洋功能区划图 ⑤ 当涉及重要生态敏感区时，可提供关键评价因子的评价成果图

生态现状评价要解决的主要问题为：①从生态完整性的角度评价生态现状，即注意区域内生态系统的结构与功能状况（如水源涵养、防风固沙、生物多样性保护等主导生态功能）；②用可持续发展观点评价自然资源现状、发展趋势和承受干扰的能力；③植被破坏、荒漠化、珍稀濒危动植物物种消失、自然灾害、土地生产能力下降等生态系统面临的压力和存在的问题，及其产生的历史、现状和生态系统的总体变化趋势等；④分析和评价受影响区域内动、植物等生态因子的现状组成、分布；⑤当评价区域涉及受保护的敏感物种时，应重点分析该敏感物种的生态学特征；⑥当评价区域涉及特殊生态敏感区或重要生态敏感区时，应分析其生态现状、保护现状和存在的问题等。

现状评价结论要明确回答区域环境的生态完整性、人与自然的共生性、土地和植被的生产能力是否受到破坏等重大环境问题，要回答自然资源的特征及其对干扰的承受能力，并用可持续发展的观点对生态系统状况进行判定。

由于生态系统结构的层次特点决定了生态现状评价也具有层次性，一般可按两个层次进行评价：一是生态因子层次上的因子状况评价；二是生态系统层次上的整体状况评价。两个层次上的评价都是由若干指标来表征的。在建设项目的生态环评中，一般对可控因子要作较详细的评价，以便采取保护或恢复性措施；对人力难以控制的因子，如气候因子，一般只作为生态系统存在的条件和影响因素看待，不作为评价的对象。

(1) 生态因子现状评价

① 植被包括植被的类型、分布、面积和覆盖率、历史变迁原因，植物群系及优势植物种，植被的主要环境功能，珍稀植物的种类、分布及其存在的问题等。植被现状评价应以植被现状图表达。

② 动物包括野生动物的栖息地现状、破坏与干扰，野生动物的种类、数量、分布特点，珍稀动物种类与分布等。动物的有关信息可从动物地理区划资料、动物资源收获（如皮毛收购）、实地考察与走访、调查，从栖息地与动物习性相关性等获得。

③ 土壤包括土壤的成土母质，形成过程，理化性质，土壤类型、性状与质量（有机质含量，全氮、有效磷含量，并与选定的标准比较而评定其优劣），物质循环速度，土壤厚度与密度，受外环境影响（淋溶、侵蚀）以及土壤生物丰度、保水蓄水性能和土壤碳氮比（保肥能力）等以及污染水平。

④ 水资源包括地表水资源与地下水资源评价两大领域，评价内容主要是水质与水量两个方面。水质评价是污染性环评的主要内容之一。生态环评中水环境的评价亦有两个方面：一是评价水的资源量；二是与水质和水量都有紧密联系的水生生态评价。

(2) 生态系统结构与功能的现状评价　不同类型的生态系统难以进行结构上的优劣比较，但可借助于图件并辅之以文字阐明生态系统的空间结构和运行情况，亦可借助景观生态的评价方法进行结构的描述，还可通过类比分析定性地认识系统的结构是否受到影响等。

生态功能是可以定量或半定量地评价的。例如，生物量、植被生产力和种群量都可定量地表达；生物多样性亦可量化和比较。运用综合评价方法，进行层次分析，设定指标和赋值，可以综合地评价生态系统的整体结构和功能。许多研究还揭示了诸如森林覆盖率（或城市绿化率）与气候的相关关系，利用这些信息亦可评价生态系统的功能。

(3) 生态资源的现状评价　无论是水土资源还是动植物资源，因其巨大的经济学意义，一般已在使用中，都有相应的经济学评价指标。例如，土地资源需进行分类，阐明其适宜性与限制性、现状利用情况（需附图表达）以及开发利用潜力；耕地分等级，并可用历年的粮食产量来衡量其质量，评价中应阐明其肥力、通透性、利用情况、水利设施、抗洪涝能力、主要灾害威胁等。一般而言，环境质量高，其资源的生产率亦高，经济价值也高，因而有些经济学评价方法可以引入到环境评价中来。

(4) 区域生态现状评价　一般区域生态问题是指水土流失、沙漠化、自然灾害和污染危害等几大类。这类问题亦可以进行定性与定量相结合的评价，用通用土壤流失方程计算工程建设导致的水土流失量；用侵蚀模数、水土流失面积和土壤流失量指标，可定量地评价区域的水土流失状况；测算流动沙丘、半固定沙丘和固定沙丘的相对比例，辅之以荒漠化指示生物的出现，可以半定量地评价土地沙漠化程度；通过类比，可以定性地评价生态系统防灾减灾（削减洪水，防止海岸侵蚀，防止泥石流、滑坡等地质灾害）功能。

生态现状评价方法可参照下一节的内容。

第四节　生态预测与影响评价方法

生态影响预测与评价内容应与现状评价内容相对应，依据区域生态保护的需要和受影响生态系统的主导生态功能选择评价预测指标。

评价工作范围内涉及的生态系统及其主要生态因子的影响评价。通过分析影响作用的方式、范围、强度和持续时间来判别生态系统受影响的范围、强度和持续时间；预测生态系统组成和服务功能的变化趋势，重点关注其中的不利影响、不可逆影响和累积生态影响。

敏感生态保护目标的影响评价应在明确保护目标的性质、特点、法律地位和保护要求的情况下，分析评价项目的影响途径、影响方式和影响程度，预测潜在的后果。

预测评价项目对区域现存主要生态问题的影响趋势。

生态影响预测是生态影响评价的核心，但同时又是最薄弱的部分。生态影响评价常常是用模糊的语言而非用精确的数值表达的，所用的方法也常常是特例而非普适性的。生态影响预测与评价方法应根据评价对象的生态学特性，在调查、判定该区主要的、辅助的生态功能以及完成功能必需的生态过程的基础上，分别采用定量分析与定性分析相结合的方法进行预测与评价。以下为生态影响评价技术导则推荐的生态预测和评价方法。

一、列表清单法

列表清单法是 Little 等于 1971 年提出的一种定性分析方法。列表清单法的基本做法是，将拟实施的开发建设活动的影响因素与可能受影响的环境因子分别列在同一张表格的行与列内。逐点进行分析，并逐条阐明影响的性质、强度等，由此分析开发建设活动的生态影响。

列表清单法简单明了，针对性强，主要应用于生态影响识别和评价因子筛选、开发建设活动对生态因子的影响分析、生态保护措施的筛选、物种或栖息地重要性或优先度比选等，但该法不能对环境影响程度进行定量评价。

二、图形叠置法

图形叠置法是把两个以上的生态信息叠合到一张图上，构成复合图，用以表示生态变化的方向和程度。本方法的特点是直观、形象，简单明了。

图形叠置法有两种基本制作手段——指标法和 3S 叠图法。

1. 指标法步骤

①确定评价区域范围；②进行生态调查，收集评价工作范围与周边地区自然环境、动植物等的信息，同时收集社会经济和环境污染及环境质量信息；③进行影响识别并筛选拟评价因子，其中包括识别和分析主要生态问题；④研究拟评价生态系统或生态因子的地域分异特点与规律，对拟评价的生态系统、生态因子或生态问题建立表征其特性的指标体系，并通过定性分析或定量方法对指标赋值或分级，再依据指标值进行区域划分；⑤将上述区划信息绘制在生态图上。

2. 3S 叠图法步骤

①选用地形图或正式出版的地理地图，或经过精确校正的遥感影像作为工作底图，底图范围应略大于评价工作范围；②在底图上描绘主要生态因子信息，如植被覆盖、动物分布、河流水系、土地利用和特别保护目标等；③进行影响识别与筛选评价因子；④运用 3S 技术，分析评价因子的不同影响性质、类型和程度；⑤将影响因子图和底图叠加，得到生态影响评价图。

图形叠置法主要用于区域生态现状评价和影响评价、具有区域性影响的特大型建设项目评价中，如公路或铁路选线、大型水利枢纽工程、新能源基地建设、矿业开发项目等，滩涂开发、土地利用开发和农业开发等方面的评价，也可将污染影响程度和植被或动物分布叠置成污染物对生物的影响分布图。

三、生态机理分析法

生态机理分析法是根据建设项目的特点和受其影响的动、植物的生物学特征，依照生态学原理分析、预测工程生态影响的方法。动物或植物与其生长环境构成有机整体，当开发项目影响植物生长环境时，对动物或植物的个体、种群和群落也产生影响。

生态机理分析法的工作步骤如下：①调查环境背景现状和搜集工程组成和建设等有关资料；②调查植物和动物分布、动物栖息地和迁徙路线；③根据调查结果分别对植物或动物种群、群落和生态系统进行分析，描述其分布特点、结构特征和演化等级；④识别有无珍稀濒危物种及重要经济、历史、景观和科研价值的物种；⑤监测项目建成后该地区动物、植物生长环境的变化；⑥根据项目建成后的环境（水、气、土和生命组分）变化，对照无开发项目条件下动植物或生态系统演替趋势，预测项目对动物和植物个体、种群和群落的影响，并预测生态系统演替方向。

评价过程中有时要根据实际情况进行相应的生物模拟试验，如环境条件、生物习性模拟试验、生物毒理学试验、实地种植或放养试验等；或进行数学模拟，如种群增长模型的应用。

该方法需与生物学、地理学、水文学、数学及其他多学科合作评价，才能得出较为客观的结果。

四、景观生态学法

景观生态学法是通过研究某一区域、一定时段内的生态系统类群的格局、特点、综合资源状况等自然规律，以及人为干预下的演替趋势，揭示人类活动在改变生物与环境方面的作用的方法。景观生态学法通过两个方面评价生态质量状况：一是空间结构分析；二是功能与稳定性分析。景观生态学认为，景观的结构与功能是相当匹配的，且增加景观异质性和共生性也是生态学和社会学整体论的基本原则。

1. 空间结构分析

空间结构分析基于景观是高于生态系统的自然系统，是一个清晰的和可度量的单位。空间结构分析认为，景观由斑块、基质和廊道组成，其中基质是区域景观的背景地块，是景观中一种可以控制环境质量的组分。因此，基质的判定是空间结构分析的重点。基质的判定有三个标准：相对面积大、连通程度高、具动态控制功能。基质的判定多借用传统生态学中计算植被重要性的方法。

某一斑块类型在景观中的优势程度用优势度指数（D_0）进行表征。优势度指数由密度（R_d）、频率（R_f）和景观比例（L_p）三个值计算得到，而这三个参数的综合比较好地反映了该类斑块占有区域的相对面积（数量）、分布的均匀程度和连通程度（正是几个度量区域生态质量的参数）等，能较好地表示生态系统的整体性。其计算的数学表达式如下：

$$\text{密度 } R_d = \text{斑块 } i \text{ 的数目/斑块总数} \times 100\% \tag{9-1}$$

$$\text{频率 } R_f = \text{斑块 } i \text{ 出现的样方数/总样方数} \times 100\% \tag{9-2}$$

$$\text{景观比例 } L_p = \text{斑块 } i \text{ 的面积/样地总面积} \times 100\% \tag{9-3}$$

$$\text{优势度指数 } D_0 = [(R_d + R_f)/2 + L_p]/2 \times 100\% \tag{9-4}$$

2. 功能与稳定性分析

景观的功能和稳定性分析包括如下四方面内容。

（1）生物恢复力分析　分析景观基本元素的再生能力或高亚稳定性元素能否占主导地位。

（2）异质性分析 基质为绿地时，异质化程度高的基质很容易维护它的基质地位，从而达到增强景观稳定性的作用。

（3）种群源的持久性和可达性分析 分析动植物物种能否持久保持能量流、养分流，分析物种流可否顺利地从一种景观元素迁移到另一种元素，从而增强共生性。

（4）景观组织的开放性分析 分析景观组织与周边生境的交流渠道是否畅通。开放性强的景观组织可以增强抵抗力和恢复力。

生态质量状况（功能与稳定性）计算公式如下（一般选择 4 项指标，即 $n=4$）：

$$EQ=\sum_{i=1}^{n}A_i/N \tag{9-5}$$

式中，EQ 为生态质量状况（功能与稳定性）；A_1 为土地生态适宜性（以土地的生态适宜性大小给分，分阈值 0～100）；A_2 为植被覆盖度（以土地的实际植被覆盖度百分比计，分阈值 0～100）；A_3 为抗退化能力赋值（群落抗退化能力强时为 100，较强者为 60，一般水平为 40，其他为 0）；A_4 为恢复能力赋值（群落恢复能力强时为 80，较强为 60，一般为 40，一般以下为 0）；N 为指标数量。

EQ 值划分标准及相应生态级别见表 9-5。

表 9-5 EQ 值划分标准及相应生态级别

EQ 值	100～70	69～50	49～30	29～10	9～0
生态级别	Ⅰ	Ⅱ	Ⅲ	Ⅳ	Ⅴ

景观生态学方法是目前在生态现状评价和生态影响评价中普遍应用的一种方法，是国内外生态影响评价学术领域中较先进的方法。主要应用于城市和区域土地利用规划与功能区划、区域生态影响评价、特大型建设项目环境影响评价以及景观资源评价等。

五、指数法与综合指数法

指数法是利用同度量因素的相对值来表明因素变化状况的方法。指数法简明扼要，且符合人们所熟悉的环境污染影响评价思路，但困难之点在于需明确建立表征生态质量的标准体系，且难以赋权和准确定量。综合指数法是从确定同度量因素出发，把不能直接对比的事物变成能够同度量的方法。

1. 单因子指数法

选定合适的评价标准，采集拟评价项目区的现状资料。可进行生态因子现状评价，例如以同类型立地条件的森林植被覆盖率为标准，可评价项目建设区的植被覆盖现状；亦可进行生态因子的预测评价，如以评价区现状植被盖度为评价标准，可评价建设项目建成后植被盖度的变化率。

2. 综合指数法

① 分析研究评价的生态因子的性质及变化规律。

② 建立表征各生态因子特性的指标体系。

③ 确定评价标准。

④ 建立评价函数曲线，将评价的环境因子的现状值（开发建设活动前）与预测值（开发建设活动后）转换为统一的无量纲的环境质量指标。用 1～0 表示优劣（“1”表示最佳的、顶级的、原始或人类干预甚少的生态状况，“0”表示最差的、极度破坏的、几乎无生物性的生态状况），由此计算出开发建设活动前后环境因子质量的变化值；

⑤ 根据各评价因子的相对重要性赋予权重。

⑥ 将各因子的变化值综合，提出综合影响评价值。即

$$\Delta E=\sum(E_{hi}-E_{qi})\times W_i \tag{9-6}$$

式中，ΔE 为开发建设活动日前后生态质量变化值；E_{hi} 为开发建设活动后 i 因子的质量指标；E_{qi} 为开发建设活动前 i 因子的质量指标；W_i 为 i 因子的权值。

指数法可用于生态因子单因子质量评价、生态系统多因子综合质量评价、生态系统功能评价等。

六、类比分析法

许多生态影响的因果关系十分错综复杂，通过类比调查既有工程已经发生的环境影响，并类比分析拟建工程的环境影响。类比分析法是生态影响预测与评价比较常用的定性和半定量评价方法，一般有生态整体类比、生态因子类比和生态问题类比等。

根据已有的开发建设活动（项目、工程）对生态系统产生的影响来分析或预测拟进行的开发建设活动（项目、工程）可能产生的影响，选择好类比对象（类比项目）是进行类比分析或预测评价的基础，也是该法成败的关键。

1. 类比分析方法技术要点

(1) 选择合适的类比对象　类比对象的选择（可类比性）应从工程和生态两个方面考虑。

① 工程方面。选择的类比对象应与拟建项目性质相同，工程规模相似，其建设工艺也与拟建工程相类似，如同是库坝式水电工程，同是引水发电方式等。

② 生态方面。类比对象与拟建项目具有相似的生态因子，包括最好同属一个生物地理区，具有类似的地质、地貌、气候类型，具有相似的生态背景，如植被、土壤、江河环境和生态功能等。另外类比项目最好建成已有一定时间，所产生的影响已基本全部显现。

(2) 选择可重点类比调查的内容　类比对象确定后，则需选择和确定类比因子及指标，并对类比对象开展调查与评价，再分析拟建项目与类比对象的差异。根据类比对象与拟建项目的比较，做出类比分析结论。

类比分析一般不会对两项工程作全方位的比较分析，而是针对某一个或某一类问题进行类比调查分析，因而选择类比对象时还应考虑类比对象对相应类比分析问题的有效性和深入性。明确类比调查重点内容，选择可作重点问题类比的对象，可以减少盲目性。

在环评中，应对类比选择条件、类比对象与拟建对象的差异进行必要的分析、说明。

2. 类比调查方法

(1) 资料调查　查阅既有工程（类比对象）环境影响报告书和既有工程竣工环境保护验收调查与监测报告，必要时可参阅既有工程所在地区的环境科研报告和环境监测资料。

(2) 实地监测或调查　按环评一般调查或监测方法，对类比对象进行调查。

(3) 景观生态调查法　利用“3S”技术，对区域性生态景观进行调查、解析与分析，说明区域性生态整体性变化。

(4) 公众参与调查法。

3. 类比调查分析

(1) 统计性分析。

(2) 单因子类比分析　通过对可类比对象的监测或调查分析，可取得有针对性的评价依据，对拟建项目某一问题或某一环境因子的影响进行科学评价。

（3）综合性类比分析 生态系统整体性影响评价的综合性分析，可以采用综合评价法由一组指标进行加和评价，也可选某一因子如植被的动态作为代表进行分析评价。许多科学研究和回顾性调查是属于综合性调查分析的，如对湿地减少及其相应的影响调查、对煤矿开采进行的回顾性调查等，都是一种综合性分析。这些调查可以作为环评中重要的类比依据。

（4）替代方案类比分析 替代方案类比分析和论证一般是把不同的方案放在一起，按设定的一组环境指标进行比较分析，找出各自的优劣，从而推荐或决策某种可行的方案，也是类比分析应用的重要领域。

类比分析法主要应用于生态影响识别和评价因子筛选、以原始生态系统作为参照评价目标生态系统的质量、生态影响的定性分析与评价、某一个或几个生态因子的影响评价、预测生态问题的发生与发展趋势及其危害、确定环保目标和寻求最有效、可行的生态保护措施。

七、系统分析法

系统分析法是指把要解决的问题作为一个系统，对系统要素进行综合分析，找出解决问题的可行方案的咨询方法。在生态系统质量评价中使用系统分析的具体方法有专家咨询法、层次分析法、模糊综合评判法、综合排序法、系统动力学、灰色关联等方法，这些方法原则上都适用于生态影响评价。

具体步骤包括限定问题、确定目标、调查研究、收集数据、提出备选方案和评价标准、备选方案评估和提出最可行方案。

对于多目标的动态性问题，可采用系统分析法进行评价，特别在进行区域规划或解决方案优选问题时，系统分析法往往有独到之处。

八、生物多样性评价方法

生物多样性评价是指通过实地调查，分析生态系统和生物种的历史变迁、现状和存在的主要问题，以有效地保护生物多样性。

生物多样性通常用香农-威纳指数（Shannon-Wiener index）表征：

$$H=-\sum_{i=1}^{S}P_i\ln(P_i) \tag{9-7}$$

式中，H 为样品的信息含量（彼得/个体），即群落的多样性指数；S 为种数；P_i 为样品中属于第 i 种的个体比例，如样品总个体数为 N，第 i 种个体数为 n_i，则 $P_i=n_i/N$。

九、其他方法

还有一些生态系统或生态因子的预测评价可参照相应的技术导则进行，如海洋生物资源影响评价及水生生物资源影响评价可参照 SC/T 9110 以及其他推荐的生态影响评价和预测适用方法，土壤侵蚀预测方法可参照 GB 4043 进行预测评价。

第五节 生态保护措施

一、生态保护措施的基本要求

1. 体现法规的严肃性

由于环境影响报告书一经环境保护行政主管部门批准就具有了法律效力，对环保措施的编制应持严肃认真的态度，须从负有法律责任的高度对待这项工作。

2. 要有明确的目的性

环境影响评价的根本目的是认识环境特点，弄清环境问题，明确环境所受的影响和寻求保护环境的措施与途径。开发建设活动不能让区域或流域的生态功能削弱，不影响区域或流域的可持续发展对环境和资源的要求。因而生态保护措施也应从流域或区域生态功能的保持来考虑，而不是强调维持开发建设活动发生点的生态系统原貌。生态环保的措施可以就地实施，也可以异地实施，以达到保护区域或流域的生态功能为宗旨。

3. 具有一定的超前性

生态保护措施是一种面向未来的工作。在分析生态系统与社会经济相互关系的基础上，明确区域或流域社会经济可持续发展的生态需求，同时也明确区域或流域内各开发建设者对未来生态系统的改善和建设所应承担的责任。生态环评的措施编制中应体现这种未来的需求，因而编制的措施应具有超前性和先进性。

4. 科学性和可行性相结合

生态保护措施的科学性是指所采取措施应满足生态系统环境保护的客观需求，可行性则是指在现有技术和经济水平上可能实施的保护措施和所能达到的保护水平。现实情况是许多生态规律研究不细，科学性打了折扣，可行性也受到技术水平和经济能力的限制，更有认识的落后和利益分配造成的障碍，使许多可行措施的实施也变得困难重重。

5. 提高针对性和注重实效

在复杂的生态系统中，有的因子具有全局性影响，有的因子具有决定性作用。在不同的地理和自然条件下，某些生态问题可能是主要的，某些地方可能是最值得保护的。因此，要使有限的环保经费发挥最大的生态效益，就要使所实施的措施有针对性。

生态措施应因地制宜，对自然灾害应因害设防，针对主要保护对象进行重点保护，针对主要生态问题进行重点建设。

二、生态保护措施与对策

1. 生态影响的防护与恢复

自然资源开发项目中的生态影响评价应根据区域的资源特征和生态特征，按照资源的可承载能力，论证开发项目的合理性，对开发方案提出必要的修正，使生态系统得到可持续发展。

生态影响的防护与恢复要遵守如下原则。

① 应按照避让、减缓、补偿和重建的次序提出生态影响防护与恢复的措施；所采取措施的效果应有利于修复和增强区域生态功能。

② 凡涉及不可替代、极具价值、极敏感、被破坏后很难恢复的敏感保护目标（如特殊生态敏感区、珍惜濒危物种）时，必须提出可靠的避让措施或生境替代方案。

③ 凡涉及尽可能需要保护的生物物种和敏感地区，应尽量提出避让措施，否则，必须制定恢复、修复和补偿措施加以保护。

④ 对于再生周期较长、恢复速度较慢的自然资源损失要制定恢复和补偿措施。

各项生态保护措施要按项目实施阶段分别提出，要明确生态影响保护费用的数量及使用的科目，同时论述必要性。原则是自然资源中的植被，尤其是森林，损失多少必须补充多少，原地补充或异地补充。

2. 生态影响的补偿与建设

补偿是一种重建生态系统以补偿因开发建设活动损失的环境功能的措施。补偿有就地补偿和异地补偿两种形式，就地补偿类似于恢复，但建立的新生态系统与原生态系统没有一致性。异地补偿则是在开发建设项目发生地无法补偿损失的生态功能时，在项目发生地之外实施补偿措施，如在区域内或流域内的适宜地点或其他规划的生态建设工程中。补偿中最重要的是植被补偿，因为它是整个生态功能所依赖的基础，植被补偿可按照生物物质生产等当量的原理确定具体的补偿量。

补偿措施的确定应考虑流域或区域生态功能保护的要求和优先次序，考虑建设项目对区域生态功能的最大依赖和需求，补偿措施体现社会群体平等使用和保护环境的权利，也体现生态保护的特殊性要求。

在生态系统已经相当恶劣的地区，为保证建设项目的可持续发展和促进区域的可持续发展，开发建设项目不仅应保护、恢复、补偿直接受其影响的生态系统及其环境功能，而且需要采取改善受到间接影响区域的生态功能、建设具有更高环境功能的生态系统的措施。

从工程建设特点来考虑，主要能采取的保护生态系统的措施是替代方案、生产技术改革、生态保护工程措施和加强管理几个方面。其中，在设计勘察期、项目建设期、生产运营期和工程退役期均有不同的考虑。

3. 替代方案

替代方案主要指开发项目选址（线）的可替代方案，也包括项目建设方案、施工方案、生态保护措施等的多方案比较，这种替代方案原则上应达到与原拟建项目或方案同样的目的和效益，并在评价工作中应描述替代项目或方案的优点和缺点。

替代方案的确定是一个不断进行科学论证、优化、选择的过程，最终目的是使选择的方案具有不利生态影响最小、费用最少、生态功能最大的特性，最终选定的替代方案至少应是环境保护决定的可行选择。前述的生态保护、恢复、补偿和建设措施，都可以结合建设项目的工程特点有两种或多种替代方案。

4. 生产技术选择与工程措施

采用清洁和高效的生产技术是从工程本身来减少污染和减少生态影响或破坏的根本性措施。可持续发展理论认为，数量增长型发展受资源能源有限性的限制是有限度的，只有依靠科技进步的质量型发展才是可持续的。环评中的技术先进性论证，特别要注意对生态资源的使用效率和使用方式的论证，如造纸工业不仅是造纸废水污染江河湖海导致水生生态系统恶化的问题，还有原料采集所造成的生态影响问题。

生态保护的工程措施可分为一般工程性措施和生态工程措施两类。前者主要是防治污染和解决污染导致的生态效应问题；后者则是专为防止和解决生态问题或进行生态建设而采取的措施。如为防止泥石流和滑坡而建造的人工构筑物，为防止地面下沉实行的人工回灌，为防止盐渍化和水涝而采取的排涝工程，为防风或保持水土、防止水土流失或沙漠化而植树和造林、种草，退耕还牧、返田还湖等。所有为生态保护而实施的工程，都需在综合考虑建设项目内容、规模及工艺、工程的可行性和效益、保护对象和目标的特点与需求、实施的空间和时序等情况的基础上提出，并提出落实生态工程的保障措施，对预期效果、环境保护投资等进行必要的科学论证。绘制生态保护措施平面布置示意图和典型措施设施工艺图。

5. 生态监测与管理计划

对可能具有重大、敏感生态影响的建设项目，区域、流域开发项目，应提出长期的生态监测计划、科技支撑方案，明确监测因子、方法、频次等。

明确施工期和运营期管理原则与技术要求。可提出环境保护工程分标与招投标原则，施工期工程环境监理，环境保护阶段验收和总体验收、环境影响后评价等环保管理技术方案。

复习思考题

1. 简述生态影响的特点。
2. 确定生态评价范围应注意哪些问题?
3. 生态影响评价的工作范围如何确定，敏感保护目标包括哪些区域?
4. 生态现状调查有哪些内容? 常用哪些方法?
5. 生态影响评价的标准是如何选取的，生态评价标准的选取有何要求?
6. 简述主要的生态预测与影响评价方法的特点与应用场合。
7. 生态保护措施与对策的主要内容有哪些?

第十章　其他环境影响评价

第一节　环境风险评价

随着环境影响评价工作的深入开展，人们逐步认识到偶发事故对环境的影响及对其进行分析研究的重要性。环境风险评价是在安全分析理论与技术的基础上发展形成的一种评价制度，是当前环境保护工作中的一个新兴领域。它的出现标志着环境保护的一次重要战略转折，即由原先污染后的治理转变为污染前的预测和实行有效管理。环境风险评价在综合应用相关学科知识的基础上，已经成为环境风险管理和环境决策的科学基础和重要依据，越来越受到许多国家的环保机构和国际有关组织的重视。

一、环境风险评价的基本概念

1. 风险

风险（Risk，R）是由不幸事件发生的可能性及其发生后将要造成的损害所组成的概念。这里“不幸事件发生的可能性”称为“风险概率”（P，也称风险度）；不幸事件发生后所造成的损害称为“风险后果”（D）。风险（R）就是两者的积。一个具体事件或事故（以 x 表示）的风险可表示为：

$$R(x)=P(x)\times D(x) \tag{10-1}$$

式中，$P(x)$ 以单位时间内发生的次数表示；$D(x)$ 是以每次事件发生后的后果表示，这种后果可以是元/次、死亡人数等。

2. 环境风险

环境风险是由自然原因和人类活动（对自然或社会）引起的、通过环境介质传播的、能对人类社会或自然环境产生破坏、损害乃至毁灭性作用等不幸事件发生的概率及其后果。

环境风险广泛存在于人类的各种活动中，其性质和表现方式复杂多样，从不同角度可作不同分类。按风险源分类，可以分为化学风险、物理风险以及自然灾害引发的风险；按承受风险的对象分类，可以分为人群风险、设施风险和生态风险等。由于人类对环境风险并非无能为力，因此环境风险不能被简单地看作是由事故释放的一种或多种危险性因素造成的后果，而应看作是由产生和控制风险的所有因素所构成的系统。

3. 环境风险事件的特点

环境风险事件指的是可能对环境构成危害并具有风险性的事件。这种事件的发生是不确定性的，其后果往往是严重的，可导致一定范围环境条件恶化，破坏人群正常生产和生活活动，引起局部生态系统的破坏和毁灭。例如，水文地质条件的变化使地下水位降低或上游建水库后增加了中、上游用水量，使河流下游水量减少不能满足城市供水需要，核电站的放射性物质泄漏造成区域性环境污染等都是典型的环境风险事件。

环境事件的发生，往往是一种或多种风险因素相互作用的结果。环境风险事件之间又常常是链式连锁的，如图 10-1 所示，由于风险事件本身的复杂性和人们主观认识的局限性，要定性或定量分析这些随机事件的风险往往是困难的。

4. 环境风险评价

环境风险评价（ERA），广义上讲是指对人类的各种开发行动所引起的或面临的危害

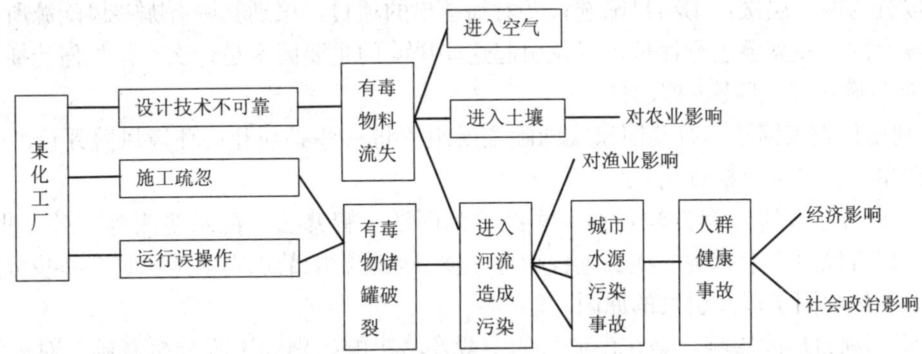

图 10-1　环境风险事件之间的链式连锁

（包括自然灾害）给人体健康、社会经济发展、生态系统等所造成的风险可能带来的损失进行评估，并据此进行管理和决策的过程。狭义地讲，常指对有毒化学物质危害人类健康的影响程度进行概率估计，并提出减小环境风险的方案和对策。

5. 风险评价标准

风险评价中常用的标准主要有以下三类。

（1）补偿极限标准　风险损失不外乎两类：一是事故造成的物质损失；二是因事故造成的人员伤亡。物质损失可核算成经济损失，它的风险标准比较好定。常用补偿极限标准，即随着安全防护投资增加，年事故损失发生率会下降，但当达到某点时，增加投资减少事故损失达到的补偿极微，此时的风险度可作为评价标准。

（2）人员伤亡风险标准　普通人受自然灾害的危险或从事某种职业造成伤亡的概率是客观存在的，是一般人能接受的，这样的风险度可作为评价标准。

（3）恒定风险标准　当存在多种可能的事故，而每一类事故不论其后果的强度如何，它的风险概率与风险后果强度的乘积规定为一个可接受的恒定值。当投资者有足够的资金去补偿事故损失时，该恒定风险值作为评价和管理标准是最客观与合理的。

二、环境风险评价的内容

环境风险评价的目的是确定什么样的风险是社会可接受的，因此也可以说环境风险评价是评判环境风险的概率及其后果可接受性的过程。判断一种环境风险是否能被接受，通常采用比较的方法，即把这个环境风险同已经存在的其他风险、承担风险所带来的效益、减轻风险所消耗的成本等进行适当的比较。

环境风险评价一般包括三个紧密相连的基本步骤，即环境风险识别、环境风险预计以及环境风险评价与对策。环境风险识别就是根据因果分析的原则，把环境系统中能给人类社会、生态系统带来风险的因素识别出来的过程。环境风险预计又叫做环境风险度量，是指对环境风险的大小以及事件的后果（包括事件涉及的时空范围和强度等）进行预测和度量。环境风险预计常常采用定量化的方式估计不利事件发生的概率以及造成后果的严重程度。环境风险评价与对策是根据风险分析、预计的结果，结合风险事件承受者的承受能力，确定风险是否可以接受，并提出减小风险的措施和行动建议与对策。

拟议开发行动或建设项目的风险评价内容与其性质和所处自然与社会环境条件，乃至人群的风险观念等都有关系。

三、环境风险的识别和影响预测

环境风险识别是在环境影响识别和工程分析基础上进一步辨识风险影响因素。风险影响识别可以分为两个层次：①项目筛选；②对筛选出的项目，识别其中有哪些风险源所产生的风险是重大的，并需要进行评价，以及引起这些风险的主要因素是什么？是如何传播的。

1. 项目筛选和风险影响识别

① 利用核查表筛选。有些国家或国际金融组织将一些必须开展环境风险评价的建设项目列出清单，供筛选时核查用。

② 应用各种专家咨询方法，如专家经验判断法、智暴法、德尔斐法等，对一些新的、复杂的、蕴含风险因素影响的项目进行筛选。项目风险影响的识别就是识别有哪些可能引发重大后果的风险因子以及引发的原因。

③ 识别项目风险影响，是在该项目的一般环境影响识别和工程分析基础上对识别出来的影响因子做进一步筛选和增补，以确定应做风险影响评价的因子，然后识别引发的原因。风险影响识别应包含拟建项目从建设、运行和服务期满的各个阶段，如果有可能宜延伸到项目的设计工作中。

2. 故障树-事件树分析法

一般来说，一个经过筛选确定要开展 ERA 的拟建项目往往有一个部分比其他部分更危险，因而具有更大的环境风险潜能。应该首先对这一部分的风险用故障树-事件树进行分析。

(1) 分析步骤　用故障树-事件树法作风险识别的步骤可分为四步：① 把整个项目分解为若干个系统，再分别辨别哪些部分或部件最有可能成为失去控制的危险来源，并进一步识别其危险种类属于引起火灾、爆炸还是释放大量有毒有害物质。② 识别每个部分或部件中哪些环节或零件是薄弱和已出现故障的，以及出现的故障是如何传递的。③ 识别造成这些薄弱或易出现故障的环节或零件出现故障或事故的原因，包括人的误操作、管理失误、雷击、地震等，在风险分析中无法考虑蓄意和犯罪行为，这类问题只能采用假设的最坏条件进行处理。④识别在故障或泄漏事件发生后，危害事故是怎么通过事件链在环境中传播的。

(2) 故障树分析　故障树是一种演绎分析，用以描述能导致一个过程达到“顶事件”的一种特定危险状态的所有可能故障关系。“顶事件”也是风险评价的目标事件，它可以是一个事故序列，也可以是风险评价中认为重要的任一事故状态。通过故障树分析还能估算顶事件的发生概率。

3. 风险概率的度量

(1) 基本途径　度量风险概率就是对 $P(x)$ 定量，基本途径是：①依据历史上和现实同类事件的调查统计资料确定拟建项目中该类事件的发生概率；②向专家（包括评价人员）咨询（最好是德尔斐法），估计事件发生的概率。

(2) FTA 确定事故概率　基本事件的故障发生概率如下。

① 对一般不可修复部件或系统，通常取故障概率密度函数为指数型分布，即故障发生概率

$$q=1-e^{-\lambda t} \tag{10-2}$$

式中，t 为系统（单元）运行时间；λ 为故障率，一般 $\lambda t \ll 1$。

② 对可修复部件或系统，基本事件故障发生概率应理解为不可用度。所谓可用度（有效度）指系统部件在规定条件下使用时，t 时刻正常工作的概率。假设修复是把部件修旧如新或恢复系统的安全状态，则失效的发现可考虑两种情况：a. 失效受监控，即失效立即被警铃或其他报警器检测到；b. 在定期检测部件有效性之前不能检测到失效。

对于失效受监控的情况，部件或系统的故障发生率可以用不可用度表示：

$$q=\frac{\tau}{1/\lambda+\tau}=\frac{\lambda}{\lambda+\mu} \tag{10-3}$$

式中，τ 为部件或系统的平均停止时间，包括准备时间、实际修理时间和管理时间；μ 为可修复率，$\mu=1/\tau$，若 $\lambda\tau\ll1$，则 $q\approx\lambda\tau$。

对于不受监控但作 T 间隔定期测试和维修的部件，其总的平均不可用度为：

$$q=\frac{\lambda T}{2}+\lambda T_{\mathrm{R}} \tag{10-4}$$

式中，T_{R} 为对失效部件的平均修复或更换时间（停止工作时间）。通常 $T_{\mathrm{R}}=T$，所以

$$q=\frac{\lambda T}{2} \tag{10-5}$$

③ 顶事件概率的估计。所谓顶事件，就是人们所要分析的对象事件。显然，如选用的顶事件不同，所得的故障树也不同。在做污染事故源项分析时，一般取污染物向环境的事故排放作为顶事件。对于复杂的系统，为便于分析，也可以把顶事件下面的一级、二级中间事件作为故障树的顶事件。

简单的故障树的顶事件概率可直接用布尔代数方法求得。在故障树分析中，能够引起顶事件发生的一组基本事件的组合称为割集，如果去掉割集中任何一个事件都使其不能构成割集，则该割集称为最小割集。最小割集和顶事件构成一个事件链。复杂故障树通常可简化为最小割集的组合，假定基本事件 i 的发生概率为 q_i，如果最小割集中各基本事件是与门逻辑关系，其顶事件的发生概率为：

$$A_{\mathrm{m}}=1-\prod_{j=1}^{k}(1-\sum_{i\in k_j}q_i) \tag{10-6}$$

式中，k_j 为最小割集（$j=1$，2，…，k）；

第 i 割集中各基本事件是与门逻辑关系，其顶事件的发生概率为：

$$A_{\mathrm{m}}=\sum_{j=1}^{k}(\sum_{i\in k_j}q_i) \tag{10-7}$$

在故障树分析中对维修比较简单的单元，可近似地用故障率 λ 代替故障发生概率，这样就大大简化了顶事件发生概率的计算。事故的主要原因之一是人的失误概率的估算非常困难，受多种因素的影响，一般推荐取 10^{-2}。

④ 事件链。由上述三个示例可见顶事件是由基本事件和中间事件的连续发生引起的，形成一个链式关系，称为事件链。事件链中的基本事件有时称为原发性事件或底事件。顶事件和一个最小割集构成一个事件链。

四、环境风险评价的程序

一个完整的风险定量分析或评价程序应由四个阶段组成（图 10-2）：①危害识别；②事故频率和后果计算；③风险计算；④风险减缓。

单纯的环境风险评价（或分析）大体上分成三个阶段。

① 第一阶段为源项分析，它包括了图 10-2 中的危害分析与事故频率计算，它的任务首先通过危害识别确定是火灾或爆炸还是有害有毒物的释放。若是后者，则应给出释放何种物质，释放量、释放方式、释放时间行为数据，并应给出其发生的概率。

② 第二阶段为事故后果分析，此阶段相应于图 10-2 中的后果估算。以有毒有害物风险评价为例，此阶段主要任务是估算有毒有害物在环境中的迁移、扩散、浓度分布及人员受到

的照射与剂量。

③ 第三阶段为风险表征或风险评价，它相应于图 10-2 中的风险计算与风险评价阶段，主要任务是总结出风险的计算结果及评价范围内某给定群体的致死率或有害效应的发生率。

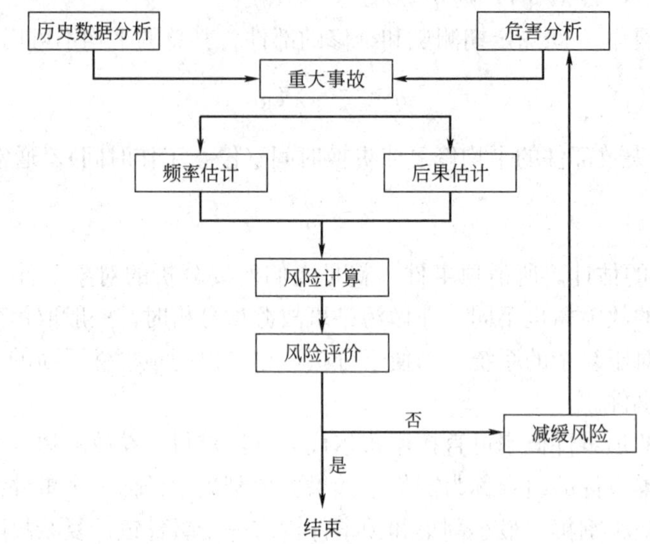

图 10-2 风险定量分析或评价程序

广义的环境风险评价除了上述三个阶段外，还需增加第四阶段风险管理。

五、环境风险评价应注意的问题

① 各种环境风险是相互联系的，降低一种风险可能引起另外一种风险。因此要求评价主体应具有比较风险的能力，要做出是否能接受的判断。

② 环境风险与社会效益、经济效益是相互联系的。通常风险愈大，效益愈高。降低一种环境风险，意味着降低该风险带来的社会效益和经济效益，因此必须予以合理的协调。

③ 环境风险评价与不确定性相联系。环境风险本身是由于各种不确定性因素形成的，而识别环境风险、度量环境风险仍然存在着不确定性。环境风险不可能被精确地衡量出来，它只能是一种估计。

④ 环境风险评价与评价主体的风险相联系。对于同一种环境风险，不同的风险观可以有不同的评价结论。

第二节 土壤环境影响评价

土壤是位于地球陆地表面支持植物和微生物生长的疏松表层，是自然环境要素的重要组成部分之一，在人类环境系统中占据着重要的地位。土壤圈是处于大气圈、岩石圈、水圈和生物圈之间的过渡地带，是人类环境系统中联系有机界和无机界的中心环节。土壤是农业生产的基础，为人类生活、生产提供必要的食物和生产资料，是人类生活中一项最基本的、不可替代的自然资源。

土壤具有缓冲性，不仅具有调节和平衡向大气环境中释放 CO_2、CH_4、SO_2 等温室气体的能力，还具有同化和代谢外界进入土壤的物质的能力。缓冲性和净化功能，是土壤的两个重要特性。

一、土壤环境质量

在环境科学中，土壤环境质量是指土壤环境对人类健康的适宜程度，是用对人类健康有影响的有毒、有害物质的含量指标表示的。

影响土壤环境质量的因素很多，从建设项目对土壤环境的影响分析，主要包括土壤污染和土壤退化、破坏两个方面。

1. 土壤污染

土壤污染是指人类活动产生的污染物质进入土壤并积累到一定程度，引起土壤质量恶化的现象。引起土壤质量恶化的污染物质包括重金属、农药、放射性物质以及病原菌等。进入土壤的污染物质，其数量和速度超过了土壤净化作用的速度，会导致土壤的自然良性循环的破坏，从而引致土壤环境质量下降。

2. 土地退化

土壤退化包括土壤盐碱化、土壤酸化、土壤侵蚀及沙化等，土壤破坏主要指土壤资源的损失。影响土壤退化、破坏的主要因素包括自然因素和人为因素。干旱、洪涝、火山、地震等均会引发土壤的退化和破坏，但引发严重土壤退化、破坏的却通常是人为因素。

二、土壤环境质量评价

土壤环境质量评价是指按一定的原则、标准和方法，对土壤的污染程度进行评定，或是对土壤对人类的健康适宜程度进行评定。通过评价，提出合理的利用土壤资源和提高土壤资源价值的途径以及防止土壤污染的措施。

1. 土壤环境现状调查

土壤及其环境现状调查与评价是土壤环境影响预测、评价的依据，土壤环境现状调查包括对土壤类型、组成、结构及生态进行调查。

土壤类型特征调查主要调查了解评价区内土壤类型和分布、各类型土壤的剖面结构、理化性质、生物特性、土壤的成土因素、土壤组成及结构特征、土壤生态破坏程度、区内土地利用状况、作物产量与质量、化肥与农药的种类和使用量等。对土壤类型调查一般采用资料收集和现场调查相结合的方法。

2. 土壤污染源调查与土壤环境监测

土壤污染源调查与土壤环境监测是土壤环境评价的技术基础。

(1) 土壤污染源调查　土壤污染源是造成土壤污染的根源。对土壤污染源的调查应侧重对评价区域土壤的工业污染源、农业污染源和自然污染源的特征及污染物排放特点进行调查分析，以便选择确定土壤质量评价监测项目及评价因子，为防治土壤污染提供依据。

(2) 土壤环境污染监测　土壤环境污染监测主要包括选择监测项目、布设监测网点、收集土壤样品、制备土壤样品及分析土壤样品等内容。

3. 评价因子选择

评价因子的选择是否合理，直接关系到评价结论的可靠程度和科学性，一般根据污染源中主要污染物和评价目的要求选择评价因子，实际评价中需要考虑的因子如下。

① 重金属及其他有毒非金属物质，如汞、镉、铜、铅、铜、铬、镍、砷、氟、氰等。

② 有机毒物，主要有化肥、有机氯、有机磷农药（如 DDT、六六六）以及三氯乙醛、多氯联苯、酚、石油等有机污染物。

③ 有害微生物，如大肠杆菌、炭疽杆菌、霍乱弧菌或寄生虫卵等。

④ 酸碱度、总氮、总磷等。

⑤ 某些土壤理化性质指标，如有机质、易溶性盐、氧化还原电位、不同价态重金属含量等。

⑥ 放射性元素。

4. 评价标准确定

判断土壤环境是否受到污染以及污染的程度，需要相关的评价标准。一般情况下，可以《土壤环境质量标准》（GB 15618—1995）为基本标准，此外，根据土壤评价的目的和要求，还可采用以下标准。

（1）区域土壤环境背景值　区域土壤环境背景值是指一定时期内指定区域中未受污染破坏的土壤中有关评价指标的平均含量。区域土壤环境背景值不仅可以作为评价土壤环境质量的标准，也是计算土壤污染物累积和土壤环境容量、预测土壤质量变化趋势的重要依据。由于土壤背景值不仅包括区域内污染物的平均含量，同时还包括污染物含量的范围，故多以(平均值±标准差）表示。

（2）土壤本底值　土壤本底值是指未受人为污染的土壤中污染物的平均含量。

（3）区域性土壤自然含量　区域性土壤自然含量，是指在清水灌区内，选用与污灌区的自然条件、耕作栽培措施大致相同，土壤类型相同，土壤中有毒物质在一定保证率下的含量。

（4）土壤对照点元素含量　土壤对照点元素含量是指与污染区域的自然条件、土壤类型和利用方式大致相同的、相对未受污染的土壤中污染物的含量。通常以一个对照点或几个对照点的平均值作为评价标准。

（5）土壤临界含量　土壤中污染物临界含量是指植物中的化学元素含量达到卫生标准或使植物显著减产时土壤中该化学元素的含量。当土壤污染物达到临界含量时，土壤已严重污染，人群健康会受到严重影响。

（6）国外的土壤环境质量标准　由于我国土壤环境质量标准中规定标准值的污染物项目有限，因此，除了上述标准之外，对国外土壤环境质量标准的借鉴与参考将有助于土壤环境质量评价工作的进行。

5. 评价模式确定

评价模式包括单因子评价和多因子综合评价两种。单因子评价是指分别计算各项污染物的污染指数，以确定污染程度。多因子综合评价是综合考虑土壤中各污染因子的影响，计算出综合指数进行评价的方法。

6. 土壤环境质量等级划分

以 P 表示综合污染指数，通过对土壤环境质量进行等级划分，可以清楚地反映区域土壤环境质量。$P \leqslant 1$ 时，表明土壤未受污染；$P > 1$，表明土壤已受污染，P 值越大，土壤所受污染的程度越严重。

三、土壤环境影响预测

土壤环境影响预测是根据建设项目所在地区的土壤环境现状，拟建项目可能造成的土壤侵蚀、退化，以及污染物在土壤中的迁移转化规律、土壤自净能力，应用预测模型计算土壤的侵蚀量以及主要污染物在土壤中的累积或残留量，预测未来的土壤环境质量状况和变化趋势。

1. 土壤中重金属累积残留预测

进入土壤的重金属，由于土壤的吸附、络合、沉淀和阻留等作用，绝大多数残留、累积在土壤中。其预测模式如下：

$$W=K(B+R) \tag{10-8}$$

式中，W 为污染物在土壤中的年累积量，mg/kg；B 为区域土壤背景值，mg/kg；R 为土壤污染物的年输入量，mg/kg；K 为污染物在土壤中的年残留率，%。

若污染年限为 n，每年的 K 和 R 值不变，则污染物在土壤中 n 年内的累积量为：

$$W_n=BK^n+RK(1-K^n)/(1-K) \tag{10-9}$$

2. 土壤中农药残留量预测

土壤中农药残留量一般采用以下公式进行预测：

$$R=Ce^{-kt} \tag{10-10}$$

式中，R 为农药残留量，mg/kg；C 为农药施用量，mg/kg；k 为常数，d^{-1}；t 为时间，d。

简化情况下，假设一次施用农药时，土壤中农药的浓度为 C_0，一年后的残留量为 C_1，则农药的残留率为：

$$f=C_1/C_0 \tag{10-11}$$

如果每年一次连续施用农药，则数年后农药在土壤中达到平衡时的残留总量为：

$$R_n=(1+f+f^2+f^3+\cdots+f^n)C_0 \tag{10-12}$$

当 $n\to\infty$ 时，则

$$R_n=C_0/(1-f) \tag{10-13}$$

式中，R_n 为农药在土壤中达到平衡时的残留量。

3. 土壤环境容量计算

土壤环境容量一般是指土壤接纳污染物而不会产生明显不良生态效应的最大数量，亦即在环境质量标准的约束下所能容纳污染物的最大数量，其计算公式如下：

$$Q=(C_R-B)\times 2250 \tag{10-14}$$

式中，Q 为土壤环境容量，g/hm^2；C_R 为土壤临界含量，mg/kg；B 为区域土壤背景值，mg/kg；2250 为每公顷土地耕作层土壤质量，t/hm^2。

4. 土壤退化预测

对于土壤退化现象的发生、发展及危害，通常采用类比分析或者建立模型的方法进行估算和预测。常用的土壤侵蚀方程如下：

$$A=RKLSCP \tag{10-15}$$

式中，A 为土壤侵蚀量，$t/(hm^2\cdot a)$；R 为降雨侵蚀力指标；K 为土壤侵蚀度，$t/(hm^2\cdot a)$；L 为坡长；S 为坡度；C 为耕种管理因素；P 为土壤保持措施因素。

四、土壤环境影响评价

对于建设项目的土壤环境影响评价，应首先尽可能地全面识别其对土壤的环境影响，再根据具体情况选择最关键的影响，进行评价。

1. 土壤环境影响评价的程序

① 资料收集。尽可能充分地收集和分析拟建项目与土壤污染有关的地表水、地下水、大气和植物生长、产量等资料。

② 数据检测。对拟建项目所在地的土壤环境资料，包括土壤类型、形态，土壤中污染物的背景以及土壤利用现状，植物的产量及生长状况。

③ 调查评价区内现有土壤污染源排污情况。

④ 描述土壤环境现状，进行土壤环境现状评价。

⑤ 根据污染物进入土壤的种类、数量、方式、区域环境特点、土壤理化性质以及污染物在土壤环境中的迁移、转化和累积规律，分析污染物累积趋势，预测土壤环境质量的变化。

⑥ 评价拟建项目对土壤环境影响的重大性，并提出消除和减轻负面影响的对策措施及监测计划。

2. 土壤环境污染、退化、破坏的防治措施

① 健全土壤污染防治法制和管理体系。我国土壤污染现状和土壤环境质量不断恶化，充分借鉴发达国家的土壤污染防治技术与经验，强化基于风险的污染土壤管理理念，加快建设适合国情的污染土壤风险评价和风险管理体系；加强土壤环境管理政策、法律法规体系的建设，形成配套的技术规范，促进土壤污染管理的科学化与规范化。

② 完善土壤环境质量标准体系，启动土壤污染国情调查，制定国家污染防治战略，建立受污染土壤的环境管理信息系统和污染防治的技术支撑体系。

③ 增加有关科研和管理投入，加强污染土壤环境修复技术的研究。全面实施重污染地区土壤污染防治示范工程建设，全面提升我国应对土壤污染的技术水准和管理能力。

④ 加强宣传教育，增进公众的环保意识。要大力宣传、普及有关土壤保护、防止土壤污染、退化和破坏的有关政策和法规知识，提高全民对土壤污染危害和保护的认识。

第三节　社会环境影响评价

社会环境是人类在利用和改造自然环境中创造出来的人工环境和人类在生活和生产活动中形成的人与人之间关系的总体。社会环境是人类活动的必然产物，是人类通过有意识的长期的劳动，对自然物质进行加工和改造，形成的物质生产体系、物质文化与精神文化的综合体。社会环境包括经济、政治、文化、道德、意识、风俗等诸多要素。

社会环境质量是人类精神文明和物质文明的标志。社会环境质量包括经济、文化、历史、人口、美学等多方面的质量。不同地区的社会环境质量因其社会经济发展、人口密度、科学技术和文化水平等的差异，存在着明显的不同。简单来说，一个地区是否适宜于人类健康地生存、生活和工作，除了自然环境以外，还取决于该地区社会环境质量的好坏。

一、社会环境影响评价概述

社会环境影响评价是开发建设项目环境影响评价的重要组成部分。政府制定的方针政策，区域开发、工农业及交通建设项目的实施，都可能直接或潜在地对社会环境造成巨大的影响。不同的开发项目对于一个地区的社会组成、社会关系、社会结构的影响是不同的。这些影响有可能是正面的影响，如能使当地社会经济的发展受益等，也有可能是负面的影响。社会环境影响评价的目的就是通过分析建设项目对社会经济环境产生的各种影响，提出防止或减少项目在获取效益时可能出现的各种不利社会环境影响的途径或补偿措施，进行社会效益、经济效益和环境效益的综合分析，使开发建设项目的论证更加充分可靠，项目的设计和实施更加完善。

1. 评价范围与评价因子

社会环境影响评价范围是由目标人口确定的，目标人口所在社区的范围即为社会经济环境影响评价的范围。拟建项目对自然环境和社会环境影响评价的区域或范围可以相同，也可

以不同。

社会环境影响因子的筛选，应根据项目建设规模、所处位置、所在地区自然和社会环境特征等具体情况进行，这些要素一定要能从总体上反映目标人口引起社会环境受拟建项目影响的情况。

社会影响评价因子的确定主要从以下几方面考虑。

① 目标人口。拟建项目影响区内的人口总数、人口密度、人员组成、人员结构等的现状情况；受项目建设影响人口情况的变化，现实受损者和潜在受损者的人数及比例；人口迁移等方面。

② 科技文化。当地的传统文化、风俗习惯、科研单位、科研力量、科研水平、学校数量、教学水平、入学率等方面。

③ 医疗卫生。当地的医疗设施以及卫生保健条件情况，医院的数量、分布、规模和卫生健康等。

④ 基础设施。当地住房、交通、通信、水电气的供应、娱乐设施等。

⑤ 社会安全。当地的治安情况，交通事故和其他意外事件等。

⑥ 社会福利。当地的社会保险和福利事业，居民的生活方式和生活质量等。

社会影响评价因子涉及面很广，与建设项目开发行动性质以及所在地区的自然和社会经济环境的基本条件及特点密切相关。评价因子视其受项目的具体影响程度可分为重大影响评价因子、中等影响评价因子和轻度影响评价因子，影响视其结果又分为正影响和负影响。对于不同类型的项目和不同自然条件的区域，上述影响评价因子可做适当的增删和修改。

2. 评价内容

在对各评价因子的重要程度进行研究、比较、筛选之后，根据评价因子的筛选结果确定评价内容。对确定为重大影响的评价因子进行详评，中等影响的因子进行简评，轻度影响的因子进行简评或不评。

社会环境影响评价应包括以下内容。

① 项目建设对直接影响区的社会经济发展、规划和产业结构等的宏观影响。

② 项目建设征地拆迁和再安置影响。

③ 项目建设对区域内民众的生计方式、生活质量、健康水平、通行交往等的影响。

④ 项目建设对基础设施（含防洪）的影响。

⑤ 项目建设对社区发展及土地利用的影响。

⑥ 项目建设促进项目直接影响区旅游和文化事业发展的作用。

⑦ 项目建设对项目直接影响区交通运输体系的改善作用。

⑧ 项目建设对项目直接影响区矿产资源开发和工农业生产的宏观影响。

⑨ 项目建设对文物和旅游资源保护与开发的影响。

⑩ 其他一些特殊或具体问题的分析，如少数民族、宗教习俗等。

3. 评价方法

① 评价分区域进行。应根据行政区划、自然和社会环境特征以及项目影响情况划分区域，在不同区域内选择代表性点或代表性社区进行分析评价。

② 应根据已建项目的社会环境影响的调查资料或项目后评价资料，进行类比分析与评价。

二、社会环境现状评价

1. 现状评价内容

通过收集和分析社会、经济、文化统计资料，对社会与经济环境进行评价，一般应包括以下内容。

① 居民生活质量及生计方式。

② 基础设施总体水平。

③ 主要工业门类及其发展状况。

④ 土地利用现状及发展规划。

⑤ 农林牧副渔业发展状况。

⑥ 矿产资源及其开发情况。

⑦ 重要旅游资源及旅游业发展状况。

⑧ 重要文物资源保护及开发状况。

⑨ 交通运输业发展状况。

2. 调查方法

① 对社会环境评价宜采用实地调查。实地调查可针对代表性点或代表性社区进行详细调查，然后予以推广。

② 对区域社会环境评价，应采用收集、查询当地资料、文献的方法，辅以代表性点的调查对比。调查数据应以统计部门确认的资料为准。

3. 现状评价

根据调查结果，宜列表统计项目影响区的社会经济发展水平，对社会环境现状进行分析、评价。现状评价应重点分析社会环境评价范围内居民的生活、生产条件和承受能力，并指出项目应重视的社会环境敏感因素。

三、社会环境影响分析评价

(1) 社区发展影响分析　项目建设对社区发展的影响分析可以从社区建设、人口结构、文化结构、社区经济发展、民族因素等方面进行。

(2) 农村生活质量影响分析　项目建设对农村生活质量的影响可以从农村生计方式、居民生活收入及结构、健康保健、文化教育等方面进行分析。

(3) 征迁、安置分析与评价　项目建设的征迁、安置分析与评价要考察拆迁对受影响人口生活条件、生产条件等的影响，同时根据地区的自然和社会经济条件，对项目再安置提出指导性意见。有条件时应简要描述拆迁再安置计划并作宏观评述。

(4) 基础设施的影响　对基础设施的影响分析主要包括分析评价建设项目对现有交通设施、电力设施及通信设施等的影响，以及建设项目对水利排灌设施的影响，必要时还应该进行防洪分析。

(5) 资源利用的影响　项目建设对资源利用的影响的分析可以从土地资源、矿产资源、旅游资源和文物古迹资源的保护、开发与利用等方面进行。

(6) 发展规划影响　主要分析项目建设与直接影响区内县级以上城市规划、交通规划、经济发展规划的协调性，并分析其影响。

(7) 针对社会环境影响评价中叙述的不利环境影响，应提出相应的减缓或消除不利影响的措施、对策与建议。

建设项目所产生的社会环境影响，其表现形式多种多样，如有利影响和不利影响、直接影响和间接影响、现实影响和潜在影响、长期影响和短期影响、可逆影响与不可逆影响等。在实际开展的评价中应根据实际需要来确定拟建项目社会环境影响的一些典型特征，并由此明确该项目所产生的社会、经济问题。

综上所述，对建设项目进行社会环境影响评价，其目的是全面地评价其社会效益、经济效益和环境效益，预测其对该地区社会经济发展的近期及长期影响，从而进一步提出防止或减少在获取效益时出现的各种不利于社会、经济的环境影响途径和补偿措施，使开发项目可行性的论证更为充分可靠。对建设项目进行社会环境影响评价，有助于实现社会目标、环境目标之间的整体优化，实现社会环境的可持续性发展。

第四节 战略环境评价

战略环境影响评价（strategic environmental assessment，SEA）是环境影响评价发展的新趋势，战略环境评价最初是英国学者 N Lee，C Wood 和 F Walsh 等提出，有关战略环境评价的定义很多，但被广泛接受和采用的是英国曼彻斯特大学环境影响评价中心的 Riki Therivel 给出的定义：战略环境评价就是对政策、规划和计划及其替代方案的环境影响进行规范、系统、综合评价的过程，并将评价结果应用到这些战略的综合决策，从而提高决策的质量，促进有效的环境保护。

一、战略环境评价的发展历史

SEA 制度始于美国，最早追溯到 1969 年的《国家环境政策法》，到如今，美国政府已经编制了好几百部“战略环境影响报告”；1993 年加拿大和荷兰分别颁布了《政策和规划提案的环境影响评价程序》和《环境保护法》；1994 年俄罗斯联邦公布了《俄罗斯联邦环境影响评价条例》；欧盟于 1996 年颁行了《欧盟关于一定计划与规划环境影响评价指令建议》；同时英国、丹麦、瑞典等许多国家也都建立了 SEA 系统。在亚洲，韩国环评法要求国家及地方政府在制定实施各种政策与计划时必须进行 SEA。日本出台了一整套“计划环境评价体系”，专门用于区域开发计划中的 SEA。

我国最早在 20 世纪 80 年代后期黄昌鸿等学者也提出了开展战略环境评价的必要性，到 20 世纪 90 年代，我国在《中国对世纪议程》、《国务院关于环境保护若干问题的决定》等文件中明确提出开展对现行重大政策和法规的环评。特别是加入世贸组织和签订《京都议定书》后，政府更多地通过法规、政策、计划和规划的制定和实施来参与经济活动。2003 年 9 月 1 日，《中华人民共和国环境影响评价法》正式实施，这部法律第一次将环评从单纯的建设项目扩展到各类发展规划，用法律的形式确保环境保护参与综合决策。

二、战略环境评价理论、方法及研究特点

1. 理论

早在 20 世纪 70 年代美国环保局就开发了“战略环境评价系统”，它是由若干计算机运行模型和数据库组成的一个系统，其目的是为说明人类活动如何影响和依赖自然环境，在经济、人口、能源需求预测等输入假设的基础上，提供经济活动、资源利用和环境污染的中期预测（15～20 年）以及这些预测部门构成、空间分布信息等。

战略环境评价牵涉面广泛，需要综合运用政策学、经济学、环境科学、管理科学、数学、物理、化学等多种学科的知识。评价方法以定性方法为主，并与定量方法相结合。一般分为三类：第一类是建设项目环境影响评价中的方法经过修改可用于 SEA 中，如特尔斐法、

数学模型法、矩阵法等；第二类是用于政策研究和规划分析的方法，如投入产出分析、GIS、统计抽样分析、费用效益分析等；第三类是 SEA 的特有方法，这些方法可用于 SEA 评价因子的筛选、环境信息的收集、评价范围和重点的确定及环境影响预测。

2. 方法

SEA 的主要方法中未能对战略的持续性给以量化评价。根据 SEA 特点，将可持续发展指标体系方法用于战略评价在很大程度上促进了可持续发展。可持续发展指标体系侧重于环境经济、社会的协调发展，是目前研究的热点之一，各个国家、环境组织都在开展这方面的研究。可持续发展体系包括两种最常用的方法：无量纲方法和有量纲方法。有量纲方法可分为货币性方法，如对传统的 GNP 修正的 ANP 法；另外一种是非货币方法，如卫星账户法。无量纲方法是将绝对的有量纲的指数转化为无量纲的指标，是目前常用的方法，由于它操作简单，适宜在 SEA 中应用。

3. 当前 SEA 的研究特点

① SEA 和 EIA 的关系。SEA 通常被看成是 EIA 的战略层次，如立法、政策、计划等，但 SEA 并不是 EIA 方法直接、简单从项目层次直接移植到战略层次，而是 EIA 的原则在战略层次上的应用。

② SEA 与可持续发展。SEA 通常被看作是实现可持续发展战略的重要工具之一，它是连接可持续性原则的实施，从抽象的、宏观的战略落实到实际的、可操作的具体项目。

③ SEA 报告书内容。SEA 报告书包括以下内容：目录、总则、对战略及目标的描述、战略的必要性和可行性、战略方案、SEA 评价范围的界定、同其他战略和环境规划要求以及资源问题的关系、受影响的环境要素的确定、描述受影响后的环境、战略方案及替代方案的环境效果、环境影响分析与评价、推荐防范措施、战略执行效果监测机制、建议。

④ SEA 研究对象的筛选。筛选 SEA 研究对象通常有列表法和定义法，目前的实践表明，SEA 对象包括以下三类政策：部门政策、区域政策和间接政策。

⑤ SEA 评价因子的识别。从形式上 SEA 评价因子分为三类。

a. 传统的环境影响，即在建设项目 EIA 中需要考虑的环境影响，如水污染物、大气污染物、噪声等。

b. 可持续性相关的影响，即要求考虑受到不可逆转的、累积的、间接的环境影响威胁的资源，如独特的景观、重要的物种和生物、化石能源的使用、不可再生资源的使用等。

c. 与战略相关的影响，即受到其他战略影响或影响其他战略的因素，如安全与风险、发展的可持续性、气候和火灾、社会条件等。

⑥ SEA 的主体。SEA 的主体要求必须由有经验丰富的多学科专家组成的工作组来具体完成。

⑦ SEA 的方法学。目前 SEA 的研究方法主要是以定性方法为主，以定量方法为辅。其中用于 SEA 对象和因子鉴别的有列表法、定义法和矩阵法；用于 SEA 信息收集与环境描述的有叠图法、GIS 法等。

⑧ SEA 的公众参与。公众是 SEA 不可或缺的一部分，也是因做得不够好而使 SEA 受到非议最多的方面之一。

三、实施战略环境评价的必要性

首先，SEA 是提高环境影响评价有效性的客观要求。SEA 经过近 40 年的发展，已成为多个国家环境管理的一项基本制度，在控制和减少环境污染、保护生态环境方面发挥了重要作用。然而，目前很多国家还限于具体的建设项目，没有考虑多个建设项目可能产生的区域累积效应或区域范围内的间接负面环境影响。此外，国家的重大经济、技术和产业政策、区域和资源开发规划、城市和行业发展规划、重大基础设施建设等对环境的影响更大。其原因在于：建设项目处于整个决策链（战略-政策-规划-计划-项目）的末端，因此项目环评只能对具体项目表示认同或否决，并不能指导政策或规划的发展方向，无法从源头上保护环境，也不能解决开发建设活动中产生的宏观影响、间接影响和累积影响，而环境问题在人们着手制定政策、规划和计划时就已经潜在地产生了。正是由于现有环评工作出现的这些局限性，SEA应运而生，它能在决策过程的早期执行，并包含某一类型或某一地区的所有项目，因而能确保充分评价替代方案，考虑到累积影响，全面咨询公众，在实施前而不是实施后做出与某一项目相关的决策。

其次，SEA是可持续发展战略的需要。可持续发展，是指既满足当代人自身的需求又不危及相邻的同代人、后代人以及其他物种满足其需求能力的发展，它强调的是环境与社会经济的协调，追求的是人与自然的和谐，其实质是社会经济的健康发展，人类生活水平的不断提高应该建立在确保自然生态和社会生态持续发展的基础之上。1992年，联合国环境与发展大会以后，可持续发展的思想已成为各国制定经济发展战略的重要指导思想。可持续发展的原则作为政策的核心和本质，应通过规划、计划和最终的建设项目逐步分解和贯彻。这就要求在战略实施的不同层次上充分考虑其环境影响，把环境保护问题与社会经济发展有机地结合起来，客观地衡量与评价每一项发展战略的社会经济价值和对环境造成的影响，以期实现社会效益、经济效益和环境效益的统一。也就是说，实施SEA有助于从政策到计划、规划，以至最后的项目遵循可持续发展目标，从而使环境问题在政策、规划、计划和项目的各个决策层次上都得到充分的考虑。

最后，SEA是科学生态补偿的重要前提。所谓生态补偿机制，即生态受益者在合法利用自然资源的过程中，对自然资源所有人或为生态保护付出代价者付相应费用的做法。SEA的对象侧重于制定政策和规划本身，要建立生态补偿机制，SEA是一个十分重要的前提。SEA能对生态补偿政策的有效性做出客观评价，生态补偿往往是跨区域、跨流域的补偿，涉及主客体的分配问题，可能会由于利益格局的变化造成新的生态问题，而SEA可以通过对生态补偿主客体之间的利益分配变化等多种因素的分析，对这种利益格局的变化做出客观的评价，进而对生态补偿本身做出评价。

以江河上下游生态补偿为例，如果将下游地区的部分收益用于补偿上游地区，那么下游地区是否会过度使用生态资源，上游地区是否会将补偿的费用真正用在生态保护上，这些都需要做具体分析，而这些分析是依赖于SEA的。生态补偿的标准和原则是生态补偿政策的重要环节，因此对生态补偿标准和原则做出评价，是生态补偿政策能否达到目的的关键。针对特定区域，采取什么样的生态补偿政策，不仅要涉及补偿原则和标准的选择，还要考虑该地区的经济发展水平和财力状况，而SEA就是要对这些细节做出分析、判断。

四、战略环境影响评价在中国发展存在的问题

由于我国目前经济水平与发达国家相比差距很大，大力发展经济成为各级政府部门一切工作的核心，故各地的环保部门在实际工作中的影响力处于弱势，在参与政策规划时难免出现被动性。关键原因是国内基本上还未有SEA的相关法律、法规的约束，加上SEA本身体系和技术上发展不成熟，当发展规划与某些环境要求相矛盾时，决策者在进行规划时不会充分考虑环境的潜在影响，甚至有些乡镇在实施乡镇规划以及小城市在进行开发区建设时，对一些重要经济政策并未进行战略环境影响评价，这样就会引发严重的环境后果。如在某些农村地区存在广泛的面源污染，大量的农田丢失、森林破坏，对农村的经济可持续发展构成严重的威胁；小城镇开发后，存在严重的生态与景观破坏等问题；大型开发项目落成后引发相应的自然灾害；而且随着我国进入 WTO，绿色贸易壁垒的加重，具有绿色环保标志的产品在市场上才有竞争力，所以实施源头污染控制的思想势在必行。

这就要求我们在实际战略工作中要严格执行好环境影响评价，规范环境评价的工作程序，建立相应的管理体系，从最大的程度上减少环境破坏，努力实现可持续发展的目标。目前中国正处于经济转轨期，从源头保护环境，做好环评工作是我国当前经济发展的机遇和挑战。在建立完善的市场经济体制时，政府部门对于一系列新出台的可能对环境有潜在影响的政策、法律、法规务必实施战略环境影响评价，否则可能会阻碍经济转型的历程。

第五节 环境影响评价发展趋势

自 20 世纪 60 年代以来，随着环境影响评价的理论和技术日益丰富，它在环境管理方面也起着越来越重要的作用。但当前的环境影响评价理论和实践还存在以下不足之处。

① 当前环境影响评价偏重于环境污染和治理对策措施，即偏重于自然环境评价，对于生态环境、社会环境以及生活质量环境的评价工作还比较薄弱。

② 当前环境影响评价主要偏重于单个建设项目的环境影响评价，区域性的环境影响评价和战略环境影响评价较少。

③ 当前环境影响评价对不同项目之间环境影响的协同效应和项目之间在时间上的连续效应认知不足，缺乏对多个项目累积环境影响的考虑。

④ 当前环境影响评价对于评价的准确性和减缓措施的有效性缺乏检验和评估。

⑤ 当前环境影响评价在公众参与方面还存在很大不足。

⑥ 当前环境影响评价的技术方法手段有待改进和提高。

随着环境影响评价研究和实践的深入，未来的环境影响评价研究将可在以下几个方面得到较大程度的拓展。

一、区域环境影响评价

区域开发活动是指在特定的区域、特定的时间内有计划进行的一系列重大开发活动。区域环境影响评价是在一定区域内以动态的、可持续发展的观点，从整体上综合考虑区域内拟开展的各种社会经济活动对环境产生的影响，并据此制定和选择维护区域良性循环、经济可持续发展的最佳行动规划或方案，同时也为区域开发规划和管理提供决策依据。

区域环境影响评价的对象是在一定时期内某个区域的所有开发建设行为或活动。其目的是通过对区域开发活动的环境影响评价，完善区域开发活动规划，保证区域开发的可持续发展。

区域环境影响评价的内容既包括直接影响（即开发活动对大气、水、噪声等的影响），又包括累积影响（即开发活动对自然环境和生态系统造成的不可逆的、累积的影响，这种影响跨越较大的空间与时间尺度），而且偏重于对累积环境影响的评价。主要包括：区域开发合理性分析、区域开发总体布局合理性分析、区域开发土地利用适宜度分析、区域环境承载能力分析、区域开发活动环境影响预测与评价以及区域（或开发区）环境管理体系初步规划。

区域环境影响评价具有开发对象的多样性和可选择性，区域性、动态性、非线性和自适应性，评价内容反映整体性、动态性的特点。区域环境影响评价要求达到同一性、整体性、综合性、实用性、战略性和可持续性的基本原则；重点是论证区域内未来建设项目的布局、结构和时序，提出技术上可行、经济上合理、对整个区域环境影响较小的整体优化方案。

二、累积环境影响评价

累积影响评价的概念起源于美国。累积影响是指当一项活动与其过去、现在及可以合理预见的将来的活动结合在一起时，因影响的增加而产生的对环境的影响。当一个项目的环境影响与另一个项目的环境影响以协同的方式结合，或当若干个项目对环境产生的影响在时间上过于频繁或在空间上过于密集，以至于各项目的影响得不到及时消除时，都会产生累积影响。因此，除了评价开发活动的直接影响和间接影响外，环境评价还必须提出充分的依据和分析，以确定经济开发活动是否会产生重大的累积影响。

累积影响评价是针对项目环境影响评价极少考虑若干活动累积影响的缺陷和适应可持续发展对环境影响评价的要求而发展起来的。其本质上是在较大时空范围内对累积影响进行系统的分析和评价，通过调查和分析累积影响源、累积过程和累积影响，对时间和空间上的累积作出解释，估计和预测过去的、现有的和计划的人类活动的累积影响及其对社会经济发展的反馈效应，并提出合理的避免或消除该累积影响的环境管理措施的过程。

累积影响评价将空间分析范围扩展到区域或全球水平以便充分考虑包括建议活动在内的所有有关活动对某种自然资源、生态系统或社会环境的累积影响及其空间拥挤、空间滞后和边界扩展效应；时间上不但要考虑预测的影响，还要分析环境随时间的变化，以识别所有有关的过去的、现在的和计划的活动所造成环境影响的时间拥挤、时间滞后和间接效应；明显地体现出评价的动态性。

三、生命周期评价

生命周期评价是一种评价产品、工艺过程或活动从原材料的采集、加工到生产、运输、销售、使用、回收、养护、循环利用和最终处理整个生命周期环境负荷的过程。生命周期评价突出强调产品的“生命周期”，早期曾被形象地称为“从摇篮到坟墓”的评价。

生命周期评价通过对整个生命周期内能量和物质的使用及释放的辨识和定量，评价其对环境的影响，同时通过分析，寻求改善环境的机会。生命周期评价注重研究系统对资源能源消耗、人类健康和生态环境的影响，一般不考虑经济和社会方面的影响。

生命周期评价作为一种环境管理工具，不仅对当前的环境冲突进行有效的定量化的分析、评价，而且对产品及其“从摇篮到坟墓”的全过程所涉及的环境问题进行评价，因而是“面向产品环境管理”的重要支持工具。它既可用于企业产品的开发与设计，又可有效地支持政府环境管理部门的环境政策制定，同时也可提供明确的产品环境标志，从而指导消费者的环境产品消费行为。

生命周期评价是一种全过程评价，具有系统性强、涉及面广、工作量大等特点，但仍存在着主观性强、可比性差、数据精度有限、时间费用较高等不足，有待进一步发展和完善。

四、环境影响后评价

环境影响后评价是指在开发建设活动正式实施后，以环境影响评价工作为基础，以建设项目投入使用等开发活动完成后的实际情况为依据，通过评估开发建设活动实施前后污染物排放及周围环境质量变化，全面反映建设项目对环境的实际影响和环境补偿措施的有效性，分析项目实施前一系列预测和决策的准确性和合理性，找出出现问题和误差的原因，评价预测结果的正确性，提高决策水平，为改进建设项目管理和环境管理提供科学依据，是提高环境管理和环境决策的一种技术手段。

环境影响后评价的主要内容包括环境监测、环境评估和环境管理。

环境监测是指监测实际的环境影响，包括合格性监测、实际影响监测和现状（背景）监测。合格性监测的目的在于了解项目的环境管理状态以及是否满足规定的环境标准的要求；实际影响监测主要是获取由于项目施工和运行引起的环境要素真实变化的信息；现状（背景）监测在于掌握项目建设前典型环境条件下的环境状况。

环境评估是指对项目环境管理行为的有效性和环境保护措施的有效性进行分析和评价，包括项目环境管理行为和环保措施的有效性分析。项目环境管理行为的有效性涉及项目的环境管理体系和运转状况以及环境影响评价的有效性；环保措施的有效性主要涉及环保措施、设施的应用和运转情况。

环境管理是指根据监测和评估得到的结果，提出改进环境保护措施、改善环境管理的建议和要求，包括改进项目的运行、环保措施及运行的建议，改进环境管理行为的建议，修改营业执照内容和排污许可证条款的建议以及对项目环境影响后续评估计划的调整。

通过环境影响后评价，环境管理部门可以依据项目的实际影响、减缓措施和管理对策的有效性以及改进的途径，从而实现对项目影响的全过程评估和管理。

环境影响后评价已经被引入到我国的环境影响评价制度当中，在《环境影响评价法》中，对规划、建设项目明确提出了环境影响后评价（或跟踪评价）的要求，这对加强我国规划、建设项目环境影响评价管理，健全环境影响评价体系具有重要的作用。

五、环境影响评价公众参与

从社会学角度来说，公众参与是指社会群众、社会组织、单位或个人作为主体，在其权利义务范围内有目的的社会行动。环境影响评价中的公众参与是项目方或者环评工作组同公众之间的一种双向交流，其目的是使项目能够被公众充分认可并在项目实施过程中不对公众利益构成危害或威胁，以取得经济效益、社会效益、环境效益的协调统一。

我国公众参与起步稍晚，在研究的深度和广度上与西方发达国家相比存在一定的差距，并且很多问题有待解决，影响了公众参与有效性的发挥。虽然公众参与在我国有充分的法律依据，但对于公众参与的方式、阶段、内容、参与者、参与效果等没有进行规定，还没有形成公众参与的完整机制。在实践中，由于诸多条件的限制，公众参与可操作性较差，许多表现为对已发生的污染问题的反映及上诉，成为了一种被动参与。由于公众参与力度不够，在一定程度上也影响着环境影响评价的质量，使环境影响评价难以充分发挥其解释和传播环境影响的作用。

公众参与是环境影响评价中非常重要的内容，对于提高环境影响评价的工作质量，完善环境影响评价体系有着非常重要的意义。公众参与是一种社会学的研究方法，与一个国家的体制相关，因此也不可能完全照搬国外的模式。在我国目前的政治体制下如何充分发挥公众参与的作用，提高公众参与的时效性，将是今后环境影响评价领域的一个研究热点。随着我国法制建设的完备和公民环保意识的提升，环境影响评价中的公众参与势必会更加系统化、程序化、规范化。

综上所述，随着环境影响评价制度从单纯建设项目评价向区域环境影响评价的发展，区域层次或全球层次的环境影响评价研究将是人们关注的一个方向；随着从单个项目的、简单因果关系的环境影响评价到考虑多个项目的、具有时空效应的、复杂因果关系的环境影响评价的发展，对累积环境影响评价研究将会进一步深入；此外，对环境影响后评价、环境影响评价公共参与以及对 SEA 的研究也将成为未来环境影响评价发展方向。

第十一章 清洁生产与污染防治对策

第一节 清洁生产概述

一、清洁生产的基本概念

清洁生产是我国工业可持续发展的重要战略，也是实现我国污染控制重点由末端控制向生产全过程控制转变的重要措施。清洁生产和环境影响评价是环境保护的重要组成部分，环境影响评价和清洁生产均追求对环境污染的预防。常规环境影响评价的目的主要是帮助业主使他们的建设项目的污染物排放能达到浓度排放标准和总量控制要求，通常借助的工具是末端治理。清洁生产则完全不同，它预防污染物的产生，即从源头和生产过程防止污染物的产生。

联合国环境规划署1996年给清洁生产的定义是："清洁生产是一种新的创造性的思想，该思想将整体预防的环境战略持续应用于生产过程、产品和服务中，以增加生态效率和减少人类及环境的风险。对生产过程，要求节约原材料和能源，淘汰有毒原材料，减降所有废物的数量和毒性；对产品，要求减少从原材料提炼到产品最终处置的全生命周期的不利影响；对服务，要求将环境因素纳入设计和所提供的服务中"。

2002年6月颁布的《中华人民共和国清洁生产促进法》第二条指出"本法所称清洁生产，是指不断采用改进设计、使用清洁的能源和原料、采用先进的工艺技术与设备、改善管理、综合利用，从源头削减污染，提高资源利用效率，减少或者避免生产、服务和产品使用过程中污染物的产生和排放，以减轻或者消除对人类健康和环境的危害"。

1997年4月17日国家环境保护局发布了《关于推行清洁生产的若干意见》，规定"建设项目的环境影响评价应包含清洁生产有关内容。项目建议书阶段，要对工艺和产品是否符合清洁生产要求提出初评；项目可行性研究阶段要重点对原料选用、生产工艺和技术、产品等方案进行详评，最大限度地减少技术和产品的环境风险。对于使用限期淘汰的落后工艺和设备，不符合清洁生产要求的建议项目，环境保护行政主管部门不得批准其建设项目环境影响报告书。"

《清洁生产促进法》第三章第十八条指出："新建、改建和扩建项目应当进行环境影响评价，对原料使用、资源消耗、资源综合利用以及污染物产生与处置等进行分析论证，优先采用资源利用率高以及污染物产生量少的清洁生产技术、工艺和设备。"《建设项目环境保护管理条例》规定："工业建设项目应当采用能耗物耗小、污染物产生量少的清洁生产工艺，合理利用自然资源，防止环境污染和生态破坏"。

二、建设项目环境影响评价中存在的问题

环境影响评价制度在我国发挥其重要作用的同时也存在着一些问题，其中比较严重的问题是小规模工业污染源的失控和末端治理的失控。这是由于环境影响评价主要关注的是污染物产生以后对环境的影响，污染控制措施一旦未能有效执行，则环境影响评价就失去其有效性。另外，环境影响评价制度主要针对大中型综合建设项目，而忽视了小型工业企业产生污染的管理。

通过对进行末端处理的企业的调查发现，大量的末端处理设施在通过验收后停止了使用，或未按照原设计的要求进行运转。这其中最主要的原因是末端处理运行费用太高，很多企业负担不了，而这些企业往往又是大型企业，为了避免引起其他的社会问题，很难强行关闭它们。在建设项目环境影响评价时，对企业是否负担得起如此高昂的末端处理费用往往考虑较少，这也是现在的环境影响评价制度中存在的问题之一。

总之，传统建设项目环境影响评价虽然是一种预防性的措施，但它关注的重点是污染产生以后对环境的影响，而不是预防污染的产生，因而和清洁生产有着明显的区别。

三、清洁生产概念引入环评中的好处

清洁生产已被证明是优于污染末端控制且需优先考虑的一种环境战略，现在越来越多的国家将清洁生产的概念引入环评中，以此强化工程分析，提高了环评的质量。清洁生产引入环评可有以下几方面的好处。

1. 减轻建设项目的末端处理负担

清洁生产主张从产品设计、原料替代、设备与技术改造、工艺改革、生产管理改进等全过程着手，从生产源头开始考虑节约资源、能源和废物最小化，降低污染物的产生量和排放量，在污染物产生之前就予以削减。清洁生产也贯穿了循环经济的理念，由“资源-产品-污染物”的简单线性经济变为“资源-产品-再生资源-再生产品”的闭环流动的经济系统，在很大程度上减轻建设项目的末端处理负担。

2. 提高建设项目的环境可靠性

末端处理设施的“三同时”一直是我国环境管理的一个重点和难点，如果环评提出的末端处理方案不能实施或实施不完全，则直接导致环境负担的增加，这实际上是环评制度在某种程度上的间接失效，而这种情况在全国各地大量存在。

3. 提高建设项目的市场竞争力

清洁生产往往通过提高利用效率来达到，因而在许多情况下将直接降低生产成本，提高产品质量，提高市场竞争力。

4. 降低建设项目的环境责任风险

在环境法律、法规日趋严格的今天，企业很难预料其将来所面临的环境风险，因为每出台一项新的环境法律、法规和标准，都有可能成为一种新的环境责任，而最好的规避方法就是通过清洁生产减少污染的产生。

四、清洁生产审核

清洁生产审核是组织对现在的和计划进行的生产和服务实行预防污染的分析和评估。通过持续运用系统化、结构化、程序化的手段，以物料、能量平衡为定量分析基础，诊断效率低下和污染产生的原因，采取针对性的方案消除那些原因，从而达到“节能、降耗、减污、增效”的清洁生产目的。目前，在我国清洁生产工作做得较多的部分是在企业内部针对现在进行的工业生产行为实行预防污染的分析和评估，在环境影响评价中进行清洁生产的分析是对计划进行的生产和服务实行预防污染的分析和评估。因此，进行清洁生产分析时应以清洁生产的审核思路作指导。

清洁生产审核思路概括为：①通过对生产过程的分析，列出污染源清单，判明废物产生的部位，即废弃物从哪里来；②分析废物产生的原因，即为什么会产生废弃物；③提出和实施减少或消除废物的方案，即如何消除废弃物。

审核思路中提出要分析废弃物产生的原因和提出预防或减少废物产生的方案，这两项工作该如何去做呢？为此需要分析生产过程中废弃物产生的主要原因，并提出有针对性的解决方案，这也是清洁生产与末端治理的重要区别之一。图 11-1 展示了生产过程的框图。从图 11-1 可以看出，对废物的产生原因分析要针对以下八个方面进行：①原辅材料和能源；②技术工艺；③设备；④过程控制；⑤管理；⑥员工；⑦产品；⑧废物。

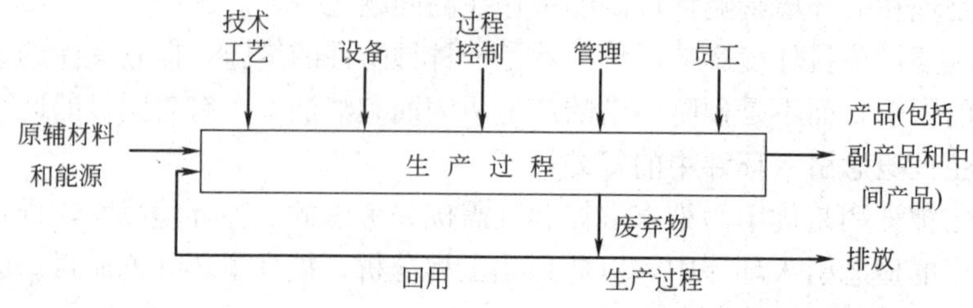

图 11-1　生产过程的框图

对于不得不产生的废物，要优先采用回收和循环使用措施，剩余部分才向外界环境排放。从清洁生产的角度看，废物产生的原因和产生的方案与这八个方面密切相关，这八个方面中的某几个方面直接导致废物的产生。这八个方面构成生产过程，同时也是分析废物的产生原因和产生清洁生产方案的八个方面。

要做好环境影响评价中的清洁生产分析工作，应对评价项目所涉及的原辅材料、生产工艺过程、产品等非常熟悉，才能够主动地发现问题，从而提出清洁生产的解决方案，从源头消除污染物的产生。

第二节　清洁生产分析指标体系

一、清洁生产分析指标的选取原则

1. 从产品生命周期全过程考虑

制定清洁生产指标是依据生命周期分析理论，围绕产品生命周期展开清洁生产分析。

生命周期分析方法是清洁生产指标选取的一个最重要原则，它是从一个产品的整个寿命周期全过程地考察其对环境的影响，如从原材料的采掘到产品的生产过程，再到产品的销售，直至产品报废后的处理、处置。

生命周期分析方法有时也叫生命周期评价，按 ISO 定义："生命周期评价是对一个产品系统的生命周期中输入、输出及其潜在环境影响的汇编和评价"。生命周期评价可追溯到 20 世纪 70 年代的二次能源危机，在经历这次能源危机时，许多制造业认识到提高能源利用效率的重要性，于是开发出一些方法来评估产品生命周期的能耗问题，以求提高总能源利用效率。后来这些方法进一步扩大到其他资源利用和废弃物的产生方面，以使企业在选择产品时作出正确的判断。

进入 20 世纪 80 年代以来，随着一些环境影响评价技术的发展，例如对温室效应和资源消耗等的环境影响定量评价方法的发展，生命周期评价方法日臻成熟，在发达国家，环境报告制度的形成需要对产品形成统一的环境影响评价方法和数据，这些均构成了生命周期评价的重要基础。

到了 20 世纪 90 年代，由于美国"环境毒理学和化学学会"（SETAC）和欧洲"生命周期评价开发促进会"（SPOLD）的大力推动，生命周期评价方法在全球范围内得到比较大规模的应用。生命周期评价方法的关键和与其他环境评价方法的主要区别，是它要从产品的整个生命周期来评估它对环境的总影响，这对于进行同类产品的环境影响比较尤为有用。例如，棉制衬衫和化纤衬衫哪个对环境更好？详细的生命周期评价结果表明，衬衫对环境的最大影响是在衬衫的使用阶段，而不是棉花的种植（化肥、杀虫剂的使用会有环境影响）或化纤的生产过程（化纤厂的废水也会有环境影响）；而衬衫在使用过程中对环境影响最大的问题是熨烫过程的能耗。由于化纤衬衫比棉衬衫更易于熨烫成型而节省能源，所以综合比较，使用化纤衬衫对环境影响较小。

生命周期评价方法的主要缺点是非常烦琐，且需数据量很大，而结果一般是相对的，尤其当系统边界或假设条件不同时，不同产品的比较便无意义。1997 年 ISO 正式出台了“ISO 14040 环境管理生命周期评价原则与框架”，以国际标准形式提出对生命周期评价方法的基本原则与框架，这将有利于生命周期评价方法在全世界的推广与应用。

环评中并非对建设项目要求进行严格意义上的生命周期评价，而是要借助这种分析方法来确定环境影响评价中清洁生产评价指标的范围。

2. 体现污染预防为主的原则

清洁生产指标必须体现预防为主，要求完全不考虑末端治理，因此污染物产生指标是指污染物离开生产线时的数量和浓度，而不是经过处理后的数量和浓度。清洁生产指标主要反映出建设项目实施过程中所使用的资源量及产生的废物量，包括使用能源、水或其他资源的情况，通过对这些指标的评价能够反映出建设项目通过节约和更有效的资源利用来达到保护自然资源的目的。

3. 容易量化

清洁生产指标要力求定量化，对难以量化的指标也应给出文字说明。为了使所确定的清洁生产指标既能够反映建设项目的主要情况，又简便易行，在设计时要充分考虑到指标体系的可操作性，因此，应尽量选择容易量化的指标项，这样，可以给清洁生产指标的评价提供有力的依据。

4. 满足政策法规要求和符合行业发展趋势

清洁生产指标应符合产业政策和行业发展趋势要求，并应根据行业特点，考虑各种产品和生产过程选取指标。

二、清洁生产分析指标

依据生命周期分析的原则，环评中的清洁生产评价指标可分为六大类：生产工艺与装备要求、资源能源利用指标、产品指标、污染物产生指标、废物回收利用指标和环境管理要求。六类指标既有定性指标也有定量指标，资源能源利用指标和污染物产生指标在清洁生产审核中是非常重要的两类指标，属于定量指标，其余四类指标属于定性指标或者半定量指标。

1. 生产工艺与装备要求

选用清洁工艺、淘汰落后有毒、有害原辅材料和落后的设备，是推行清洁生产的前提，因此在清洁生产分析专题中，首先要对工艺技术来源和技术特点进行分析，说明其在同类技术中所占地位以及选用设备的先进性。对于一般性建设项目的环评工作，生产工艺与装备选取直接影响到该项目投入生产后资源能源利用效率和废弃物产生，可从装置规模、工艺技术、设备等方面体现出来，分析其在节能、减污、降耗等方面达到的清洁生产水平。

2. 资源能源利用指标

从清洁生产的角度看，资源、能源指标的高低也反映一个建设项目的生产过程在宏观上对生态系统的影响程度，因为在同等条件下，资源能源消耗量越高，对环境的影响越大。

清洁生产评价资源能源利用指标包括物耗指标、能耗指标和新水用量指标三类。

(1) 新水用量指标

① 单位产品新水用量＝年新水总用量/产品产量

② 单位产品循环用水量＝年循环水量/产品产量

③ 工业用水重复利用率$=\frac{C}{Q+C}\times100\%$ (11-1)

式中，C 为重复利用水量；Q 为取用新水量。

④ 间接冷却水循环率$=\frac{C_{冷}}{Q_{冷}+C_{冷}}\times100\%$ (11-2)

式中，$C_{冷}$ 为间接冷却水循环量；$Q_{冷}$ 为间接冷却水系统取水量（补充新水量）。

⑤ 工艺水回用率$=\frac{C_X}{Q_X+C_X}\times100\%$ (11-3)

式中，C_X 为工艺水回用量；Q_X 为工艺水取水量（取用新水量）。

⑥ 万元产量取水量$=\frac{Q}{P}$ (11-4)

式中，P 为年产量。

(2) 单位产品的能耗 即生产单位产品消耗的电、煤、石油、天然气和蒸汽等能源量。为便于比较，通常用单位产品综合能耗指标。

(3) 单位产品的物耗 生产单位产品消耗的主要原料和辅料的量，也可用产品收率、转化率等工艺指标反映物耗水平。

(4) 原辅材料的选取 是资源能源利用指标的重要内容之一，它反映了在资源选取的过程中和构成其产品的材料报废后对环境和人类的影响。因而可从毒性、生态影响、可再生性、能源强度以及可回收利用性这五方面建立定性分析指标。

3. 产品指标

对产品的要求是清洁生产的一项重要内容，因为产品的清洁性、销售、使用过程以及报废后的处理处置均会对环境产生影响，有些影响是长期的，甚至是难以恢复的。首先，产品应是我国产业政策鼓励发展的产品，此外，从清洁生产要求还应考虑包装和使用。例如：产品的过分包装和包装材料的选择都将对环境产生影响；运输过程和销售环节不应对环境产生影响；产品使用安全，报废后不应对环境产生影响。

4. 污染物产生指标

除资源能源利用指标外，另一类能反映生产过程状况的指标便是污染物产生指标，污染物产生指标较高，说明工艺相对比较落后，管理水平较低。考虑到一般的污染问题，污染物产生指标设三类，即废水产生指标、废气产生指标和固体废物产生指标。

(1) 废水产生指标 可细分为两类，即单位产品废水产生量指标和单位产品主要水污染物产生量指标。

单位产品废水排放量＝年排入环境废水总量/产品产量

单位产品COD排放量＝全年COD排放总量/产品产量

$$污水回用率=\frac{C_{污}}{C_{污}+C_{直污}}\times100\% \quad (11\text{-}5)$$

式中，$C_{污}$为污水回用量；$C_{直污}$为直接排入环境的污水量。

（2）废气产生指标　废气产生指标和废水产生指标类似，也可细分为单位产品废气产生量指标和单位产品主要大气污染物产生量指标。

单位产品废气产生量＝全年废气产生总量/产品产量

单位产品 SO_2 排放量＝全年 SO_2 排放量/产品产量

（3）固体废物产生指标　对于固体废物产生指标，情况则简单一些，因为目前国内还没有像废水、废气那样具体的排放标准，因而指标可简单地定为单位产品主要固体废物产生量和单位固体废物综合利用量。

5. 废物回收利用指标

废物回收利用是清洁生产的重要组成部分，在现阶段，生产过程不可能完全避免产生废水、废料、废渣、废气（废汽）、废热，然而，这些“废物”只是相对的概念，在某一条件下是造成环境污染的废物，在另一条件下就可能转化为宝贵的资源。生产企业应尽可能地回收和利用废物，而且，应该是高等级的利用，逐步降级使用，然后再考虑末端治理。

6. 环境管理要求

从五个方面提出要求，它们是环境法律法规标准、环境审核、废物处理处置、生产过程环境管理、相关方面环境管理。

（1）环境法律法规标准　要求生产企业符合国家和地方有关环境法律、法规，污染物排放达到国家和地方排放标准、总量控制和排污许可证管理要求，这一要求与环评工作内容相一致。

（2）环境审核　对项目的业主提出两点要求，第一按照行业清洁生产审核指南的要求进行审核；第二按照 ISO 14001 建立并运行环境管理体系，环境管理手册、程序文件及作业文件齐备。

（3）废物处理处置　要求对建设项目的一般废物进行妥善处理处置；对危险废物进行无害化处理，这一要求与环评工作内容相一致。

（4）生产过程环境管理　对建设项目投产后可能在生产过程产生废物的环节提出要求，例如要求企业有原材料质检制度和原材料消耗定额，对能耗、水耗有考核，对产品合格率有考核，各种人流、物料包括人的活动区域、物品堆存区域、危险品等有明显标识，对跑冒滴漏现象能够控制等。

（5）相关方环境管理　为了保护环境，在建设项目施工期间和投产使用后，对于相关方（如原料供应方、生产协作方、相关服务方）的行为提出环境要求。

第三节　清洁生产分析方法

目前使用比较广泛的清洁生产水平分析方法主要包括指标对比法和分值评定法。

指标对比法一般用于已有行业清洁生产标准的项目，参照行业标准，根据环评项目各项指标的预测值和标准中的各项指标值，逐项对比进行评价。行业标准一般将清洁生产标准指标分成生产工艺与装备要求、资源能源利用指标、污染物产生指标（末端处理前）、废物回收利用指标和环境管理要求五大类指标，每类指标又分成若干项分指标。根据当前的行业技术、装备水平、管理水平和行业企业在清洁生产方面的发展趋势，又将这几大类指标分为三级：一级为国际清洁生产先进水平，代表目前国际上相关行业清洁生产的发展方向；二级为国内清洁生产先进水平，代表目前国内相关行业清洁生产的发展方向；三级为国内清洁生产基本水平，代表目前在国家技术许可的前提下，进行清洁生产的企业应该达到的最基本的水平。

截至2012年，国家环境保护部已发布酒精制造业（HJ 581—2010）、铜冶炼业（HJ 558—2010）、铜电解业（HJ 559—2010）、制革工业（羊革）（HJ 560—2010）、水泥工业（HJ 467—2009）、造纸工业（废纸制浆）（HJ 468—2009）、清洁生产审核指南制订技术导则（HJ 469—2009）、钢铁行业（铁合金）（HJ 470—2009）、氧化铝业（HJ 473—2009）、纯碱行业（HJ 474—2009）、氯碱工业（烧碱）（HJ 475—2009）、氯碱工业（聚氯乙烯）（HJ 476—2009）、废铅酸蓄电池铅回收业（HJ 510—2009）、粗铅冶炼业（HJ 512—2009）、铅电解业（HJ 513—2009）、宾馆饭店业（HJ 514—2009）、清洁生产标准制订技术导则（HJ/T 425—2008）、钢铁行业（烧结）（HJ/T 426—2008）、钢铁行业（高炉炼铁）（HJ/T 427—2008）、钢铁行业（炼钢）（HJ/T 428—2008）、化纤行业（涤纶）（HJ/T 429—2008）、电石行业（HJ/T 430—2008）、石油炼制业（沥青）（HJ 443—2008）、味精工业（HJ 444—2008）、淀粉工业（HJ 445—2008）、煤炭采选业（HJ 446—2008）、铅蓄电池工业（HJ 447—2008）、制革工业（牛轻革）（HJ 448—2008）、合成革工业（HJ 449—2008）、印制电路板制造业（HJ 450—2008）、葡萄酒制造业（HJ 452—2008）、造纸工业（漂白化学烧碱法麦草浆生产工艺）（HJ/T 339—2007）、造纸工业（硫酸盐化学木浆生产工艺）（HJ/T 340—2007）、电解锰行业（HJ/T 357—2007）、镍选矿行业（HJ/T 358—2007）、化纤行业（氨纶）（HJ/T 359—2007）、彩色显像（示）管生产（HJ/T 360—2007）、平板玻璃行业（HJ/T 361—2007）、烟草加工业（HJ/T 401—2007）、白酒制造业（HJ/T 402—2007）、啤酒制造业（HJ/T 183—2006）、食用植物油工业（豆油和豆粕）（HJ/T 184—2006）、纺织业（棉印染）（HJ/T 185—2006）、甘蔗制糖业（HJ/T 186—2006）、电解铝业（HJ/T 187—2006）、氮肥制造业（HJ/T 188—2006）、钢铁行业（HJ/T 189—2006）、基本化学原料制造业（环氧乙烷/乙二醇）（HJ/T 190—2006）、汽车制造业（涂装）（HJ/T 293—2006）、铁矿采选业（HJ/T 294—2006）、电镀行业（HJ/T 314—2006）、人造板行业（中密度纤维板）（HJ/T 315—2006）、乳制品制造业（纯牛乳及全脂乳粉）（HJ/T 316—2006）、造纸工业（漂白碱法蔗渣浆生产工艺）（HJ/T 317—2006）、钢铁行业（中厚板轧钢）（HJ/T 318—2006）、石油炼制业（HJ/T 125—2003）、炼焦行业（HJ/T 126—2003）、制革行业（猪轻革）（HJ/T 127—2003）等行业的清洁生产标准。

没有行业标准可以参照时，常采用分值评定法。

分值评定法采用百分制，首先对原材料指标、产品指标、资源消耗指标和污染物产生指标按等级评分标准分别进行打分，若有分指标则按分指标打分，然后分别乘以各自的权重值，最后累加起来得到总分。通过总分值的比较可以基本判定建设项目整体所达到的清洁生产程度；另外，各项分指标的数值也能反映出该建设项目所改进的地方。该方法的不足之处是，该方法未将生产工艺与设备要求和环境管理要求列入指标，指标体系不够完整、充分；同时，有些行业的用于确定指标等级分值的基础数据缺乏。分值评定法的评价程序如下。

一、清洁生产分析程序

① 分析项目清洁生产指标，确定指标权重。

② 收集相关行业清洁生产标准或基准数据。

③ 预测环评项目的清洁生产指标值。

④ 将预测值与清洁生产标准值或基准数据对比，确定各指标的等级分值。

⑤ 综合评分，得出清洁生产评价结论。

⑥ 提出清洁生产改进方案和建议。

二、权重值的确定

清洁生产评价的等级分值范围为 0～1，为数据评价直观起见，对清洁生产的评价方法采用百分制，因而所有指标的总权重值应为 100。为了保证评价方法的准确性和适用性，在各项指标（包括分指标）的权重确定过程中，国家环境保护总局 1998 年在“环境影响评价制度中的清洁生产内容和要求”项目研究中，采用了专家调查打分法。专家范围包括清洁生产方法学专家，清洁生产行业专家，环评专家，清洁生产和环境影响评价政府管理官员。调查统计结果见表 11-1。

表 11-1　清洁生产指标权重值专家调查结果

评价	原材料指标					产品指标				资源指标			污染物产生指标
指标	毒性	生态影响	可再生性	能源强度	可回收利用性	销售	使用	寿命优化	报废	能耗	水耗	其他物耗	
权重值	7	6	4	4	4	3	4	5	5	11	10	8	29
总权重值	25					17				29			29

专家们对生产过程的清洁生产指标比较关注，对资源指标和污染物产生指标分别都给出最高权重值 29；原材料指标次之，权重值为 25；产品指标最低，权重值为 17。

原材料指标包括五项分指标，产品指标包括四项指标，根据它们的重要程度，分别确定权重值。

资源指标包括三项指标：能耗、水耗、其他物耗。如果这三项指标中每一项指标下面还分别包括几项分指标，则根据实际情况另行确定它们的权重，但分指标的权重值之和应分别等于这三项指标的权重值。

污染物产生指标根据实际情况可选择包含几项大指标（例如废水、废气、固体废物），每项大指标又可包含几项分指标。因为不同企业的污染物产生情况差别太大，因而未对各项大指标和分指标的权重值加以具体规定，可依据实际情况灵活处理。

三、清洁生产水平的等级分值

根据以上的清洁生产指标分析，各项指标可分成定性评价和定量评价两大类。原材料指标和产品指标在目前的数据条件下难以量化，属于定性评价，因而粗分为三个等级；资源指标和污染物产生指标易于量化，可做定量评价，因而细分为五个等级。

1. 定性评价等级

① 高：表示所使用的原材料和产品对环境的有害影响比较小。

② 中：表示所使用的原材料和产品对环境的有害影响中等。

③ 低：表示所使用的原材料和产品对环境的有害影响比较大。

2. 定量评价等级

① 清洁：有关指标达到本行业国际先进水平。

② 较清洁：有关指标达到本行业国内先进水平。

③ 一般：有关指标达到本行业国内平均水平。

④ 较差：有关指标达到本行业国内中下水平。

⑤ 很差：有关指标达到本行业国内较差水平。

各项指标的分级标准或基准数据确定（或者类比目标的选定）是否准确、是否合理，直接影响各项指标的等级分值的确定是否准确、合理，对清洁生产水平评价结果的真实性和可靠性有很大的影响。

已出台的行业清洁生产标准都有一个清洁生产指标基准数据表（含定性的技术要求）；《中国环境影响评价培训教材》等资料给出了一些行业典型生产工艺的清洁生产指标基准数据表；可以收集国内外同类装置清洁生产指标的一些数据作为基准；还可以咨询业内专家。结合项目各项指标的实际预测值，与上述途径收集的基准数据进行对比，确定各项指标的等级，参照表 11-2、表 11-3 对各项指标赋予等级分值。

为了统计和计算方便，定性评价和定量评价的等级分值范围均定为 0～1。对定性评价分三个等级，按基本等量、就近取整的原则来划分不同等级的分值范围，具体见表 11-2，对定量指标依据同样原则，划分为五个等级，具体见表 11-3。

表 11-2　原材料指标和产品指标（定性指标）的等级评分标准

等级	低	中	高
等级分值	0～0.3	0.3～0.7	0.7～1.0

注：确定分值时取两位有效数字。

表 11-3　资源指标和污染物产生指标（定量指标）的等级评分标准

等级	很差	较差	一般	较清洁	清洁
等级分值	0～0.2	0.2～0.4	0.4～0.6	0.6～0.8	0.8～1.0

注：确定分值时取两位有效数字。

四、总体评价要求

各分指标的等级分值分别乘以各自的权重值，最后累加起来得到总分，即为该项目的综合评分结果，综合评分的范围为 0～100。当然，清洁生产是一个相对的概念，因此，清洁生产指标的评价结果也是相对的。表 11-4 为不同的综合评分结果所代表的清洁生产水平。

表 11-4　评分结果所代表的清洁生产水平

评分	水平	清洁生产水平等级意义
＞80	清洁生产	从平均的意义上说，该项目原材料的选取对环境的影响、产品对环境的影响、生产过程中资源的消耗程度、污染物的产生量均处于同行业国际先进水平，因而，从现有的技术条件看，该项目是清洁生产
70～80	传统先进	同理，该项目属传统先进项目，即总体在国内属于先进水平，某些指标属国际先进水平
55～70	一般	项目总体在国内属中等的、一般的水平
40～55	落后	项目的总体水平低于国内一般水平，其中某些指标可能属于较差或很差之列
＜40	淘汰	项目的总体水平处于国内较差或很差水平，不仅消耗了过多的资源，产生了过量的污染物，而且在原材料的利用和产品的使用及报废后的处置等多方面均可能对环境产生超出常规的不利影响

第四节　工业生产过程的清洁生产途径

清洁生产是工业发展的一种新模式，贯穿产品生产和消费的全过程中。它不单纯是一个清洁生产技术问题，而是一个复杂的系统工程。因此，要实现清洁生产，必须首先转变观念，从揭示传统生产技术的主要问题入手，从生产-环境保护一体化的原则出发，具体问题具体分析，逐个解决产品生产、贮运、使用和消费全过程中存在的问题。

一、源削减

源削减是指通过预先制定的措施预防污染，使污染物产生之前就被削减或消灭于生产过程中。其实质是避免污染的产生，它在经济上和环境上要比净化和控制污染更为可取。

1. 改进产品设计，调整产品结构

工业产品设计原则往往是从经济利益考虑，仅考虑其适用性和经济性，产品出厂后，企业不再顾及它们随后的命运，有些产品使用后废弃、分散在环境中也是重要的污染源。如使用破坏臭氧层的氟里昂冰箱、强致癌联苯、六六六等农药。

按照清洁生产概念，对于工业产品要进行整个生命周期的环境影响分析，也就是对于产品要从设计、生产、流通、消费以至报废后处置的几个阶段进行环境影响分析。对于那些生产过程中物耗、能耗高，污染严重的产品，以及使用、报废后破坏生态环境的产品要尽快调整与停产。对于开发清洁产品可提出如下一些途径。

① 产品的更新设计。使产品在生产、使用中及报废后处置对环境无害，鼓励生产绿色产品。

② 调整产品结构。从产品的生命周期整体设计，优化生产，如造纸工业从种速生林—制纸浆—造纸—废纸—废纸回收利用与纸浆的循环利用，整体布局“一条龙”生产。

③ 提高产品的使用寿命，减少报废。

④ 合理的使用功能。盲目追求“多功能”、“万能”，往往造成资源浪费。

⑤ 简化包装，易降解、易处理。产品报废后，应易处理，可降解，并且对环境无害。鼓励采用可再生材料制作包装材料，包装物可回收重复使用等。

2. 原材料的改进

可开发无害或少害的物料来替代产品生产过程中使用的有害的物料，从而最终使产品在使用和生产过程中不产生或少产生污染物。现在已开发出许多有害物料替代的生产过程，如印刷业采用水溶性油墨代替溶剂性油墨，金属电镀中无氨电镀体替代氰化镀锌，低浓度三价铬电镀代替六价铬装饰性电镀，纺织工业减少了含磷化学品的使用等。

物料的纯化，替代粗制原料，可减少产品生产过程中引起的质量问题，提高合格率，减少废品的产生，同时也可减少排放污染物。

加强物料的控制。从订货、贮存、运输、发放这些程序，大部分都为企业所熟悉，但尚未认识到这是污染产生的根源之一。库存控制不当，即过量的、过期的和不再使用的原材料，都可能增加企业的废物污染。适当的物料控制程序将保障原料没有流失，无玷污损失地进入生产工艺中，还可保证原料在生产过程中的有效利用，不会成为废物。

定量控制添加物料是保证物料完全转化成产品的有效方法。传统的粗放型经营造成物料的浪费，同时还产生了大量废物。原料配比不当、添加不正确是造成物料浪费的重要原因之一。

3. 改革工艺和设备，开发全新流程

我国不少工厂企业至今仍沿用20世纪五六十年代的老工艺、老设备，工艺落后、设备陈旧，加上管理不善，布局不合理，物料利用率低，物耗、能耗、水耗都很高，造成严重资源浪费和环境污染。遵循清洁生产的原则与要求，在原料规格、生产路线、工艺条件、设备选型和操作控制等方面加以合理改革，并积极创造条件应用生物技术、机电一体化技术、高

效催化技术、电子信息技术、树脂和膜分离技术等现代科学技术，创建新的生产工艺和开发全新流程，从而提高生产效率和效益，实现清洁生产，彻底根除生产过程产生的污染。

新的工艺、高效的设备和自动化控制操作，可以更有效地利用原材料，减少废物的产生，可减少废品或不合格品，从而减少需要重新加工或处置的物料量。采用有效的设备和工艺提高生产能力，降低原材料费用和废物处理处置费用，从而可以增加企业资金收入，给企业带来明显的经济效益和环境效益。

改革工艺和设备，可以局部进行，也可整个生产线的技术改造，视企业情况和资金能力，包括以下几种情况。

① 局部关键设备的革新，采用先进、高效设备，提高产量，减少废物的产生。

② 改进设备布局，避免操作中工件的传递带来的污染物流失，减少运转过程造成的产品损失。

③ 生产线采用全新流程，建立连续、闭路生产流程，减少物料损失、提高产量、提高物料转化率，减少废物的生成。

④ 工艺操作参数优化。在原有工艺基础上，适当改变操作条件，如浓度、温度、压力、时间、pH 值、搅拌条件、必要的预处理等，可延长工艺溶液使用寿命，提高物料转化率，减少废物的产生。

⑤ 工艺更新。采用新工艺，改变落后旧工艺，采用最新的科学技术成果，如机电一体化技术、高效催化技术、生化技术、膜分离技术等，从而提高物料利用率，从根本上杜绝废物的产生。

⑥ 配套自动控制装置，实现过程的优化控制，避免人为误操作，减少污染物的产生。

4. 加强管理

加强管理是企业发展的永恒主题。实现清洁生产是一场工业革命，必须转变观念，加强领导和管理，必须制定一套完整的法规与政策，必须建立一套健全的环境管理机构和实施环境审计制度。

根据全过程控制概念，环境管理是贯穿工业建设的全过程，落实到企业各层次，分解到企业各个环节，关联到产品与消费过程的各个方面。

管理措施一般花费很小，不涉及工艺生产过程的技术改造，但经验表明，强化管理能削减 40%污染物的产生，对我国现有工业来说，改变粗放型经营传统、加强管理是一项投资少而成效巨大的有效措施，这些措施有以下几点。

① 安装必需的监测仪表，加强计量监督。

② 加强设备维护、维修，杜绝跑、冒、滴、漏。

③ 建立有环境考核指标的岗位责任制与管理职责。

④ 完善可靠的统计和审核。

⑤ 产品的全面质量管理。

⑥ 有效的生产调度，合理安排批量生产日程。

⑦ 改进清洗方法，节约用水。

⑧ 原材料合理贮存、妥善保管。

⑨ 产品的合理贮存与运输。

⑩ 加强人员培训，提高职工素质。

⑪ 建立激励机制，公平的奖惩制度。

⑫ 组织安全文明生产。

二、废物循环利用，建立生产闭合圈

工业生产中物料的转化不可能达 100%。生产过程中工件的传递、物料的输送，加热反应中物料的挥发、沉淀，加之操作不当、设备泄漏等原因，总会造成物料的流失。工业中产生的“三废”实质上是生产过程中流失的原料、中间体和副产品及废品废料。尤其是我国农药、染料行业，主要原料利用率一般只有 30%～40%，其余都以“三废”形式排入环境。因此，对废物的有效处理和回收利用，既可创造财富，又可减少污染。

实现清洁生产要求流失的物料必须加以回收，返回流程中或经适当处理后作为原料或副产品回用。建立从原料投入到废物循环回收利用的生产闭合圈，不对环境构成任何危害。

在生产过程中，比较容易实现的是用水闭路循环。工业用水的原则是供水、用水和净水一体化，要一水多用、分质使用、净水重复使用。尤其是在水资源短缺的地区，实现用水闭路循环的工作更为紧迫。

如某化肥厂在实现吹风气和合成气余热回收利用后，降低了正常生产用汽量，每吨合成氨用蒸汽减为 2t，每年节约 8000t 标准煤和 564 万度（kW·h）电，减少 CO_2 排放 4000t。电镀厂应用电镀漂洗水无排（或微排）技术，使电镀漂洗水实现闭路循环。电解食盐制碱和漂白粉等氯碱化学工业都是综合利用技术的应用者。厂内物料循环可分以下几种情况：

① 将流失的物料回收后作为原料返回流程中。

② 将生产过程中产生的废料经适当处理后作为原料或替代物返回生产流程中。

③ 将生产过程中生成的废料经适当处理后作为副产品回收或其他生产过程的原料回用。

三、发展环保技术，搞好末端治理

为了实现清洁生产，在全过程控制中还需包括必要的末端治理，使之成为一种在采取其他措施之后防治污染的最终手段。这种厂内末端处理，往往是作为集中处理前的预处理措施。在这种情况下，它的目标不再是达标排放，而只需处理到集中处理设施可接纳的程度。因此，对生产过程也需提出一些新的要求。

① 必须清浊分流，减少处理量，有利于组织再循环。

② 必须开展综合利用，从排放物中回收有用物质。

③ 必须进行适当的预处理和减量化处理，如脱水、浓缩，包装、焚烧等。

为实现有效的末端处理，必须努力开发一些技术先进，处理效果好、占地面积小、投资少、见效快、可回收有用物质、有利于组织物料再循环的实用环保技术。

第五节　污染防治对策

一、水污染防治对策

1. 一般原则

对环保措施的建议一般包括污染削减措施和环境管理措施两部分。

① 削减措施的建议应尽量做到具体、可行，以便对建设项目的环境工程设计起指导作用。对削减措施应主要评述其环境效益（污染物排放可达标性分析），也可以做些简单的技术经济分析。

② 环境管理措施建议中包括环境监测（含监测点、监测项目和监测频率）的建议、水

土保持措施的建议、防止泄漏等事故发生的措施的建议、环境管理机构和环境管理制度设置的建议等。

2. 常用削减措施

① 对拟建项目实施清洁生产、预防污染和生态破坏是最根本的措施；其次是就项目内部和受纳水体的污染控制方案的改进提出有效的建议。

② 推行节约用水和废水再用，减少新鲜水用量；结合项目特点，对排放的废水采用适宜的处理措施。

③ 在项目建设期因清理场地和基坑开挖、堆土造成的裸土层应就地建雨水拦蓄池和种植速生植被，减少沉积物进入地表水体。

④ 施用农用化学品的项目，可通过安排好化学品施用时间、施用率、施用范围和流失到水体的途径等方面想办法，将土壤侵蚀和进入水体的化学品减至最少。

⑤ 应采取集生物、化学、物理处理手段和文化、管理措施于一体的综合方法。

⑥ 在有条件的地区可以利用人工湿地控制非点源污染（包括营养物、农药和沉积物污染等）。人工湿地必须精心设计，污染负荷与处理能力应匹配。

⑦ 在地表水污染负荷总量控制的流域，通过排污交易保持排污总量不增长。

3. 工业废水处理方法

现代废水处理技术，按作用原理可分为物理法、化学法、物理化学法和生物法四大类。按处理程度，又可分为一级、二级和三级处理。工业废水中的污染物质是多种多样的，一种废水往往要采用多种方法组合成的处理工艺系统才能达到预期要求的处理效果，这里不再赘述。

二、大气污染防治对策

1. 常用削减措施

这类对策主要包括技术和管理两方面。

（1）建设阶段的对策内容

① 防止施工场地扬尘宜采取的措施有：场地上适当喷水保持湿润；及时在裸土上覆盖植被或砂、石；移种树木或设人工围栏以减小风速；必要时采用化学稳定剂对土壤固化，但应充分估计化学稳定剂的次级影响（如对土壤和地下水污染及施工结束后土地的正常利用等）。

② 对施工中使用的无铺砌道路的扬尘也可采用上述方法进行控制。

③ 对施工机械和车辆的废气应采取相应的削减措施。

（2）运行阶段的对策内容

① 污染物排放量控制。根据污染浓度预测结果和污染物排放量的分析，提出预防和削减污染物排放对策，如开辟清洁生产的途径。

② 污染治理技术对现有工程、改扩建工程大气污染治理技术存在的问题以及需要改进的意见，尤其是对无组织排放的污染源，要精心加以研究，制定出治理及管理措施。

③ 能源利用的合理化建议。一个拟建工程能源利用是否合理，直接关系到大气污染的程度。因此，应提出合理利用能源、利用余热、节约能耗的建议。

2. 环境管理建议

① 评价区污染控制规划。如果拟建项目所在地的背景浓度很高，甚至出现超标时，则应从削减该地的排放总量方面提出建议，作为区域总体决策依据之一。

② 加强环境管理。对于一个拟建项目，应就如下方面提出建议：拟建项目环境管理机构设置，环境管理制度的制定，污染控制设备的运行、维护和检修，监测机构的设置及监测项目、频率、布点等的要求，绿化规划（种植树种、绿化面积和分布），事后评价等。

③ 提出厂址及总图布置的合理化建议。

④ 根据当地污染现状和环境容量，对拟建工程提出合理的发展规模。

⑤ 提出项目投产后的大气环境监测规划。

3. 常用大气污染控制技术概述

大气污染控制技术是重要的大气环境保护对策措施，大气污染的常规控制技术分为洁净燃烧技术、烟气的高烟囱排放技术、颗粒污染净化技术、烟（粉）尘和气态污染物净化技术等。

洁净燃烧技术是指旨在减少燃烧过程污染物排放与提高燃料利用效率的加工、燃烧、转化和排放污染控制等所有技术的总称。洁净煤燃烧技术主要包括：先进的燃煤技术；燃煤脱硫、脱氮技术；煤炭加工成洁净能源技术；提高煤炭及粉煤灰的有效利用和节能技术。

烟气的高烟囱排放就是通过高烟囱把含有污染物的烟气直接排入大气，使污染物向更大的范围和更远的区域扩散、稀释。经过净化达标的烟气通过烟囱排放到大气中，利用大气的作用进一步地降低地面空气污染物的浓度。

烟（粉）尘净化技术又称为除尘技术，它是将颗粒污染物从废气中分离出来并加以回收的操作过程，实现该过程的设备称为除尘器。常用的方法有吸收法、吸附法、催化法、燃烧法、冷凝法、膜分离法、电子束照射净化法和生物净化法等。

二氧化硫、氮氧化物和烟（粉）尘是我国主要的大气污染物，《中华人民共和国大气污染防治法》、《燃煤二氧化硫排放污染防治技术政策》及我国酸雨控制区和二氧化硫污染控制区环境政策对二氧化硫、氮氧化物和烟（粉）尘的控制提出了明确而严格的要求。

4. 二氧化硫控制技术

从排烟中去除 SO_2 的技术简称排烟脱硫。烟气中二氧化硫被回收，转化成可出售的副产品如硫黄、硫酸或浓二氧化硫气体。SO_2 控制技术分类见表 11-5。

5. 氮氧化物控制技术

从排烟中去除氮氧化物（NO_x）的过程简称排烟脱氮或氮氧化物控制技术，俗称排烟脱硝。它与排烟脱硫相似，也需要应用液态或固态的吸收或吸附剂来吸收或吸附 NO_x，以达到脱氮目的。

目前排烟脱氮的方法有 20 多种，从物质的状态来分，有湿法和干法两大类，见表 11-6。

6. 烟（粉）尘控制技术

烟（粉）尘的治理主要是改进燃烧技术和采用除尘技术来实现。

（1）改进燃烧技术　完全燃烧产生的烟尘和煤尘等颗粒物，要比不完全燃烧少。因此，在燃烧过程中供给的空气量要适当，使燃料完全燃烧。供给的空气量要大于通过氧化反应式计算出的理论空气，一般手烧式水平炉排的供给量要比理论量多 50%～100%，油类或气体燃料喷烧则要多 10%～30%。供给的空气量少了不能完全燃烧，多了则会降低燃烧室温度，增加烟气量。空气和燃烧料充分混合是实现完全燃烧的条件。

（2）采用除尘技术　这是治理烟（粉）尘的有效措施。合理地选择除尘器，既可保证达标排放所要求的适当的除尘效率，又能组成最经济的除尘系统，对工程十分重要。表 11-7 给出了常用除尘器的类型与性能，可供除尘器选择时参考。

表 11-5 排烟脱硫方法

分类	处理方法	原 理	处理效果
干法排烟脱硫	石灰粉吹入法	将石灰石($CaCO_3$)粉末吹入燃烧室内，在1050℃高温下，$CaCO_3$ 分解成石灰(CaO)，并和燃烧气体中 SO_2 反应生 $CaSO_4$	脱硫率为40%～60%，可回收 $CaSO_4$
	活性炭法	用多孔粒状、比表面积大的活性炭吸附烟气中的 SO_2。由于催化氧化吸附作用，SO_2 生成的硫酸附着于活性炭孔隙内。从活性炭孔隙脱出吸附产物的过程称为脱吸(解吸)。用水脱吸法可回收浓度为10%～20%稀硫酸，用高温惰性气体脱吸法，可得浓度为10%～40%的 SO_3；用水蒸气脱吸法可得浓度为70%的 H_2SO_4	可回收稀 H_2SO_4 液、SO_3、S、$CaSO_4$ 等
	催化氧化法	采用以二氧化硅等为载体，五氧化二钡、硫酸钾等为催化剂，使二氧化硫催化氧化成三氧化硫，制成无水或78%的硫酸	可回收制成 H_2SO_4、$(NH_4)_2SO_4$
湿法排烟脱硫	氨法	氨法又称亚硫酸铵法烟气脱硫是以氨水、液氨为吸收剂吸收烟气中的 SO_2，其中间产物为亚硫酸铵[$(NH_4)_2SO_3$]和亚硫酸氢铵(NH_4HSO_3)	对中间产物采用不同的方法处理，可回收硫酸铵、石膏和硫黄等副产物
	钙法(石灰)	采用石灰石、生石灰或消石灰[$Ca(OH)_2$]的乳浊液为吸收剂吸收烟气中的 SO_2。吸收生成的 $CaSO_3$ 经空气氧化后可得到石膏	钙法是一种老方法，应用在低浓度的排烟脱硫方面有很大的实际意义，因石灰来源广，价格便宜，脱硫效率达80%以上
	钠法	采用氢氧化钠、碳酸钠或亚硫酸钠水溶液为吸收剂吸收烟气中的 SO_2，生成 Na_2SO_3 和 $NaHSO_3$	钠法具有对 SO_2 吸收速度快、管路和设备不容易堵塞等优点。但吸收剂价格昂贵，对 SO_2 排放量少，间断排放 SO_2 的污染源，使用比较广泛
	镁法	采用氧化镁、镁盐浆液为吸收剂，吸收烟气中的 SO_2	回收的产品为硫酸或硫黄，用途广泛，脱硫达90%以上，原料来源方便

表 11-6 NO_x 控制技术方法

分类	处理方法	原 理	处理效果
催化还原法	非选择性催化还原法	利用还原剂氢、甲烷(天然气)，在催化剂的存在下，将 NO_x 还原成 N_2，在反应中不仅与 NO_x 反应，还要与尾气里的 O_2 反应，而没有选择性	NO_x 去除率达90%以上，但处理成本较高
	选择性催化还原法	此法消除 NO_x 是在催化剂(铂、铜、钒、钼、钴、锰等的氧化物，以铝钒为载体的催化剂)存在下，用氨、硫化氢、一氧化碳等为还原剂，将 NO_x 选择性地还原成 N_2，而不与氧反应	该法工艺简单，处理效果好，转化率达90%以上，但仅能化有害为无害，尚未达到变废为宝、综合利用的目的
吸收法	碱液吸收法	氮氧化物是酸性气体，所以可用碱性溶液来中和吸收。如 $NaOH$、KOH、NH_4OH、$Ca(OH)_2$ 等都可用作吸收剂	此法在消除烟气中 NO_x 的同时可除去 SO_2，又可得到硝酸盐产品，达到综合利用、变害为利的目的，但投资大、成本高
	硫酸吸收法	此法原理系以铅室法除硫酸的化学过程为基础，基本上与铅室法除硫酸的反应相似	该法生成的亚硝酸基硫酸，可供浓缩稀硝酸用。在消除 NO_x 的同时，可除去烟气中的 SO_2
固体吸附法	分子筛吸附	分子筛具有筛分大小不同的分子的能力，如用氢型丝光沸石、13X型等分子筛，在有氧存在时，不仅能吸附 NO_x，还能将 NO 氧化成 NO_2。用它处理硝酸尾气，可回收硝酸(NHO_3)或 NO_2	用分子筛处理硝酸尾气，氮氧化物的消除率达95%以上，可达到消除污染又综合利用的目的，但设备庞大、流程长、投资高
	泥煤-碱法	泥煤对氮氧化物的吸附率很高。泥煤加熟石灰制成的吸附剂，既经济又易于制取	泥煤-碱法对氮氧化物的脱除率可达97%～99%，排出口的 NO_x < 0.01%～0.02%

近年来，除尘技术发展很快，除尘效率也有明显提高，特别是布袋除尘。因此，对一些以大气污染为主，烟（粉）尘排放量大的项目，如大型火电厂、大型水泥厂，《火电厂大气污染物排放标准》、《水泥厂大气污染物排放标准》均要求烟（粉）尘排放浓度小于 50mg/m^3，一般的除尘技术很难保证达标排放，故通常应当采用高效布袋除尘器。

表 11-7　常用除尘器的类型与性能

型式	除尘作用力		除尘器种类	适用范围				不同粒径效率/%			投资比		能耗/(kW/m^3)
				粉尘粒径/μm	粉尘浓度/(g/m^3)	温度/℃	阻力/Pa	粒径/μm 50	5	1	初投资	年成本	
干式	惯性、重力		惯性除尘器	>15	>10	<400	200～1000	96	16	3	<1	<1	—
	离心力		中效旋风除尘器	>5	<100	<400	400～2000	94	27	8	1	1.0	0.8～1.6
			高效旋风除尘器					96	73	27	2	1.5	1.6～4.0
	静电力		电除尘器	>0.05	>30	<400	100～200	>99	99	86	9.5	3.8	0.3～1.0
			高效电除尘器					100	>99	98	15	6.5	
	惯性、扩散与筛分	袋式除尘器	振打清灰	>0.1	3～10	<300	800～2000	>99	>99	99	6.6	4.2	3.0～4.5
			气环清灰					100	>99	99	9.4	6.9	
			脉冲清灰					100	>99	99	6.5	5.0	
			高压反吹清灰					100	>99	99	6.0	4.0	
湿式	惯性、扩散与凝集		自激式洗涤器	0.05～100	<100	<400	800～1000	100	93	40	2.7	2.1	—
			高压喷雾洗涤器		<10	<400		100	96	75	2.6	15	4.5～6.3
			高压文氏管除尘器		<10	<800		100	>99	93	4.7	1.7	8～35

三、环境噪声污染防治

1. 一般原则

① 从声音的三要素为出发点控制噪声的影响，以从声源上或从传播途径上控制噪声为主，而以受体保护为最终选择。

② 以城市规划为首，进行功能分区，避免产生环境噪声污染影响。

③ 管理手段和技术手段相结合控制环境噪声污染。

④ 关注敏感人群的保护，体现“以人为本”。

⑤ 具有针对性、具体性，经济合理，技术可行。

2. 防治环境噪声污染的方法

① 科学统筹进行城乡建设规划，明确土地使用功能分区，合理安排城市功能区和建设布局，合理安排噪声企业的选址，预防环境噪声污染。划定建筑物与交通干线合理的防噪声距离，满足高噪声企业与噪声敏感保护目标之间的卫生防护距离，采取相应的建筑设计和降噪、减噪措施要求，避免产生环境噪声影响。

② 从声源上降低噪声，包括：设计制造低噪声设备，对高噪声产品定噪声限值标准；改进生产工艺和加工操作方法，降低工艺噪声；保持设备良好的运转状态，减少不正常运行噪声等。安装使用高噪声设备或设施时，可采用减振降噪或加装隔声罩等方法降低声源噪声。

③ 从传播途径上降低噪声是一种最常见的噪声污染防治手段。合理安排建筑物功能和建筑物平面布局使敏感建筑物远离噪声源，实现“闹静分开”；采用声学控制措施或技术，

采用隔振、减振降噪或消声降噪措施。

以上各类防治环境噪声污染的措施和手段，应当通过声环境影响评价，明确需要降低噪声的要求和通过经济技术论证分析实际可达到的效果。

四、污染物排放总量控制

按国家对污染物排放总量控制指标的要求，环境影响评价的任务之一，就是在核算污染物排放量的基础上提出工程污染物总量控制建议指标，污染物总量控制建议指标应包括国家规定的指标和项目的特征污染物。

国家“十二五”总量控制计划规定的主要指标如下。大气环境污染物：二氧化硫、氮氧化物。水环境污染物：化学需氧量、氨氮。

项目的特征污染物，是指国家规定的污染物排放总量控制指标未包括，但又是项目排放的主要污染物，如电解铝、磷化工排放的氟化物，氯碱化工排放的氯气、氯化氢等。这些污染物虽然不属于国家规定的污染物排放总量控制指标，但由于其对环境影响较大，又是项目排放的特有污染物，必须作为项目的污染物排放总量控制指标。

国家对主要指标实行全国总量控制，根据各省市的具体情况，将指标分解到各省市，再由省市分解到地（市）州，最终控制指标下达到县。为了更科学地实行污染物总量控制，全国组织对主要河流的水环境容量和主要城市的大气环境容量进行测算，使全国的污染物总量控制指标更加科学合理。

环境影响评价提出的项目污染物总量控制建议指标必须满足以下要求：

① 符合达标排放的要求，排放不达标的污染物不能作为总量控制建议指标。

② 符合相关环保要求，比总量控制更严的环境保护要求（如特殊控制的区域与河段）。

③ 技术上可行，通过技术改造可以实现达标排放。

复习思考题

1. 清洁生产的标准包括哪些类型？
2. 清洁生产水平等级是如何确定的？其指标体系包括哪些内容？
3. 工业生产中清洁生产的途径有哪些？

第十二章　环境经济损益分析与评价

第一节　基本概念

一、环境影响和经济损益

在我国的环境影响评价制度中规定，必须对环境影响进行经济损益分析，即对环境影响进行经济评价。任何一个建设项目所产生的社会经济环境影响，其表现形式是多种多样的，包括有利影响和不利影响、直接影响和间接影响、现实影响和潜在影响、长期影响和短期影响、可逆影响和不可逆影响等，在实际评价中无需面面俱到。一般应根据需要来确定拟建项目社会经济环境影响的一些典型特征，并由此明确该项目所带来的主要社会经济问题。

项目所产生的各类影响的程度与后果可以通过社会经济效果来加以评价和度量。根据产生社会经济影响的性质，可分为正效果（效益）和负效果（损失），项目投资人期待的是好的社会经济效果，不期望产生负的不利的效果；根据产生影响的方式，可分为内部效果和外部效果，项目的收益、获利属于内部效果，是建设者提出可行性研究的本意；而项目的外部效果并非项目建设者的目的，且往往不能在项目的收益或支出中直接反映出来，例如污水的排放。这些都属于环境影响的经济损益范畴。

二、环境影响的经济分析

社会经济效果有时是可以用货币加以度量的，但很多时候又难以用货币衡量。例如，由开发建设项目生产的产品带来的收益、项目排放污染物带来的直接经济损失都能够通过货币来计量效益的增加或减少，是有形效果；但空气污染带来的经济损失和绿化带来的益处则没有直接的市场价格，这些被称为无形效果。

例如，一个项目所引起的居民迁移会对移民带来直接的、现实的、不利的和短期的影响，同时也会对移民安置区带来潜在的、有利的和长期的社会经济影响，由此产生了一些社会经济问题，包括：对该区域现有资源和基础设施的压力问题；对土地和其他资源使用的争执问题；引起交通拥挤、入学困难、医疗设施紧张的问题；可能会破坏当地的传统习俗，引发多种社会矛盾问题等。

如上所述，环境资源的生产性和消费性都与人们的经济活动有着密切的关系。因此即使有无形效果的情况，通过适当的方法对其转化，仍然可以进行货币化的计量。

根据考虑问题的不同，衡量环境质量价值可以从效益与费用两个方面来进行评价：一是从环境质量的效用，即从其满足人类需要的能力，以及人类从中得到的益处的角度进行评价；二是从环境质量遭到污染，为此进行治理所需要花费的费用来进行评价。

由于环境资源的功能的多样性，环境费用-效益分析的方法也是种类繁多的，目前仍然在不断研究和发展中。对环境影响报告书中要求的环境影响的经济效益分析，目前尚无统一、规范的分析方法，在环境影响评价实践中常常对其进行综合描述。

三、环境影响经济评价的具体程序

环境影响经济评价的具体程序包括确定和筛选影响，并对影响进行量化，而后对影响货币化，估算因素分析，最后把评价结果纳入项目经济分析。

（1）确定和筛选影响　指在确定环境影响之时，首先通过把握一个项目所有实际和潜在的环境后果，然后根据环境与评估以及专家等意见进行集中，筛选出最重要的影响，并将该项目的重要影响货币化。

（2）环境影响的量化　量化过程中，一般首先要统一环境影响因子的量纲和数量，从影响因子的数量、地理范围、时间、人口密度等方面综合判断环境影响的大小，对物理影响进行量化。在不能对某些影响进行量化时，结合定性结果进行分析。

在环境影响经济损益分析和评价中应执行统一的标准，即剂量-反应关系标准、价格标准和时间标准。剂量-反应关系标准要求所有的环境影响必须按照一定的标准进行量化；价格标准要求评价的自始至终采用统一时点的市场价格；时间标准要求评价应该以特定的时点为标准，只对特定时点的环境状况和损益进行评估。

（3）影响的货币化　是指通过各种环境影响经济评价方法来对其进行估算，由于很多模型尚不成熟，实际应用中往往采用经验参照或者快速分析方法，尽管这些方法也有一定的局限性。下面几节会详细介绍环境影响经济评价方法。

（4）估算因素分析　是指对环境影响货币价值的估算过程中可能出现的省略、偏差、不确定性等带来的问题进行阐述，特别是当它们可能影响评价结论时，应该详加论述，避免不合适的假定导致错误的结论。

（5）环境影响经济评价　是指将环境的经济影响评价的结果纳入到项目经济分析中，即指将货币化的环境影响的成本和效益纳入到项目的成本和效益中去，从而为项目的最终经济决策服务，这是项目环境影响评价特别是环境影响经济评价的目的。

四、环境影响经济评价的发展状况

迄今，从经济角度对环境影响进行评价的技术方法仍未被纳入到建设项目的环境影响评价体系中。尽管评价指南早就指出应该开展环境影响的经济损益分析。

由于目前对环境影响评价总体上说往往流于定性描述，使得其结果难以纳入到项目的经济分析，无法对项目的可行性决策产生影响。实际上，项目的可行性研究不仅要考虑经济上合理，还应该考虑到环境的可持续性。因此，对环境影响的经济评价有助于更全面地了解项目的实际价值。特别是我国处于经济快速增长时期，建设投资规模大，许多项目对环境的影响是深远的，甚至是永久性的，必须加强这方面的研究和规范。

本章介绍几种评价环境质量变化的方法，根据使用环境带来的效益和所付出的费用，辅以费用-效益分析原理，对环境保护方案和措施进行比较和选择。

第二节　环境价值的估算方法

环境影响损益分析和经济评价中，可以根据环境商品的消费效用原理来确定环境价值。在具体评价工作中，环境效益（或费用）也有不同的表现形式，有些直接具有市场价值，有些需要利用替代物品来间接表示，同时市场价值也包含环境污染对人体健康进而对人力工资和社会成本影响的因素。据此，环境影响评价中采用的具体方法如下。

一类称为直接法，对于直接具有市场价格的环境资产，在环境影响的经济评价中可以采用其市场价格直接评估其价值。直接法又分为市场价值法和人力价值法。

另一类又称为应用替代物的方法，这是由环境资产本身的特性决定的。当同时存在几种效用相同的环境资产时，最低价格的环境资产需求最大；在市场充分竞争的条件下，具有相同服务功能的物品，能够互相替代，必然会形成相同的价格。在环境影响经济评价中对某项环境服务功能进行评估时，应提出多种评估方案，进行对比分析，选择其中最有利方案，以使其评估结果更接近实际。应用替代物的方法也分两类，包括资产价值和工资差额法。

环境影响的费用和效益评价方法，还可以根据补偿环境恶化的费用来确定环境价值，即补偿费用法。补偿费用法也分两类：一类称为防护费用法；另一类称为恢复费用法。

以上各种估算和评价方法的关系见表 12-1。

表 12-1　环境价值的估算和评价方法

分类依据		评价方法
根据环境商品具有消费效用的原理	根据市场价值或劳动生产率	市场价值法
		人力资本法
	应用替代物或者相应货物的市场价值	资产价值法
		工资差额法
根据补偿环境恶化的费用的原理		防护费用法
		恢复费用法

一、直接法

市场价值法和人力资本法是直接费用-效益分析法，重点描述污染物对自然系统或对人工系统影响的效益与费用。

1. 市场价值法

市场价值法将环境质量当作一个生产要素，环境质量的变化导致生产率和生产成本的变化，从而影响生产或服务的利润和产出水平，而服务或产品的价值、利润是可以利用市场价格来计量的。市场价值法就是利用环境质量变化而引起的产品或服务产量及利润的变化来评价环境质量变化的经济效果的。用公式表示为：

$$S=V\sum_{i=1}^{n}\Delta R_i \tag{12-1}$$

式中　S——环境污染或生态破坏的价值损失；

V——受污染或破坏物种的市场价格；

ΔR_i——某产品或服务受 i 类污染或破坏程度时损失的产量；

i——环境污染或破坏的程度，一般分为三类（也即 $n=3$）；$i=1$，2，3 分别表示轻度污染、严重污染或遭到破坏。

其中，ΔR_i 的计算方法与环境要素的污染或损失过程有关。如计算农田受污染损失时，可按下式计算：

$$\Delta R_i=M_i(R_0-R_i) \tag{12-2}$$

式中　M_i——受某污染程度污染的面积；

R_0——未受污染或类比区的单产；

R_i——受某污染程度污染的单产。

2. 人力资本法

环境作为人类社会发展的最重要资源之一，其质量变化对人类健康有很大影响，如果人类生存环境受到污染或破坏，使原来的环境功能下降，就会给人类的生活质量及健康带来损失，这不仅会使人们的劳动能力水平下降，还会给社会带来负担。对人类健康方面所造成的损失主要包括：过早死亡、疾病、病休等所造成的收入损失；医疗费用的增加；精神或心理上的代价等。人力资本法就是对这些损失的一种估算方法。

人体早得病或死亡的社会效益损失是由个人对社会劳动的部分或全部损失带来的，等于一个人丧失工作时间内的劳动价值或预期收入，可按下式表达：

$$L = \sum_{i=T}^{\infty} y_t P_T^t (1+r)^{-(t-T)} \tag{12-3}$$

式中　L——个人的预期收入限值或效益损失限值；

y——预期个人在第 t 年所得的收入（扣除非人力资本收入）；

r——贴现率；

P_T^t——个人从第 T 年活到第 t 年的概率。

如果也按影响形式的分类，环境污染引起的经济损失也可分为直接经济损失和间接经济损失两类。其中直接经济损失包括预防和医疗费用、死亡丧葬费；间接经济损失包括病人耽误工作造成的经济损失，非医护人员护理、陪住影响工作造成的经济损失等。

评价的具体步骤：通过对污染区和非污染区的流行病学进行调查和对比分析，确定环境污染因素在发病原因中占多大比重，调查患病和死亡人数，以及病人和陪住人员耽误的劳动总工日，来计算环境污染对人类健康影响的经济损失。

二、替代市场法

对于所考虑和评价物品或服务品不能用市场价格表示时，可以用替代市场法来进行分析和评述。即用替代的物品和劳务或服务品的市场价格来作为该物品和劳务及服务价值的依据。

1. 资产价值法

资产价值法与市场价值法的区别在于：它不是利用受环境质量变化所影响的商品或劳务及服务品的直接市场价格来估计环境效益，而是利用替代的相应物品的价格来估计无价格的环境商品或劳务。例如环境舒适程度、空气的清洁、建筑和景观的协调等因素，都会影响商品销售或者所提供的劳务价格。

如最受关注的房产价格中，以上替代市场很明显。当周围环境质量发生变化，人们的购买意向就会发生变动，附近的房地产价格会相应随之变化，这些不具有明显市场价格的因素就通过房地产的效益和销售价格体现出来了。

$$\Delta B = \sum_{i=1}^{n} a_i (Q_{i2} - Q_{i1}) \tag{12-4}$$

式中　ΔB——效益的变化，可以是由于建设项目引起房产效益的减少，也可以是空气的污染防治引起房产效益的增加；

a_i——边际支付意愿，若第 i 个替代产品的价格为 P_i，其相应的环境质量水平为 Q_i，则 $a_i = \partial P_i / \partial Q_i$；

Q_{i1}，Q_{i2}——分别为变化前和变化后的环境质量水平。

因此，在建设项目的环境影响评价中，资产价格的相关部分可以用来表示环境污染治理的效用或损害造成的费用。

2. 工资差额法

利用不同的环境质量条件下工人工资的差异来估计环境质量变化造成的经济损失或带来的经济效益。工人的工资受很多因素的影响，工作性质、技术程度、工作周围环境质量、工作年限等都是经常考虑的。在一些情况下，用高工资吸引人们到污染地区工作是一些可能有环境风险单位的实际做法。如果工人可以自由调换工作，那同类工作中存在着的工资的地区差异，部分反映了工作地点的环境质量。这种情况下，工资差异的水平可以用来估计环境质量变化带来的经济损失或经济效益，也就是说，类似工作的工资的差额是与工作地点的工作条件、生产条件相关的职业属性的函数，工资水平与上述职业属性之间的关系就是环境质量的隐价值/价格。

如果隐价值/价格是常数，它反映的就是具有职业属性的特征工作环境，是企业对该工作职业属性水平和效益的认知：从事较低水平特征属性的职业（即工作环境风险较大），对工资的边际支付意愿具有较高水平；反之，从事较高水平特征属性的职业（即工作环境风险较小），对工资的边际支付意愿水平较低。

影响工资差额的许多职业属性是可以或是容易识别的。大多数案例涉及这方面的环境属性集中在生命或健康的风险和城市的舒适程度两方面，特别是空气污染。从这个意义上说，空气污染属性的隐价格提供了一个空气质量与收入之间的权衡价值。

三、环境补偿法

以上介绍的是依赖于支付意愿的环境质量效益评价方法，但是在很多情况下，要全面估计保护和改善环境质量的经济效益并不容易。原因很多，首先，受研究水平和技术条件限制，很多相关资料是缺乏的；其次，支付意愿理论本身还很不完善、不系统，在实际环境影响评价过程中，存在多种多样的建设项目，这种方法的应用就很有限。

实际上，许多有关环境质量的评价是在没有对效益进行货币估算的情况下做出的，这就需要利用其他方法，如环境补偿法。例如目前我国在排放总量的确定上，就是如此。环境补偿法是用特定目标，特别是某些具体的数量指标来代替货币效益的。这是根据计算出的替代被破坏的环境所需要的费用来评价环境质量的方法。

1. 防护费用法

生产者和消费者愿意承担防护费用时，所显示的环境质量效益，即该环境质量的隐含价值。根据所包含的费用，按照所使用的那些资源的经济价值，就可以估计产生的最低效益。该方法已经广泛使用在环境影响评价中。

2. 恢复费用法

恢复费用法具体含义是：由于建设项目或环境管理措施不当，造成环境质量下降以及由此造成其他生产性资料/资产受到损害，而将环境质量或生产性资产恢复到初始状态所需费用，这一费用作为估计环境效益损失的最低期望值。

如水污染会引起农业、渔业的损失，恢复费用的计算最低是估计农业、渔业的补偿和恢复费用；开矿引起地面的下沉、建筑物损失的修复费用等，就是这种方法的具体应用。

第三节　费用-效益分析与财务分析

费用-效益分析，又称国民经济分析、经济分析，是环境影响的经济评价中使用的一个重要的经济评价方法。它是从全社会的角度，评价项目、规划或政策对整个社会的净贡献。它是对项目（可行性研究报告中的）财务分析的扩展和补充，是在财务分析的基础上，考虑项目等的外部费用（环境成本等），并对项目中涉及的税收、补贴、利息和价格等的性质重新界定和处理后，评价项目、规划或政策的可行性。

一、费用-效益分析与财务分析的差别

费用-效益分析和财务分析的主要不同如下。

(1) 分析的角度不同　财务分析，是从厂商（即以盈利为目的的生产商品或劳务的经济单位）的角度出发，分析某一项目的盈利能力。费用-效益分析则是从全社会的角度出发，

分析某一项目对整个国民经济净贡献的大小。

（2）使用的价格不同　财务分析中所使用的价格，是预期的现实中要发生的价格；而费用-效益分析中所使用的价格，则是反映整个社会资源供给与需求状况的均衡价格。

（3）对项目的外部影响的处理不同　财务分析只考虑厂商自身对某一项目方案的直接支出和收入；而费用-效益分析除了考虑这些直接收支外，还要考虑该项目引起的间接的、未发生实际支付的效益和费用，如环境成本和环境效益。

（4）对税收、补贴等项目的处理不同　在费用-效益分析中，补贴和税收不再被列入企业的收支项目中。

二、费用-效益分析的步骤

第一步，基于财务分析中的现金流量表（财务现金流量表），编制用于费用-效益分析的现金流量表（经济现金流量表）。实际上是按照费用-效益分析和财务分析的以上差别，来调整财务现金流量表，使之成为经济现金流量表。要把估算出的环境成本（环境损害、外部费用）计入现金流出项，把估算出的环境效益计入现金流入项。表 12-2 是经济现金流量表一般结构。

表 12-2　经济现金流量表一般结构　　单位：万元

编号	名称 / 年序号	建设期			投产期		生产期						合计
		1	2	3	4	5	6	7	8	9…23	24	25	
（一）	现金流入												
	1. 销售收入				50	60	80	…		80…	80	80	
	2. 回收固定资产残值											20	
	3. 回收流动资金											20	
	4. 项目外部效益				8	8	8	…		8…	8	8	
	流入合计				58	68	88	…		88…	88	128	
（二）	现金流出												
	1. 固定资产投资	7	20	5									
	2. 流动资金				10	10							
	3. 经营成本				20	20	20	…		20…	20	20	
	4. 土地费用	1	1	1	1	1	1	…		1…	1	1	
	5. 项目外部费用	10	10	10	10	10	10	…		10…	10	10	
	流出合计	18	31	16	41	41	31	…		31…	31	31	
（三）	净现金流量	−18	−31	−16	17	27	57	…		57…	57	97	

第二步，计算项目可行性指标。

在费用效益分析中，判断项目的可行性，有两个最重要的判定指标：经济净现值、经济内部收益率。

（1）经济净现值（ENPV）

$$\mathrm{ENPV}=\sum_{t=i}^{n}(\mathrm{CI}-\mathrm{CO})_t(1+r)^{-t} \tag{12-5}$$

式中　CI——现金流入量（cash inflow）；

CO——现金流出量（cash outflow）；

$(\mathrm{CI}-\mathrm{CO})_t$——第 t 年的净现金流量；

n——项目计算期（寿命期）；

r——贴现率。

（2）经济内部收益率（EIRR）

$$\sum_{t=i}^{n}(\mathrm{CI}-\mathrm{CO})_t(1+\mathrm{EIRR})^{-t}=0 \tag{12-6}$$

经济内部收益率，是反映项目对国民经济贡献的相对量指标。它是使项目计算期内的经济净现值等于零时的贴现率。国家公布有各行业的基准内部收益率。当项目的经济内部收益率大于行业基准内部收益率时，表明该项目是可行的。

贴现率（discount rate），是将发生于不同时间的费用或效益折算成同一时点上（现在）可以比较的费用或效益的折算比率，又称折现率。之所以要计算贴现率，是因为现在的资金比一年以后等量的资金更有价值。项目的费用发生在近期，效益发生在若干年后的将来，为使费用与效益能够比较，必须把费用和效益贴现到基准年。

$$\mathrm{PV}=\mathrm{FV}/(1+r)^t \tag{12-7}$$

式中　PV——现值（present value）；

FV——未来值（future value）；

r——贴现率（discount rate）；

t——项目期第 t 年。

若取贴现率 $r=10\%$，则 10 年后的 100 元钱，只相当于现在的 38.5 元；60 年后的 100 元钱，只相当于现在的 0.33 元。

选择一个高的贴现率时，由上式可见，未来的环境效益对现在来说就变小了，同样，未来的环境成本的重要性也下降了。这样，一个对未来环境造成长期破坏的项目就容易通过可行性分析，一个对未来环境起到长期保护作用的项目就不容易通过可行性分析，高贴现率不利于环境保护。

但是，一个高的贴现率对环境保护的作用是两面的，因为高贴现率的另一个影响是限制了投资总量。任何投资项目都要消耗资源，在一定程度上破坏环境。低投资总量会在这一方面有利于资源环境的保护。从这方面来看，恰当的贴现率并非越小越好。理论上，合理的贴现率取决于人们的时间偏好率和资本的机会收益率。

进行项目费用效益分析时，只能使用一个贴现率。为考察环境影响对贴现率的敏感性，可在敏感性分析中选取不同的贴现率加以分析。

三、敏感性分析

敏感性分析，是通过分析和预测一个或多个不确定性因素的变化所导致的项目可行性指标的变化幅度，判断该因素变化对项目可行性的影响程度。在项目评价中改变某一指标或参数的大小，分析这一改变对项目可行性（ENPV，EIRR）的影响。

财务分析中进行敏感性分析的指标或参数有：生产成本、产品价格、税费豁免等。

费用-效益分析中，考察项目对环境影响的敏感性时，可以考虑分析的指标或参数有：①贴现率（10％，8％，5％）；②环境影响的价值（上限、下限）；③市场边界（受影响人群的规模大小）；④环境影响持续的时间（超出项目计算期时）；⑤环境计划执行情况（好、坏）。

例如，在进行费用-效益分析时使用 10％的贴现率，计算出项目的一组可行性指标；再分别使用 8％、5％的贴现率，重新计算一下项目的可行性指标，看看在使用不同的贴现率时，项目的经济净现值和经济内部收益率是否有很大的变化，也就是判断一下项目的可行性对贴现率的选择是否很敏感。

分析项目可行性对环境计划执行情况的敏感性。也许当环境计划执行得好时，计算出项目的可行性指标很高（因为环境影响小，环境成本低）；当环境计划执行得不好时，项目的可行性指标变得很低（因为环境影响大，环境成本高），甚至经济净现值小于零，使项目变得不可行了。这是帮助项目决策和管理的很重要的评价信息。

第四节 环境影响的费用-效益分析评价

如前所述，对环境影响进行经济评价，是采用科学的评价方法，依据相关的标准和程序对环境影响所导致的损害和效益进行货币化计量的过程。对环境影响进行费用-效益分析，需要坚持科学性、公正性、独立性和专业性。

环境影响经济损益分析和评价的关键在于评价人如何获取有关评价项目的信息，以及采用何种评价方法对这些信息进行处理。下面详细说明。

一、环境影响的费用-效益分析实例

为了对前面一些方法的使用有个全面的了解，这里引用一份资料，说明水污染对人体健康的影响的经济损失估算。该研究成果介绍了人力资本法、防护费用法等费用-效益分析法的使用过程。

1. 确定水环境污染因素与人体健康的关系

在估算水污染影响健康所导致的经济损失时，考察污染水体威胁人体健康及社会对此所做出的反应是必要的。污染水体中致病性物质将通过直接或间接途径进入人体，引起急慢性疾患乃至传染病暴发流行。人患病后，通常采取治疗、休息等措施来恢复机体。在传染病流行时，人们还得采取许多疫情控制的应急措施。平时，为预防水污染疾病，社会还开展防疫、饮用水和食品卫生等工作。因此，由于水污染对人体健康的影响，人们必须支付水污染疾病的治疗费用，承受患病引起的工时损失，同时也不得不支付相当数量的水性疾病的防护费用。这里把由水体污染影响健康造成的社会支出和减少的收入称之为水污染对健康影响引起的经济损失，简称为水污染健康损失，用 C_n 表示，把因水污染疾病带来的经济损失称为健康损害费用，用 L_n 表示，并把预防水污染疾病的社会支出称为防护费用，并用 P_n 表示。因此，水污染健康损失等于水污染对健康损害费用与水污染疾病防护费之和。即

$$C_n = L_n + P_n \tag{12-8}$$

水污染对健康损害费用主要包括：①水污染疾病的治疗费用（L_c）；②因水污染疾病丧失工作日的经济损失（L_w）；③因水性疾病早逝造成的经济损失（L_d）；④在传染暴发流行时，疫区中许多正常的社会经济活动因之取消、推延或受到限制所造成的经济损失（L_i）；⑤因治疗费用支出导致经济开发机会丧失所造成的损失（O_c）。

这样

$$L_n = L_c + L_w + L_d + L_i + O_c \tag{12-9}$$

社会为防治水污染所做的一切努力都将对人民健康有益。不过，这里水污染疾病的防护费用仅局限于生活用水卫生及防疫保健的范围内。其防护费用将主要包括：①用于水污染疾病防护的卫生事业费用（P_0）；②自来水厂因水污染而被迫进行的取水口改建工程费用（P_w）；③增加的生活用水水处理费用（P_t）；④农村用水改革费用（P_v）；⑤防护支出造成的投资机会的损失（O_p）。

这样

$$P_n = P_0 + P_w + P_t + P_v + O_p \tag{12-10}$$

以式(12-9)、式(12-10) 构成水污染健康损失估算模式，是基于对水污染影响健康导致费用支出的实际分析而建立的框架。把水污染病的支出作为水污染健康损失的一个部分，这

是因为它也是由于水污染对健康的损害作用而强加给社会的一笔额外开支。这与估算水污染工业损失时，把增加的水处理费用作为其损失的一部分是相一致的，符合环境经济学基本理论。环境经济学中认为，环境污染损害费用与污染防护费用可归并为同一类型，这便是通常所谓的环境污染损失。

2. 费用计算的方法

(1) 治疗费用的计算　治疗费用等于水污染疾病患者人数乘以病者平均治疗费用。人均治疗费用可通过统计得到。水污染疾病患者人数可以通过清洁区与污染区差异推求，但在目前情况下，欲寻找一个与计算区自然条件相似而不受污染的清洁区很难。以下式推求治疗费用：

$$L_{\mathrm{c}} = \sum_{i=1}^{k} l_{\mathrm{c}i} S_i a_i \tag{12-11}$$

式中　k——列入计算的水污染疾病种类数；

$l_{\mathrm{c}i}$——i 种疾病平均治疗费用；

S_i——i 种疾病患者人数；

a_i——i 种疾病病人中因水污染引起的比例数。

a_i 的确切值仍有待于环境医学的研究结果，但目前可以通过病因调查确定。例如，根据某市防疫站的调查，在急性腹泻病人中，由生水加食物、生水加果品以及游泳时喝生水导致的患者人数约占85%，故取该肠炎、痢疾的 a_i 值为0.85。

(2) 工时损失和早逝损失的计算　休养期间病者与陪护人员的工时损失以及早逝损失都是一种工作机会的丧失所导致的损失。但两者有不同之处，病者仍有饮食需求等消耗，死者已无消耗，损失计算也因之有异。

工时损失可用下式计算：

$$L_{\mathrm{w}} = \sum_{i=1}^{k} G_{\mathrm{a}} N_i a_i \tag{12-12}$$

式中　G_{a}——人均日国民收入；

N_i——i 种疾病平均病休日数与需陪护日数之和。

其他符号意义同前。

早逝者导致的损失理解为：如果人还健在，在未来的工作年限内，其劳动所产生的价值减去自身消耗的部分，这可以用国民经济统计资料中的年积累来估算

$$L_{\mathrm{d}} = \sum_{i=1}^{k} \left(\sum_{t_0=1}^{t_n} D_{i,t_0} \, l_{\mathrm{d},t_0} \right) \tag{12-13}$$

式中　t_0——死亡时的年龄；t_{n} 为工作年龄的上限，在我国可取为60岁；

D_{i,t_0}——i 种疾病患者在 t_0 岁死亡人数；

l_{d,t_0}——个人在 t_0 岁时死亡的平均损失，可用下式计算：

$$l_{\mathrm{d},t_0} = \sum_{t=t_0}^{t_{\mathrm{n}}} A_{t_0} [(1+R)/(1+r)]^{t-t_0} \tag{12-14}$$

式中　A_{t_0}——在年龄 t_0 死亡当年的人均积累；如果 t_0 小于起始工作年龄，A_{t_0} 为平均养育费且取负值；

R——社会年积累的平均增长率；

r——社会平均贴现率。

(3) 防护支出的计算　防护费用中的卫生事业费、生活供水所增加的水处理费用、取水口改建工程费用以及农村水改费用等一般都可以通过调查统计取得。因计算污染损失时，往往取

年为时间单位，所以在涉及防务工程的费用时，可借用工程经济学方法，以年度费用计算。

年度费用包括年度运行费和维修费，以及把工程投资分摊到使用年上的资金恢复费用。

$$资金恢复费用=(P-F)/n\text{（不计利息）}$$

式中 P——工程投资；

F——弃置不用时残值；

n——工程服务年限。

二、环境影响的费用-效益分析应该注意的问题

1. 环境影响的量化

在环境影响的费用-效益分析前，环境影响的量化是应该在环评的其他阶段（如工程分析、某环境影响因素的单项评价）已经完成的。但是：

① 环境影响的已有量化方式，不一定适合于进行下一步的价值评估。如对健康的影响，可能被量化为健康风险水平的变化，而不是死亡率、发病率的变化。

② 在许多情况下，前部分环评报告只给出项目排放污染物（SO_2，TSP，COD）的数量或浓度，而不是这些污染物对受体影响的大小。

2. 环境影响的价值估计

对量化的环境影响进行货币化的过程。这是损益分析部分中最关键的一步，也是环境影响经济评价的核心。具体的环境价值评估方法，即本章第二节的“环境价值的估算方法”。

3. 将环境影响货币化价值纳入项目经济分析

环境影响经济评价的最后一步，是要将环境影响的货币化价值纳入项目的整体经济分析（费用-效益分析）当中去，以判断项目的这些环境影响将在多大程度上影响项目、规划或政策的可行性。

在这里，需要对项目进行费用-效益分析（经济分析），其中关键是将估算出的环境影响价值（环境成本或环境效益）纳入经济现金流量表。

计算出项目的经济净现值和经济内部收益率后，可以做出判断。将环境影响的价值纳入项目经济分析后计算出的净现值和内部收益率，是否显著改变了项目可行性报告中财务分析得出的项目评价指标？在多大程度上改变了原有的可行性评价指标？将环境成本纳入项目的经济分析后，是否使得项目变得不可行了？以此判断项目的环境影响在多大程度上影响了项目的可行性。

在费用-效益分析之后，通常需要做一个敏感性分析，分析项目的可行性对项目环境计划执行情况的敏感性、对环境成本变动幅度的敏感性、对贴现率选择的敏感性等。

复习思考题

1. 对环境经济影响中无形效果进行评价的方法有哪些？
2. 不同治理方案如何进行经济效益比较？
3. 环境价值的估算有哪些方法？简述其应用条件。
4. 简述费用-效益分析和财务分析的异同。
5. 为什么要对环境效益和费用进行贴现率换算？怎样换算？
6. 为什么要将环境影响货币化价值纳入项目经济分析？
7. 简述环境影响的社会经济分析评价步骤。

第十三章　规划的环境影响评价

第一节　规划与规划环境影响评价

一、规划的定义

一般而言，规划是指政府机构为特定目的而制定的一组相互协调并排定优先顺序的未来行动方案和实现这些方案的措施，目的是在未来一定时段内贯彻既定的政策，也包括在未来一定时段内拟具体执行的一组行动或许多项目。规划具有全局性、长期性（五年以上）和决策性等特点。

根据规划的内涵，可以将规划分为两大类：①政策导向性规划，规划的内容是提出政策性原则或纲领，通常以预测性、参考性指标和内容要求予以表达；②项目导向性规划，规划的内容包括为实现规划目标而设置的一系列项目或工程建议。

二、规划环境影响评价

规划环境影响评价实质上属于战略环境影响评价。美国、荷兰、加拿大、英国、澳大利亚、新西兰、丹麦、芬兰、挪威、德国、奥地利、俄罗斯等国都已通过立法，要求对规划进行环境影响评价。在 2003 年 9 月 1 日生效的《中华人民共和国环境影响评价法》中，我国首次将规划纳入了环境影响评价范围，在《环境影响评价法》中占有重要的篇幅和地位，标志着我国环境影响评价领域的重大转折和动向。

《中华人民共和国环境影响评价法》中将规划环境影响评价定义为：对规划和建设项目实施后可能造成的环境影响进行分析、预测和评估，提出预防或者减轻不良环境影响的对策和措施，进行跟踪监测的方法与制度。

该法规定，国务院有关部门、设区的市级以上地方人民政府及有关部门，对其组织编制的下列规划应当进行环境影响评价。

① 土地利用的有关规划，区域、流域、海域的建设、开发利用规划，应当在规划编制过程中组织进行环境影响评价，编写该规划有关影响的篇章或说明。

② 工业、农业、畜牧业、林业、能源、水利、交通、城市建设、旅游、自然资源开发的有关专项规划，应当在该专项规划草案上报审批前组织进行环境影响评价，并向审批该专项规划的机关提出环境影响报告书。

③ 专项规划中的指导性规划，按照本法规定进行环境影响评价，编写该规划有关环境影响的篇章或者说明。

《中华人民共和国环境影响评价法》明确指出：对环境有重大影响的规划实施后，规划编制机关应当及时组织环境影响的跟踪评价，并将评价结果报告审批机关；发现有明显不良环境影响的，应当及时提出改进措施。

为贯彻落实《中华人民共和国环境影响评价法》，指导规划环境影响评价的实施，促进规划环境影响评价的科学化与规范化，原国家环境保护总局还组织编制了《规划环境影响评价技术导则（试行）及附件》（HJ/T 130—2003）和《专项规划环境影响报告书审查办法》等材料。

第二节　规划环境影响评价的内容与要求

一、规划环境影响评价的要求

规划环境影响评价不同于项目环境影响评价，规划的大范围性与高水平性使规划环境影响评价能够较好地解决长期的、区域性的环境问题，因而规划环境影响评价具有一定的前瞻性，它有助于解决在项目层次上不能解决的冲突，并且能够分析大量项目的累积环境影响。在规划编制和决策过程中，要充分考虑所拟议的规划可能涉及的环境问题，预防规划实施后可能造成的不良环境影响，协调经济增长、社会进步与环境保护三者间的关系。通过规划的环境影响评价，调整规划的总目标和主要指标，利于规划的实施和环境保护；调整规划的规模，合理布局，调整产业结构、产品结构，促进规划的实施；提高规划的可行性、科学性、合理性、可操作性、系统性、综合性及整体性。

规划一般分为指导性规划和专项规划两大类，两类规划有不同的环境影响评价要求。

① 对一些宏观、长远的综合性规划，以及主要是提出预测性、参考性指标的指导性规划，即“一地”（土地利用）、“三域”（区域、流域、海域的建设和开发利用）规划，要求在规划的编制过程中同步进行环境影响评价，在规划草案中编写环境影响的章节或者说明，不必另外编写规划的环境影响报告书。

② 对一些指标要求比较具体的专项规划，即“十专项”（工业、农业、畜牧业、林业、能源、水利、交通、城市建设、旅游、自然资源开发）规划，要求单独编写规划的环境影响评价报告书，并对报告书进行预审。

二、规划环境影响评价的原则

（1）科学、客观、公正原则　规划环境影响评价必须科学、客观、公正，综合考虑规划实施后对各种环境要素及其所构成的生态系统可能造成的影响，为决策提供科学依据。

（2）早期介入原则　规划环境影响评价应尽可能在规划编制的初期介入，并将对环境的考虑充分融入到规划中。

（3）整体性原则　一项规划的环境影响评价应当把与该规划相关的政策、规划、计划以及相应的项目联系起来，做整体性考虑。

（4）公众参与原则　在规划环境影响评价过程中鼓励和支持公众参与，充分考虑社会各方面利益和主张。

（5）一致性原则　规划环境影响评价的工作深度应当与规划的层次、详尽程度相一致。

（6）可操作性原则　应当尽可能选择简单、实用、经过实践检验可行的评价方法，评价结论应具有可操作性。

三、规划环境影响评价的特点

规划开发活动具有建设规模大、范围广、开发强度高等特点，通常会在短期内使规划区域的自然、社会、经济、生态环境发生较大变化，因此它的环境影响评价比较复杂，涉及的因素多，相较于建设项目的环境影响评价，具有以下特点。

（1）广泛性与复杂性　规划环境影响评价内容复杂，评价范围在地域上、空间上和时间上均远远超过单个建设项目对环境的影响，它的影响评价涉及区域内所有规划开发项目及其对规划区域内外的自然、社会、经济和生态环境的全面影响。

（2）战略性　规划环境影响评价涉及区域的发展规模、性质、产业布局、产业结构与功能布局等规划方案，因此要从多方面详细论述环境保护和经济发展的战略性对策。

(3) 不确定性　在规划正式实施之前，待开发建设的许多项目或者项目的许多特征都是不确定的，规划方案只能确定拟开发活动的基本情况，因而规划环境影响评价具有一定的不确定性。

(4) 评价时间的超前性　作为规划决策必不可少的参考依据，规划环境影响评价必须在建设活动的详细规划之前进行，才能制定出合理的规划方案，取得最大的经济、社会和环境效益。

规划环境影响评价与建设项目的环境影响评价之间的比较见表 13-1。

表 13-1　规划环境影响评价与建设项目环境影响评价的特点比较

评价内容	规划环境影响评价	建设项目环境影响评价
评价对象	包括规划方案中的所有拟开发建设行为，项目多，类型复杂	单一或几个建设项目，具有单一性
评价范围	地域广，范围大，属区域性或流域性	地域小，范围小，属局域性
评价方法	多样性	单一性
评价精度	规划项目具有不确定性，只能采用系统分析方法进行宏观分析，论证规划方案的合理性，难以细化，评价精度要求不高	确定的建设项目，评价精度要求高，预测计算结果准确
评价时间	在规划方案确定之前进行，超前于开发活动	与建设项目的可行性研究同时进行，与建设项目同步
评价任务	调查规划范围内的自然、社会和环境状况，分析规划方案中拟开发活动对环境的影响，论述规划布局、结构、资源的配置合理性，提出规划优化布局的整体方案和污染综合防治措施，为制定和完善规划提供宏观的决策依据	根据建设项目的性质、规模和所在地区的自然、社会和环境状况，通过调查分析，预测项目建设对环境的影响程度，在此基础之上做出项目建设的可行性结论，提出污染防治的具体对策建议
评价指标	反映规划范围内环境与经济协调发展的环境、经济、生活质量的指标体系	水、大气、声等环境质量指标

四、规划环境影响评价的内容与工作程序

1. 规划环境影响评价的基本内容

根据《中华人民共和国环境影响评价法》的要求，区域规划与专项规划的环境影响评价要在了解环境现状的基础之上，对规划实施后可能产生的环境影响做出分析、预测和评估，提出预防或减轻不良环境影响的对策和措施。

因此，规划环境影响评价需要进行环境现状评价和影响预测评价，包括以下基本内容。

① 规划分析。包括分析拟议的规划目标、指标、规划方案与相关的其他发展规划、环境保护规划的关系。

② 环境现状与分析。包括调查、分析环境现状和历史演变，识别敏感的环境问题以及制约拟议规划的主要因素。

③ 环境影响识别与确定环境目标和评价指标。包括识别规划目标、指标、方案（包括替代方案）的主要环境问题和环境影响，按照有关的环境保护政策、法规和标准拟定或确认环境目标，选择量化和非量化的评价指标。

④ 环境影响分析与评价。包括预测和评价不同规划方案（包括替代方案）对环境保护目标、环境质量和可持续性的影响。

⑤ 针对各规划方案（包括替代方案），拟定环境保护对策和措施，确定环境可行的推荐规划方案。

⑥ 开展公众参与。

⑦ 拟定监测、跟踪评价计划，利用现有的环境标准和监测系统，监测规划实施后的环境影响，以及通过专家咨询和公众参与等，监督规划实施后的环境影响，评价规划实施后的实际环境影响，监督规划环境影响评价及其建议的减缓措施是否得到了有效的贯彻实施。确定为进一步提高规划的环境效益所需的改进措施。

⑧ 编写规划环境影响评价文件（报告书、篇章或说明）。

2. 规划环境影响评价的工作程序

规划环境影响评价与建设项目环境影响评价的工作程序基本相同，大体分为三个阶段，准备阶段、评价阶段和报告编写阶段。但由于一个规划开发活动涉及多项目、多单位，需要协调项目间的关系，合理确定污染分担率，因此为了使评价工作更有针对性和可操作性，应该在中间阶段向有关部门提交阶段性报告，以便及时完善充实，修订最终报告。

规划环境影响评价的基本工作程序如图 13-1 所示。

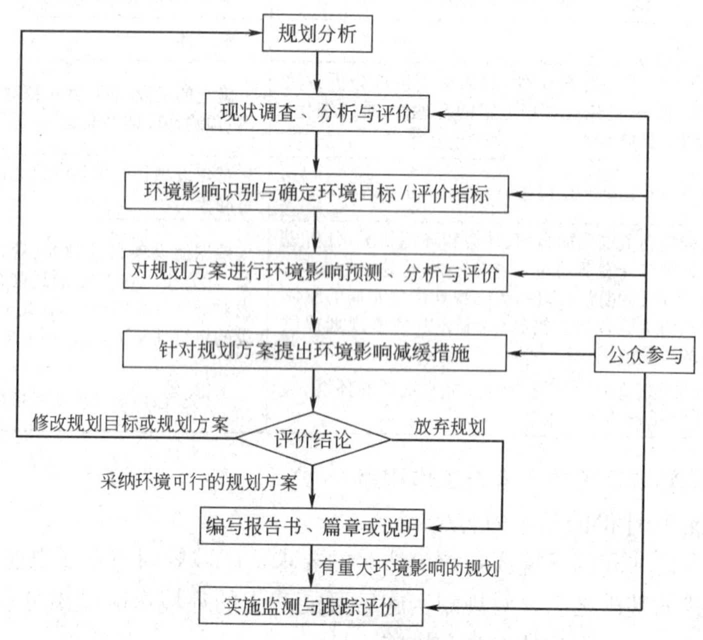

图 13-1　规划环境影响评价的工作程序

第三节　规划分析及其环境影响识别

一、规划分析

规划分析的目的是从区域可持续发展战略要求出发，辨识规划实施后的区域可持续发展能力的变化情况。从规划内容、规划组织、规划过程等方面分析规划实施后可能对该区域及相关区域的未来发展所造成重大环境影响的因素。通过规划分析，可以发现各备选规划方案在未来实施中可能造成环境影响的因素，并通过定性与定量方式筛选出重大影响因素，查明其影响途径及程度。

规划分析通常包括相容性分析、内容分析、过程分析、组织分析和缺陷分析。

相容性分析是从总体上明确一项规划的合理性与限制性，对该规划与城市总体规划、土地利用规划、经济与社会发展规划等综合性规划及相关专项规划的相容性和协调性进行分析，着重分析该规划与实现区域社会、经济与环境可持续发展的相容性和一致性。

规划内容分析包括规划目标分析、作用对象分析和方案分析。规划目标分析主要分析总目标、具体目标和阶段目标等不同层次目标的明确性、可行性和规范性，不同层次的目标在时间上、空间上的逻辑关系以及各目标之间的协调性。规划作用对象分析就是对经由规划调节的利益关系及其分布范围的分析，不仅包括直接作用对象，还应注重分析规划间接作用对象。规划方案分析就是分析各种备选措施，以及它们之间的相互排他性与协调性。

规划过程分析包括规划制定过程和实施过程两方面的分析。规划制定过程的分析主要集中在规划问题出现的背景、规划信息的占有情况与制定程序的合理性与科学性等方面。规划实施过程则是结合规划效率周期率，分析规划的早期失效、偶然失效和耗损失效 3 阶段的实施过程。

规划组织分析是对规划组织的决策管理层、智囊咨询层、实际操作层和资源安排层等不同层次结构的分析，同时还要对规划组织进行效能分析。

规划缺陷分析是通过分析规划缺陷（包括规划内容失误，执行失真和组织失效），寻找可能会导致不良环境影响的规划因素。

二、规划环境影响识别

规划环境影响识别就是依据环境效应强度及其发生背景，通过分析调查和收集资料，掌握规划影响区域的背景状况，识别该规划拟开展的行动对区域社会、经济和环境可能产生的显著或重大影响。规划环境影响主要的识别目标是可能受重大影响的社会、经济和环境因子、受影响范围以及规划的时间跨度。

规划影响识别的基本程序如图 13-2 所示。

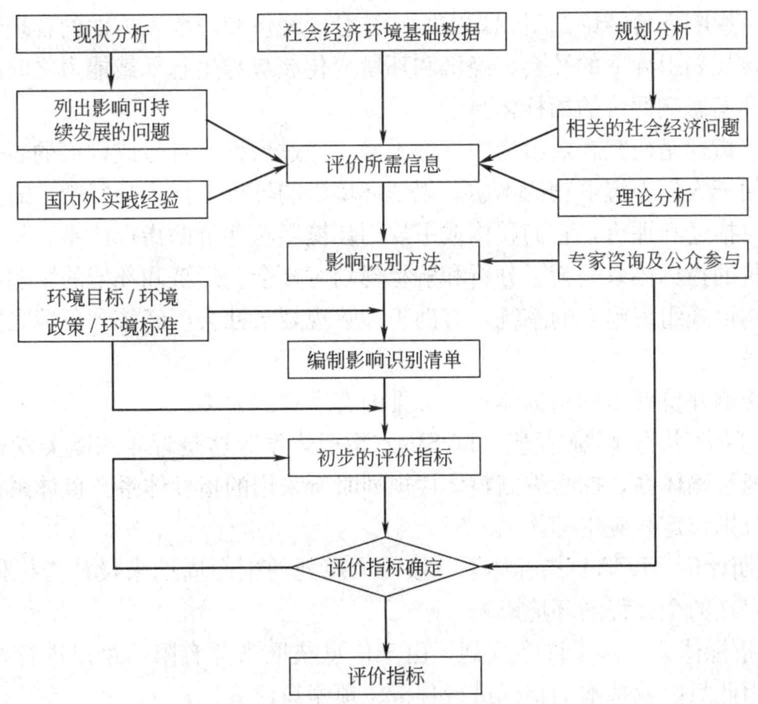

图 13-2　规划的环境影响识别与确定评价指标

第四节　规划环境影响预测与评价

一、规划环境影响预测与评价的基本内容

规划环境影响预测与评价包括预测和评价两部分。规划环境影响预测就是识别出可能受到显著或重大影响的环境因子情况，预测在拟定规划及其替代方案的引导下，区域不同阶段的社会、经济和环境发展状况与可持续发展能力，包括影响范围、持续时间、变化强度与可逆性等方面。根据预测内容，规划环境影响预测一般分为以下四方面。

① 区域经济发展趋势预测与分析。包括经济与产业结构、产业布局情况、土地利用、交通与运输、能源消耗与消费结构变化等。

② 拟定规划方案引导下的区域社会发展趋势预测与分析。包括人口规模与分布、人口素质、教育水平、生活水平与生活方式等。

③ 拟定规划引导下的区域环境影响预测。包括直接环境影响和间接环境影响，一般从水环境、大气环境、噪声、土壤环境、植被与生态保护这六个方面来进行。

④ 规划方案影响下的可持续发展能力预测。综合分析社会、经济与环境要素，预测拟定规划对区域可持续发展能力的影响。

规划环境影响评价要在影响预测基础之上开展，它的主要内容如下。

① 拟定规划引导下的环境影响评价。综合评价预测拟定规划实施后将带来的直接和间接环境影响。

② 规划方案影响下的可持续发展能力的评价。综合社会、经济与环境因素，评价拟定规划及其替代方案对区域可持续发展能力的影响。

③ 规划方案合理性的综合分析。根据规划环境影响评价结果，结合可行性论证中关于规划的社会经济影响评价结论，对规划方案在社会、经济和环境三方面的合理性进行综合分析，重点分析该规划引导下的社会、经济和环境变化趋势与生态承载能力之间的相容性。

二、规划环境影响评价的指标体系

众所周知，指标是研究客观事物的一种手段，通过数据、符号或词汇的表达，使复杂的现象简单化，便于人们理解事物的本质。规划环境影响评价工作十分复杂，需要用大量定性和定量指标加以描述和评价，它们就构成了规划环境影响评价的指标体系。从功能上讲，规划环境影响评价的指标体系是为了分析和解释规划对社会、经济和环境的影响，将各种相关指标按一定结构形式组织起来的系统，有助于理解规划与社会、经济和环境之间的相互联系和相互作用关系。

规划环境影响评价有多种指标体系，常见的有下列三大类。

① 驱动力-压力-状态-影响-反应（DPSIR）指标体系。这是近年来欧美发达国家在建立可持续城市交通运输体系，探索编制整体性规划时所采用的指标体系。该体系根据实施交通规划的分期，分别设定相应指标体系。

② 生命周期评价（LCA）指标体系。按一项规划的生命周期来设计指标体系，以便反映政策或规划存在的全过程的环境影响。

③ 基本的指标体系。对于许多规划，由于信息获取来源有限，难以进行系统全面的环境综合评价，因此只能就基本的指标进行分析、预测与评价。

对于规划环境影响评价的指标所反映的环境影响大小、强弱等的判断需要依据一定的标

准或准则，要尽可能采用已有的国家、地方或行业标准，如果缺少法定标准，可参考国内外同类评价工作中所使用的标准。

第五节 规划环境影响评价的方法

规划环境影响评价是一种战略性环境评价，着眼于环境问题的全局性和根本性，解决的是那些在规划层次上应处理和能处理的环境问题，在评价的目标思路、方式方法及深度精度上都与项目环境影响评价有很大区别。规划环境影响评价在我国尚属崭新的领域，没有成熟的经验可以借鉴，国外发达国家也是从20世纪后期才开始对战略环境影响评价进行研究和开展工作的。

由于规划种类繁多，涉及的行业千差万别，因此目前还没有针对所有规划环境影响评价的通用方法，很多适用于建设项目环境影响评价的方法可以直接用于规划环境影响评价，但可能在详尽程度和特征水平上有所不同。规划和建设项目分别处于决策链的中高端和下端，由于规划的影响范围和不确定性较大，对规划的环境影响进行预测、评价时可以更多地采取定性和半定量的方法，内容上更强调累积影响分析和不确定性分析。

一、规划环境影响评价的技术方法

规划环境影响评价的方法除了可借鉴项目环境影响评价的方法外，累积影响的分析方法更为适用；而处理规划不确定性评估时，通常使用幕景分析法。目前在规划环境影响评价中采用的技术方法可大致概括为两大类。

(1) 项目环境影响评价方法 这类方法是将项目的整体影响加以分解，有重点地将规划环境影响分解为与环境资源、社会经济和生态系统阈值相关的影响，再综合评价各种联合行为的累积效应。如识别影响的方法（清单法、矩阵法、网络分析法）、描述基本现状、环境影响预测模型等。

(2) 规划学的方法 这类方法通常是在经济部门和规划研究中使用，当用于规划环境影响评价时，它首先有效地评估规划的综合影响，特别是累积效应，然后将综合影响分别分解到规划区域的各种资源或生态子系统上。如投入产出法、地理信息系统、投资-效益分析、环境承载力分析等。

规划环境影响评价的研究方法是一个综合各个相关学科的复杂体系，表13-2列出了规划环评中各个评价阶段常用的评价方法。

1. 层次分析法（Analytic Hierarchy Process，AHP）

20世纪70年代美国匹兹堡大学教授T. L. Saaty提出了一种以定性与定量相结合，系统化、层次化分析问题的方法，称为层次分析法（Analytic Hierarchy Process，AHP），它是一种灵活、简便的多目标、多准则的决策方法。

AHP法把一个复杂的问题按一定原则分解为若干子问题，对每一个子问题做同样的处理，由此得到按支配关系形成的多层次结构，对同一层的各元素进行两两比较，并用矩阵运算确定出该元素对上一层支配元素的相对重要性，进而确定出每个子问题对总目标的重要性。AHP决策分析一般分以下几个步骤：明确问题、建立层次结构、构造判断矩阵、层次单排序、层次总排序和一致性检验。

层次分析法是对复杂问题做出决策的一种简易方法，适合处理难于完全定量进行分析的复杂问题。它可将一些量化困难的定性问题在严格数学运算基础上定量化；将一些定量、定性混杂的问题综合为统一整体进行综合分析。特别是该方法在解决问题时，可对定性-定量转换、综合计量等过程中人们判断的一致性程度等问题进行科学检验。因此，层次分析法在规划环境影响评价中的适用性很强，它可以在确定指标权重、确定综合环境影响系数等方面具有明显的可量化的优势。层次分析法可以用于规划环境影响识别、规划环境影响预测、规划环境影响的综合评价等环节。

表 13-2　规划环境影响评价的常用方法体系

评价环节	评价方法名称
评价规划的筛选	①定义法；②核查表法；③阈值法；④敏感区域分析法；⑤矩阵法；⑥对比、类比、相容分析法；⑦专家咨询法
环境背景调查分析法	①收集资料法、现场调查和监测法；②“3S”技术(GIS,RS,GPS)；③提问表、访谈和专门座谈会等
规划环境影响的识别	①核查表法；②矩阵法；③网络法；④叠图法＋GIS；⑤系统流图法；⑥相关分析法；⑦层次分析法；⑧幕景分析法；⑨智暴法和德尔斐法
规划环境影响的预测	①主观概率法；②系统动力学；③人工神经网络；④投入产出分析；⑤环境数学模型；⑥幕景分析法；⑦风险分析法；⑧经济分析法；⑨社会影响分析法
规划环境影响的评价	①加权比较法；②逼近理想状态排序法；③费用-效益分析法；④层次分析法；⑤可持续发展能力评估；⑥对比评价法；⑦承载力分析法；⑧风险评价法；⑨决策分析技术
累积环境影响的评价	①专家咨询法；②核查表法；③矩阵法；④网络法；⑤系统流程图法；⑥环境数学模型法；⑦承载力分析法；⑧叠图法＋GIS；⑨幕景分析法；⑩风险评价与管理法
公众参与	提问表、论证会、听证会、访谈和社会调查等方法

2. 矩阵法（matrix）

矩阵法是将规划目标、指标以及规划方案（拟议的经济活动）与环境因素作为矩阵的行与列，并在相对应位置填写用以表示行为与环境因素之间的因果关系的符号、数字或文字。这样矩阵就成为一种用来量化人类的活动和环境资源或相关生态系统之间的交互作用的二维核查表。矩阵法有简单矩阵、定量的分级矩阵（即相互作用矩阵，又叫 Leopold 矩阵）、Phillip-Defillipi 改进矩阵、Welch-Lewis 三维矩阵等，通常用于评估一个项目和行动与环境资源之间相互作用的大小和重要性，现已被扩展到可以考察一个规划或多项行动对环境的影响。

矩阵法可以直观地表示交叉或因果关系，矩阵的多维性尤其利于描述规划环境影响评价中的各种复杂关系，因此它既可以表示多个项目的影响，又可以对多个方案进行比较；同时矩阵法可以将矩阵中每个元素的数值与对各环境资源、生态系统和人类社区的各种行动所产生的累积效应的评估很好地联系起来，简单实用，内涵丰富，易于理解。矩阵法的缺点是不能处理间接影响和时间特征明显的影响。矩阵法一般用于规划方案的初步筛选、规划环境影响识别、累积环境影响评价等环节。

3. 环境数学模型法（Environmental Mathematical Model）

环境数学模型法是用数学形式定量表示环境系统或环境要素的时空变化过程和变化规律，多用于描述大气或水体中污染物质随空气或水等介质在空间中的输运和转化规律。在建设项目环境影响评价中和环境规划中采用的环境数学模型同样可运用于规划环境影响评价。目前常用的基本模型分为 5 类，可单独运用，也可以综合运用。

① 环境资源的循环与迁移分布模型。如流域或区域的水资源总量模型，区域水资源循环模型，环境中重金属的迁移与分布模型，区域地下水资源模型等。

② 环境介质运动或动力模型。如河流、河网和河口水文模型和水动力模型，区域污染

气象学模型，大气扩散、运输模型，土壤侵蚀与沉积物运输模型等。

③ 污染物排入与负荷、环境介质质量与自净模型。包括区域非点源流域环境相应模型（Answers Models），点源与非点源集成的流域评价系统（BASINS），多点源排放的长期空气影响平均浓度模型，多点源与面源排放的空气影响模型，污水灌溉土壤污染累积影响模型等。

④ 总量控制与污染负荷分配模型。包括河口污染物负荷分配模型，流域或区域水环境容量估算模型，区域空气环境容量估算模型等。

⑤ 集成的环境管理的软件包。如完全集成的环境区域决策模型（FIELD-Model）软件包，该软件包含各种模块，可以在 GIS 平台上运行，既可以用于水环境管理，也可以用于受污染场地的修复，它可以利用输入的数据进行不同幕景分析。

数学模型较好地定量描述多个环境因子和环境影响的相互作用及其因果关系，充分反映环境扰动的空间位置和密度，可以分析空间累积效应以及时间累积效应，具有较大的灵活性。但它对基础数据要求较高，只能应用于人们了解比较充分的环境系统，并只能应用于建模所限定的条件范围内，费用较高，通常只能分析对单个环境要素的影响。因此数学模型法的最佳实用环节为规划的环境影响进行预测与评价，也可以用于累积环境影响评价。

4. 加权比较法（Weighted Comparison）

加权比较法是对包括替代方案在内的每一个规划方案的环境影响依据评价基准进行打分，分值越高表明该方案在这一环境因子方面越理想；同时，由于不同类型的环境影响产生不同程度的后果，而且对于人类社会经济环境系统的意义或重要性也不同，因此还必须根据各类环境因子的相对重要程度予以加权。这样分值与权重的乘积即为某一规划方案对于该评价因子的实际得分；所有评价因子的实际得分累计加和就是这一规划方案的最终得分。最终得分最高的规划方案即为最优方案。

在加权比较评价法中，分值和权重的确定是最为关键的两个环节，并且在很大程度上取决于主观经验。分值和权重的确定可以通过专家调查法（Delphy）进行评定，以尽可能地降低其不可靠性；权重也可以通过层次分析法（AHP）予以确定。但是，由于加权法确定权值和分值时，都是由人根据经验确定的，而且各环境因子随规划时间的变化，其影响也在变化，其局限性也很明显。因此，有人提出各评价因子的权重应该是动态的，各评价因子之间的相对重要性应该随着时间的变化而变化。例如，丰水期的水污染因子的权重可以适当低于枯水期的情况。

加权比较评价法由于能直观、清晰地表达出各方案的综合得分，并且对各方案的各个操作子系统优劣用得分的形式表达出来，适用性很强，多用于环境影响综合评价中的多方案比较。

5. 环境承载力分析法

环境承载力指的是在某一时期、某种状态下、某一区域环境对人类社会经济活动的支持能力的阈值。环境所承载的是人类行动，承载力的大小可用人类行动的方向、强度、规模等来表示。承载能力分析基于许多环境和社会经济系统中存在固有的限制或阈值这一事实。承载能力分析能够识别有关环境资源和生态系统的阈值作为发展的限制，以及提供各种机制来监测剩余承载能力的容许使用量。承载能力分析首先是识别潜在限制因素，根据各种限制因素的数值限制列出数学方程来描述资源或系统的承载能力。通过这种方法，可以根据限制因素的剩余能力来系统地评估一个规划施加于资源的允许总体影响。

常用的环境承载力分析的方法和步骤如下。

① 建立环境承载力指标体系，一般选取的指标与承载力的大小成正比关系。

② 确定每一个指标的具体数值（通过现状调查或预测）。

③ 针对多个小区或同一区域的多个发展方案对指标进行归一化。m 个小区的环境承载力分别为 E_1，E_2，…，E_m，每个环境承载力由 n 个指标组成

$$E_j=\{E_{1j},E_{2j},\cdots,E_{nj}\},j=1,2,\cdots,m \tag{13-1}$$

④ 第 j 个小区的环境承载力大小用归一化后的矢量的模型来表示

$$|E_j|=(E_{1j}^2+E_{2j}^2+\cdots+E_{nj}^2)^{0.5} \tag{13-2}$$

⑤ 根据承载力大小来对区域生产活动进行布局或选择环境承载力最大的发展方案作为优选方案。

承载力分析法可以在阈值的基础上对累积效应进行近似真实的度量，在对一个地区的环境承载力进行分析后，确定各环境因子的阈值，从而使预测和评价更具科学性。但是，由于在社会领域，地区的承载能力由服务水平来度量，这种方法的缺点也很明显，几乎不可能准确度量承载能力，往往在确定很多的阈值时缺乏所需的相关地区的资料。

承载力分析适用于规划环境影响的预测与评价和累积环境影响评价阶段。这种方法尤其适用于累积影响评价，因为环境的承载力可以作为一个阈值来评价累积影响的显著性。在评价下列方面的累积影响时，承载力分析较为有效可行：基础设施或公共设施规划建设、空气质量和水体质量、野生生物种群、自然保护区域的开发利用、土地利用规划等。

6. 核查表法（checklist）

核查表法是将可能受规划行为影响的环境因子和可能产生的影响性质列在一个清单中，然后对核查的环境影响给出定性或半定量的评价。

核查表方法使用方便，容易被专业人士及公众接受。在评价早期阶段应用，可保证重大的影响没有被忽略。但建立一个系统而全面的核查表是一项繁琐且耗时的工作，同时由于核查表没有将“受体”与“源”相结合，无法清楚地显示出影响过程、影响程度及影响的综合效果。

7. 叠图法（Map Overlays）

叠图法是将评价区域特征（包括自然条件、社会背景、经济状况等）的专题地图叠放在一起，形成一张能综合反映环境影响的空间特征的地图。

叠图法能够直观、形象、简明地表示各种单个影响和复合影响的空间分布，但无法在地图上表达源与受体的因果关系，因而无法综合评定环境影响的强度或环境因子的重要性。该方法适用于评价区域现状的综合分析、环境影响识别（判别影响范围、性质和程度）以及累积影响评价。

8. 网络法

网络法是用网络图来表示规划活动造成的环境影响以及各种影响之间的因果关系，多级影响逐步展开，呈树枝状，因此又称影响树。网络法主要有因果网络和影响网络两种形式。

因果网络法，实质是一个包含有规划与其调整行为、行为与受影响因子以及各因子之间联系的网络图。优点是可以识别环境影响发生途径，便于依据因果联系考虑减缓及补救措施；缺点是容易过于详细，致使花费大量人力、物力、财力和时间去考虑不太重要或不太可能发生的影响，或者过于笼统，致使遗漏一些重要的间接影响。

影响网络法，是把影响矩阵中的关于经济行为与环境因子进行的综合分类以及因果网络

法中对高层次影响的清晰的追踪描述结合进来，最后形成一个包含所有评价因子（即经济行为、环境因子和影响联系）的网络。

网络法可用于规划环境影响识别，包括累积影响或间接影响。

9. 系统流程图法

系统流程图法将环境系统描述成为相互关联的组成部分，通过环境成分之间的联系来识别次级的、三级的或更多级的环境影响，是一种描述和识别直接和间接影响的非常有用的方法。它利用进入、通过、流出一个系统的能量通道来描述该系统与其他系统的联系和组织。

系统图可以指导数据收集，组织并简要提出需考虑的信息，突出所提议的规划行为与环境间的相互影响，指出那些需要更进一步分析的环境要素。该方法的明显不足是简单依赖并过分注重系统中能量过程和关系，忽视了系统间的物质、信息等其他联系，可能造成系统因素被忽略。

10. 幕景分析法（Scenario Analysis）

一种幕景代表设定的某一时刻的人类行动情况和环境状况，是某一时刻人与环境的特定关系的情景或快照。幕景分析法是按照评价的目标与要求，将规划方案实施前后、不同时间和条件下的环境状况，按时间序列进行对比描绘，以了解规划的人类行动和相应的环境状况的变化结果，可以用于规划的环境影响的识别、预测以及累积影响评价等环节。通过评价不同幕景下的累积影响，可以分析出区域内各种人类行动或各个时段人类行动对累积影响的贡献，可以提醒评价人员注意开发行动中的某些活动或政策可能引起重大的后果和环境风险。

幕景分析法通过人为建立一系列在时间上离散的幕景，避免了累积影响评价中难以确定评价时间范围的问题。该方法可以反映出不同规划方案下的环境影响后果，以及一系列主要变化的过程，便于研究、比较和决策。但要注意的是，该方法受评价人员的主观因素影响较大，设定幕景时应与专家咨询讨论。此外，此方法只是建立了一套进行环境影响评价的框架，实际分析每一情景下的环境影响时还必须依赖于其他一些更为具体的评价方法，例如环境数学模型、矩阵法或GIS等，因此它通常需要与其他评价方法结合起来使用。

11. 投入产出分析（Input-Output Analysis）

在国民经济部门，投入产出分析主要是编制棋盘式的投入产出表和建立相应的线性代数方程体系，构成一个模拟现实的国民经济结构和社会产品再生产过程的经济数学模型，借助计算机，综合分析和确定国民经济各部门间错综复杂的联系和再生产的重要比例关系。

在规划环境影响评价中，投入产出分析可以用于在拟定规划的引导下，区域经济发展趋势的预测与分析，也可以将环境污染造成的损失作为一种“投入”（外在化的成本），对整个区域经济环境系统进行综合模拟。

12. 对比评价法

在规划环境影响评价中，对比分析法有两类。

① 前后对比分析法（before and after comparison），是将规划执行前后的环境质量状况进行对比，从而评价规划环境影响。其优点是简单易行，缺点是可信度低。

② 有无对比法（with and without comparison），是指将规划环境影响预测情况与若无规划执行这一假设条件下的环境质量状况进行比较，以评价规划的真实或净环境影响。

二、公众参与的技术方法

在规划环境影响评价过程中鼓励和支持公众参与，并应充分考虑社会各方面的利益和主张。专项规划的组织编制机关，对可能造成不良环境影响并直接涉及公众权益的规划，应当在其草案报送审批前举行论证会、听证会，或者采取其他形式征求有关单位、专家和公众对环境影响报告书草案的意见（国家规定需要保密的情形除外），并在报送审查的环境影响评价报告书中添附对上述意见采纳或者不采纳的说明。

由于规划与建设项目不同，它涉及的决策层次高，影响面大，因此规划环境影响评价中的公众参与建设项目有所不同。首先，由于许多规划涉及国家、地方行业或商业秘密，因此，在其酝酿期需要保密，这就要求公众参与者的范围不宜过大；其次，有的规划专业性较强，因此对公众参与的参与者层次要求比建设项目要高。

参与者的确定要综合考虑以下因素。

① 影响范围广且多为直接影响的规划，应采用广泛的公众参与；技术复杂的规划要求有高层次管理者、专家的参与。

② 充分考虑时间因素和人力、物力和财力等条件，通过一定途径和方式，遵循一定的程序开展规划环境影响评价的公众参与。

在规划环境影响评价中的公众参与者一般包括四个类型：受影响公众、本研究领域及相关领域的专家、感兴趣团体和新闻媒介。

在综合考虑规划的特性、参与者的素质以及资源的可获得性等因素后，确定适当的公众、团体或组织来参与规划环境影响评价。

公众参与的方式可以采取专家咨询、问卷调查、召开听证会、举办展览或利用广播、电视、网络公告等形式，针对不同类型的规划，可采取不同形式的公众参与。对于涉及面广，无保密要求的规划，可采取问卷调查、举办展览、广播等形式向公众进行咨询，认真考虑他们的意见；对于有保密要求或专业性较强的规划，在咨询方式和方法上可以将保密性内容经过技术处理转化为非保密的问题。在确保不泄密的条件下进行咨询，使公众及时了解处理结果，并对其意见予以反馈。

规划环境影响评价过程中适合公众参与的内容包括：①环境背景调查；②环境资源价值估算；③界定各个规划要素与受影响的环境要素间的关系；④规划环境影响评价后评估及监督。

总之，公众参与应贯穿规划环境影响评价全过程。在环境影响评价工作的任何时间和阶段，公众都可以要求了解规划行动的有关内容，随时发表他们的意见和建议，以避免因规划内容缺陷而引起环境问题或者因规划实施过程失真造成环境影响。

第三篇 案例分析

第十四章 化工环评案例

——某公司5万吨/年特种树脂的项目环境影响评价报告

一、概述

1. 项目由来

Z市保税区是经国务院批准设立的全国唯一的内河港型保税区，Y国际化学工业园区是该保税区的配套工业区。A公司（筹）主要发展方向是化工新材料及精细化工产品的开发生产与经营，决定在B国际化学工业园投资新建5万吨/年特种树脂的项目。

2. 评价依据

（1）国家法律、法规及规定 《中华人民共和国环境保护法》、《中华人民共和国环境影响评价法》、《中华人民共和国清洁生产促进法》、《中华人民共和国大气污染防治法》、《中华人民共和国水污染防治法》《中华人民共和国环境噪声防治法》、《中华人民共和国水土保持法》、《建设项目环境保护管理条例》。

（2）采用评价技术导则的名称及标准号 《环境影响评价技术导则——总纲》（HJ/T 2.1—1993）；《环境影响评价技术导则——大气环境》（HJ/T 2.2—1993）；《环境影响评价技术导则——地面水环境》（HJ/T 2.3—1993）；《环境影响评价技术导则——声环境》（HJ/T 2.4—1993）。

3. 评价等级

（1）大气环境影响评价等级 本项目大气污染源为有组织工艺废气。按污染物等标排放量计算公式：$P=Q/C\times10^9$，计算得甲苯最大为$2.31\times10^5 m^3/h$。且本项目所地区处于平原开阔地区，故本项目大气环境影响评价等级为三级。

（2）水环境影响评价等级 本项目排入园区污水管网的废水量（生产废水）为$11.7\ m^3/d$，经园区污水处理厂进一步处理，达标后最终排入长江（大河、Ⅲ类水域），水环境评价进行一般性影响分析。

（3）噪声影响评价等级

本项目在B国际化学工业园内建设，厂界200m范围内无噪声敏感目标，本项目噪声影响评价工作等级确定为三级。

4. 评价范围和重点保护目标

（1）评价范围

① 大气评价范围：以厂内排气筒为中心、主导风向为主轴，4km×6km的区域。

② 地表水评价范围：为本项目排污口（园区污水处理厂尾水排放口）上、下游3km。

③ 噪声：厂界噪声及周边200m范围。

④ 环境风险评价范围：厂区主要生产装置及物料储存区周围 5km 范围内。

（2）重点保护目标

根据现场调查，建设项目所在地北面为雪佛龙公司，东面为南光用地，西临十字港，南面为华达涂层。A 公司周围 500m 内无居民点，本项目环境保护目标见表 14-1、表 14-2。

表 14-1 大气环境保护目标表

编号	保护目标	方位	距离/m	功能
1	C 粮油工业有限公司	N	2100	粮油加工
2	D 镇	WSW	3200	居民
3	E 镇	NE	4600	居民

表 14-2 水环境保护目标表

<table>
<tr><th>编号</th><th>保护对象名称</th><th>方位</th><th>距离(M)</th><th>规模</th><th>功能</th></tr>
<tr><td rowspan="10">水环境</td><td>C 粮油公司取水口</td><td>SW</td><td>排口上游 1800</td><td>3000t/d</td><td>自备水厂</td></tr>
<tr><td>F 热电厂取水口</td><td>SW</td><td>排口上游 2200</td><td>20000t/d</td><td>自备水厂</td></tr>
<tr><td>G 公司水厂取水口</td><td>SW</td><td>排口上游 3400</td><td>1000t/d</td><td>自备水厂</td></tr>
<tr><td>H 粮油公司码头水厂取水口</td><td>SW</td><td>排口上游 4300</td><td>2000t/d</td><td>自备水厂</td></tr>
<tr><td>港区镇水厂取水口</td><td>SW</td><td>排口上游 4700</td><td>12000t/d</td><td>港区、港区镇</td></tr>
<tr><td>港务局水厂取水口Ⅰ</td><td>SW</td><td>排口上游 6000</td><td>5000t/d</td><td>港务局、港区</td></tr>
<tr><td>港务局水厂取水口Ⅱ</td><td>SW</td><td>排口上游 9000</td><td>5000t/d</td><td>港务局、港区</td></tr>
<tr><td>D 镇水厂取水口</td><td>SW</td><td>排口下游 8000</td><td>10000t/d</td><td>D 镇</td></tr>
<tr><td>第三水厂取水口</td><td>NE</td><td>排口下游 16000</td><td>300000t/d</td><td rowspan="2">区域供水</td></tr>
<tr><td>第四水厂取水口</td><td>NE</td><td>排口下游 16000</td><td>200000t/d</td></tr>
</table>

注：水环境距离是污水处理厂排水口距各取水口的距离。第四水厂与第三水厂共用一个取水口，其水源保护区范围为取水口上下游 1000m。

5. 环境评价标准

根据 Z 市关于城市布局和功能的规划和有关规定，该总公司所在地环境空气质量功能区属于二类区，本期工程空气污染物的排放执行《大气污染物综合排放标准》（GB 16297—1996）和《工业企业设计卫生标准》（TJ 36—79）。水域功能定为Ⅲ类水环境多功能区，水环境质量评价采用《地表水环境质量标准》（GB 3838—2002）。噪声环境质量评价采用中华人民共和国国家标准《城市区域环境噪声标准》（GB 3096—93）和《工厂企业厂界噪声标准》（GB 12348—90），工业区声环境的评价标准拟选用三类标准。

6. 评价因子

本项目评价因子见表 14-3。

二、厂址地区环境概况

1. 自然环境概况（略）

2. 区域社会环境概况

（1）社会经济（略）

（2）交通（略）

表 14-3　本项目环境评价因子

项目	现状评价因子	影响评价因子	总量控制因子
大气环境	SO_2、NO_2、甲苯、ECH、甲醛	甲苯、ECH	甲苯、ECH、甲醛
地表水环境	COD、BOD_5、SS、氨氮、总磷、石油类、DO 和挥发酚	COD	COD、氨氮、总磷、甲苯
固体废物		工业固体废物	工业固体废物
声环境	等效连续 A 声级		

3. 项目所在地区域发展规划概况

（1）Z 市城市总体规划概况（略）

（2）Y 国际化学工业园概况（略）

三、工程分析

1. 拟建工程项目概况

（1）项目名称、建设性质、投资总额、环保投资

项目名称：A 公司 5 万吨/年特种树脂项目。

项目性质：新建中外合资。

建设地点：B 国际化学工业园。

投资总额：2000 万美元，其中环保投资 768.6 万元人民币。

预计投产日期：2007 年 5 月。

（2）建设规模及产品方案

① 建设规模。本环氧树脂装置项目生产规模为 50kt/a 液体环氧树脂：35kt/a YD-51 环氧树脂，10kt/a Ex-23-A80 溴环氧树脂，5kt/a JF-43 邻甲酚甲醛环氧树脂。

本项目年操作时间为 8000h。

② 产品方案。本项目生产液体环氧树脂以双酚 A 和环氧氯丙烷为原料，在氢氧化钠作用下，在一定的反应条件下，生成通用型环氧树脂产品双酚 A 二缩水甘油醚型环氧树脂。该装置主要生产电子级 YD-51 环氧树脂、以 YD-51 为原料的 Ex-23-A80 溴环氧树脂。职工人数 158 人；年工作 330d，每天工作 24h，实行四班三运制。

（3）厂区总平面布置图　占地面积 57939m^2（其中高压走廊 569m^2）；建筑面积 29792m^2；绿化面积 18717m^2

2. 全厂主要原辅材料汇总

主要原辅料的品种、规格、年需用量、来源及运输条件见表 14-4。

表 14-4　主要原辅料的品种、规格、年需用量、来源及运输条件

序号	名　称	主要规格	用量 t/a	标准	供应来源	运输条件
1	环氧氯丙烷	99.5%(质量分数)	23140	GB/T 13097—1991	市场购入	汽车
2	双酚 A	优等品	23905	Q/320201NG039—1996	市场购入	汽车
3	丙酮		2000	GB/T 6026—1998	市场购入	汽车
4	液碱	48%	20315	GB 209—1993	市场购入	汽车
5	四溴双酚		2680		市场购入	汽车
6	甲苯		950	GB 3406—1990	市场购入	汽车
7	邻甲酚		3400		市场购入	汽车
8	甲醛		2300		市场购入	汽车

3. 主要生产设备

本生产装置主要工艺设备包括贮槽、反应釜、降膜蒸发器、薄膜蒸发器、换热器等非标设备及机泵等定型设备，具体见表 14-5。

表 14-5 全厂主要生产设备

序号	名 称	规格型号	单位	数 量
一	原料罐区			
1	环氧氯丙烷贮罐	$100m^3$	台	2
2	液碱贮罐	$100m^3$	台	2
3	甲苯贮罐	$200m^3$	台	2
4	丙酮贮罐	$50m^3$	台	1
5	半成品贮罐	$100m^3$	台	2
6	环氧氯丙烷废水罐①	$50m^3$	台	1
7	甲醛贮罐	$50m^3$	台	1
二	生产装置			
1	反应釜	$30m^3$	台	8
2	精制釜	$45m^3$	台	8
3	薄膜蒸发器	$8m^2$	台	4
4	回收氯丙烷罐	$12m^3$	台	8
5	废水罐	$4m^3$	台	8
6	环氧氯丙烷精馏塔		台	1
7	成品釜	$100m^3$	台	4
8	输送泵		台	50

① 环氧氯丙烷废水罐所贮存的废水中环氧氯丙烷含量小于 6.5%。

4. 污染源强分析

(1) 大气污染产生与排放情况 根据物料衡算结果，本项目有组织废气排放源为生产过程中排放的废气，主要污染物成分为环氧氯丙烷和甲苯，主要污染分别来源于生产基础高纯环氧树脂 YD-51 缩合反应工段 G1-1 和生产邻甲酚甲醛环氧树脂缩合反应工段 G3-1，生产基础高纯环氧树脂 YD-51 溶剂回收工段的工艺废气 G1-2 和生产邻甲酚甲醛环氧树脂溶剂回收工段 G3-2。甲苯灌区也使用冷凝器进行捕捉，由排气管排放。

各工段大气污染物产生及排放情况见表 14-6。

(2) 水污染物产生与排放情况 项目水污染物产生及排放情况见表 14-7。

(3) 固体废物产生及排放状况 本项目固体废物产生及排放处置状况见表 14-8。

(4) 建设项目实施后三废排放汇总 本项目“三废”污染物产生量、削减量、排放量“三本账”汇总见表 14-9。

表 14-6　工艺废气产生及排放情况

种类	污染产生工序	排气量/(×10^4m^3/a)	污染物名称	产生状况 mg/m^3	产生状况 kg/h	治理措施
工艺废气	YD-51 缩合反应	1220	ECH	120.2	1.833	冷凝捕捉
工艺废气	YD-51 脱溶回收	1220	甲苯	1440.1	21.962	冷凝捕捉 冷水吸收
工艺废气	JF-43 缩合反应	200	ECH		0.152	冷凝捕捉
工艺废气	JF-43 脱溶回收	200	甲苯	1224.0	3.063	冷凝捕捉 冷水吸收
灌区废气	半成品罐及甲苯贮罐	277	甲苯	637	2.205	冷凝捕捉
灌区废气	贮罐区	— — —	ECH 甲醛 丙酮	—		—

种类	去除率/%	排放状况 mg/m^3	排放状况 kg/h	排放状况 t/a	执行标准 浓度/(mg/m^3)	执行标准 速率/(kg/h)	烟囱内径/m	排放高度/m	排放方式
工艺废气	98%	2.45	0.0374	0.2988			1.08	27	排气筒
工艺废气	98%	29.39	0.4482	3.5855			1.08	27	排气筒
工艺废气	98%	1.25	0.0031	0.0250			1.08	27	排气筒
工艺废气	98%	24.98	0.0625	0.4996			1.08	27	排气筒
灌区废气	98%	13.0	0.045	0.36			1.5	20	排气筒
灌区废气	—	—	0.022 0.003 0.0005	0.176 0.024 0.004	—	—	—	—	无组织

表 14-7　废水产生和排放情况

产品名称	废水量/(m^3/a)	污染物名称	产生量 mg/L	产生量 t/a	处理方法	排放量 mg/L	排放量 t/a	标准浓度限值/(mg/L)	排放去向
洗涤废水	46890.6	COD SS 甲苯 NaCl NaOH	3000 1125 1600 230040 1481	140.1 52.8 75.0 14319.2 92.2	“三效”装置和生化处理	pH:7～9 COD:380 Na^+:3365.5 SS:230 甲苯:0.23	— 35.54 288.22 19.70 0.0196	6～9 500 5000 250 0.5	保税区污水处理厂
含饱和 ECH 的废水	15257.0	COD SS ECH	100000 750 69135	1526 11.4 1054.8	汽提精馏和生化处理				
真空系统排水	8000	COD SS 甲苯	3500 600 1800	28 4.8 14.4	生化处理				
地面清洗及喷淋废水	1200	COD SS	500 200	0.6 0.2	生化处理				
初期雨水	493	COD SS	400 150	0.2 0.1					
生活污水	12140	COD SS NH_3-N TP	450 300 40 7	5.5 3.6 0.5 0.1	化粪池	400 200 25 5	4.9 2.4 0.3 0.1	500 250 35 8	
循环冷却排污水	78413	COD SS	36 40	2.8 3.1	直排	35 35	2.7 2.7	40 35	清下水管网

表 14-8 本项目固体废物（危险）产生及排放状况表

序号	名称	数量/(t/a)	编号	处置方式	备注
1	老化树脂(含废甲苯)	499.3 (946)	HW06	出售作为防水材料	已和相关单位签好协议
2	污水厂污泥	129	HW06	外送处置	已和相关单位签好协议
3	生活垃圾	52.14	—	环卫部门统一处理	环卫部门清运
4	碱盐	14123.2	—	焚烧锅炉清灰剂	已和相关单位签好协议

表 14-9 污染物排放量汇总表

种类	污染物名称	产生量/(t/a)	削减量/(t/a)	排放量/(t/a)
废气	甲苯	217.84	213.3949	4.4451
	环氧氯丙烷	15.88	15.5562	0.3238
无组织废气	环氧氯丙烷	0.176	0	0.176
	甲醛	0.024	0	0.024
	丙酮	0.004	0	0.004
污水	COD	1700.4	1659.96	40.44
	SS	72.9	50.8	22.1
	甲苯	89.4	89.38	0.02
	NH_3—N	0.5	0.2	0.3
	TP	0.1	0	0.1
固体废物	老化树脂 (含废甲苯)	499.3 (946)	499.3 (946)	0
	污水厂污泥	129	129	0
	生活垃圾	52.14	52.14	0
	碱盐	14123.2	14123.2	0

四、污染防治措施评述

1. 大气污染控制措施

本项目产生的大气污染主要为有组织排放尾气和无组织排放的废气，主要成分是甲苯和环氧氯丙烷等。经过多级高效冷凝器冷凝后产生的有组织尾气，采用尾气冷冰水冷凝器进行捕集并加以回收利用，排放的废气能够达标排放。

对有组织排放的尾气采取如下措施。

① 本项目在聚合、精制、脱溶、精馏等设备上部均采用了多级冷凝器，将生产过程中产生的温度较高的原料气体冷凝，返回反应釜继续参与反应，或回收循环使用（冷凝液体再经过冷冰水冷却降低温度，减少冷凝液的再次挥发）。

② 真空泵采用二级水环泵和罗茨泵组合机组，采用冷冰水冷凝，少量的尾气经过水环泵，通过和冷水直接接触而凝结，减少尾气的排放。

③ 真空泵均采用尾气冷冰水冷凝器加以捕集，经过多级冷凝、吸收后，极少量的不凝气体排入大气。

经过多级冷凝后，尾气处理效果达到 98%，只有极少量的不凝气体排入大气，可以实现达标排放。

2. 水污染控制措施

本项目主要水污染物为生产工序中产生的含饱和 ECH 的废水和精制过程产生的第一、二次洗涤废水。

废水除生活污水经“物化+生化”处理后直接排入园区污水总管网，其余废水（主要为工艺废水）排入工厂污水处理装置进行预处理后达标排放至园区污水处理厂。

（1）项目废水预处理措施评述　生产废水分连续排水和间歇排水两类废水。本项目主要水污染物为生产工序中产生的含饱和 ECH 的切水 15257m³/a，精制过程产生的第一、第二次洗涤废水 46890.6m³/a。ECH 的切水是以过饱和的环氧氯丙烷和水的混合液中分离出来的，水中的环氧氯丙烷为饱和值，含量为 6.5%左右，COD_{Cr} 为 10×10^4mg/L。ECH 切水采用精馏装置处理，然后再进高效生化处理装置处理排入管网。环氧树脂在生产精制过程中第一、第二洗涤废水，含大量的 NaCl、少量的未反应的 NaOH、老化树脂等，该废水处理方案为新建一套 260 吨/天“三效”一级处理装置。

（2）保税区污水处理厂废水处理措施评价

① 保税区污水处理厂的建设规模。根据进度，本项目污水将接管至保税区污水处理厂的一期工程。近期、远期污水处理厂接管水量表见表 14-10。

表 14-10　近期、远期污水处理厂接管水量表

工程时段	设计规模/(t/d)	接管水量/(t/d)		备　注
		近期	远期	
一期工程	20000	19888	—	2005 年 12 月底建成
新建工程(二、三期工程)	60000	30000	58488.14	分两期建，2007 年 12 月底建成 30000t/d，同时对一期工程进行改造，处理能力达到 50000t/d；2010 年 12 月底建成 30000t/d，总处理能力达到 80000t/d

② 本项目废水接管可行性分析

a. 接管量的可行性分析。本项目排入保税区污水处理厂的污水量为 10.5t/h，保税区污水处理厂完全有能力接收该新增污水。

b. 水质的可行性分析。本项目生产废水经过厂内预处理，各项污染物指标均控制在接管标准以下，且本项目废水排放量极小，对保税区污水处理厂的处理工艺不会造成冲击负荷。

综上所述，本项目生产废水经厂内预处理后，排入保税区污水处理厂进一步处理的方案可行。

五、清洁生产及循环经济论述

1. 清洁生产分析

（1）产业政策符合性分析

（2）原料、能源及产品清洁性分析

① 原、辅材料清洁性分析。

② 能源清洁性分析。

③ 产品清洁性分析。

（3）生产工艺先进性分析

（4）生产设备先进性分析

(5) 回收技术

① 薄膜脱苯工艺。

② 回收环氧氯丙烷工艺。

(6) 节能降耗措施分析

(7) 水循环利用率水平分析 采取本项目全厂各项节水指标见表14-11。

表14-11 本项目水循环利用率水平

比较指标	计算公式	指标
水循环利用率 $R_{冷}$	(循环用水量－循环冷却水补充量)÷循环用水量×100%	97.5%

由上表可见，本项目水循环率指标符合《关于加强工业节水工作的意见》的节水精神。

(8) 单耗指标分析

(9) 清洁生产结论 综上所述，本项目采用日本先进的技术，其生产工艺和产品等级均为国内先进水平。生产过程大量采用清洁能源、先进生产机械和控制技术、有效可行的废水回用技术，同时采用先进的杜邦管理模式，有效地减少了物耗、水耗、能耗和污染物排放量。因此，本项目生产符合清洁生产要求。

2. 循环经济论述（略）

六、环境质量现状评价

1. 空气环境质量现状监测与评价

监测结果表明：各个监测点的 SO_2、NO_2 小时浓度、日均浓度达到并优于《环境空气质量标准》二级标准；甲苯一次小时、日均浓度达到并于优于《工业企业设计卫生标准》标准；ECH和甲醛未检出。说明评价区内大气环境质量良好。

2. 水环境现状监测与评价

长江评价江段水质良好，各项污染物指标均不超Ⅲ类水质标准值。

3. 声环境现状监测与评价

各测点均达到了《城市区域环境噪声标准》(GB 3096—93) 三类标准的要求。

七、环境影响预测评价

1. 大气环境影响预测评价

(1) 区域内最大小时平均落地浓度预测 正常有风情况下，结果表明环氧氯丙烷最大落地浓度为0.00092mg/m³，占标准的0.46%，位于排气管下风向193m处；甲苯最大落地浓度为0.010582mg/m³，占标准的0.458%，位于排气管下风向193m处。因此正常有风情况下区域内各污染物最大落地浓度均能达到相应的标准。

小风情况下，结果表明环氧氯丙烷最大落地浓度为0.003242mg/m³，占标准的1.621%，位于排气管下风向11m处；甲苯最大落地浓度为0.03881mg/m³，占标准的1.617%，位于排气管下风向11m处。因此小风情况下区域内各污染物最大落地浓度均能达到相应的标准。

(2) 典型日气象条件下本项目对大气环境影响预测 典型日气象条件下本项目对保护目标的影响较小，叠加本底值后，各污染物小时浓度和日均浓度均能达到相应的标准。

(3) 卫生防护距离 本项目的卫生防护距离确定为100m。

(4) 根据上述计算结果，本项目对C粮油公司、H粮油公司等粮油企业影响极小，叠加本底值后上述粮油企业各污染物小时浓度和日均浓度均能达到相应的标准。

2. 水环境影响预测分析

本项目废水量仅占保税区污水处理厂总负荷的0.051%；本项目废水经污水处理厂处理达到一级排放标准排入长江后，对本长江段水质影响甚微，COD对保护目标最大浓度增加量为0.00019mg/L，占评价标准的0.00095%；甲苯浓度贡献值极低。据本江段的水质现状监测结果，目前该江段污染物的浓度较低，水质尚好，均可达到或优于Ⅲ类水，因此，本项目废水处理达标排放后，对本江段的水质影响较小。

3. 噪声影响预测分析

由预测结果可知，项目建设对拟建地厂界声环境质量影响不大，项目噪声贡献值叠加本底后厂界噪声可达到《工业企业厂界噪声标准》Ⅲ类标准。

八、施工期环境影响分析

本项目建设期间，各项施工活动、物料运输将不可避免地产生废气、粉尘、废水、噪声和固体废物，并对周围环境产生污染影响，其中以施工噪声和粉尘污染影响较为突出。

九、事故风险环境影响分析

根据风险预测分析结果，本项目实施后，全厂范围一旦发生火灾或爆炸，其危害区域主要是近距离的车间，对办公楼和厂区外影响不大；气相毒物风险主要反映在事故发生后，所排放的事故废气造成下风向地面浓度中的各类污染物一次浓度瞬间超过TJ 36—79中的居住区一次浓度标准，但该事故在采取了适当的防治及应急措施后，其影响将很快得到逐渐恢复，对周围大气环境的长期影响不大；通过加强对危险化学品的管理，制定合理、有效的应急预案和防范措施，确保各类危险化学品不会泄漏入长江。

公司的风险防范措施能够满足当前风险防范的要求，可以有效地防范风险事故的发生和处置，结合企业在运营期间不断完善的风险防范措施，工厂发生的环境风险可以控制在较低的水平，风险发生概率及危害将远远低于国内同类企业水平，本项目的事故风险处于可接收水平。

十、污染物排放总量控制分析

根据《J省排放水污染物总量控制技术指南》及《J省排放污染物总量控制暂行规定》，结合该工程项目排污特征，确定该项目总量控制因子如下。

废气：甲苯、环氧氯丙烷。

废水：COD、甲苯、氨氮、总磷。

固体废物：工业固体废物。

本项目废水污染物总量为接管考核量，总量在保税区污水处理厂总量中平衡。废气污染物中的甲苯和环氧氯丙烷在B国际化学工业园内平衡。各类固体废物全部得到有效的处置，正常情况不会对外环境产生影响和危害，因此，本项目的工业固体废物总量以项目实际发生量进行控制是可行的，可以实现排放量为零。

具体的总量平衡途径见表14-12。

十一、厂址可行性分析

1. 与规划的相容性分析

本项目属于A公司环氧树脂项目，符合Z市总体规划和园区规划对项目所在地区的产业定位和用地要求。

本项目建设充分依托园区的公用工程和基础设施，水、电均由园区集中供应；生产废水排入园区污水处理厂集中处理；项目的污染物排放量符合园区总量控制的要求。

表 14-12 总量平衡途径表

污染物名称		本项目申请(接管量)总量/(t/a)	园区核批总量/(t/a)	园区已用总量/(t/a)	园区剩余总量/(t/a)	本项目排放量/(t/a)
废水	废水量	8.398(×10^4 m^3/a)	—	—	—	—
	COD	40.44	1825	371.92	1453.08	
	甲苯	0.02	273.75	55.8	217.95	0.02
	氨氮	0.3	9.125	1.86	7.265	
	TP	0.1	1.825	—	—	
废气	甲苯	4.4451	0	0	0	4.4451
	ECH	0.3238	0	0	0	0.3238
固体废物	生活垃圾	0	0	0	0	0
	污泥	0	0	0	0	0
	碱盐	0	0	0	0	0
	老化树脂	0	0	0	0	0

注：特征因子的排放量按照接管量计。

本项目建设符合区域环境保护规划要求。

2. 项目建设的环境影响分析

本项目建设符合本地区区域环境规划及经济发展规划的，对周边环境的影响很小，从环境角度看本项目选址是合理的。

十二、环境经济损益分析

1. 社会经济效益分析

本项目经投资估算和财务分析，报批总投资 13441 万元，年平均销售收入 126706 万元，年平均总成本为 123434.6 万元，全投资内部收益率（税前）68.25%，全投资内部收益率（税后）16.30%，全部投资回收期 3.7 年（税后），以上指标说明项目具有较高的盈利能力，经济效益显著。

本项目产品是环保型产品，在贮存和使用过程中对环境影响程度小，适合当今社会对环保的要求。

因此，本项目的实施有较高的社会效益。

2. 环境效益分析

(1) 环保治理投资费用　本项目主要环保设施有：新建一套回收环氧氯丙烷的精馏装置，一套“三效”处理装置，对高噪声设备采取适当的减噪措施，拟建项目的废气处理和固体废物收集存贮等依托现有项目的设施。

根据前章节分析，环保设施能满足有关污染治理方面的需要，投资基本合理。环保投资占总投资的 5.72%。

(2) 环境效益分析　通过设施建设和日常运行，可保证各类污染物的达标排放，并且可以达到预定的各环境类别的环境保护目标。对预防和杜绝可能产生的潜在事故污染影响也能发挥明显的作用。由此可见，本项目环境效益较显著。

十三、公众参与（略）

十四、结论与建议

1. 结论

① 本项目符合相关产业政策。

② 项目选址符合相关规划，选址合理。

③ 本项目生产符合清洁生产原则。

④ 采用切实有效的污染防治措施可保证污染物达标排放。

⑤ 污染物排放符合总量控制要求。

⑥ 项目建成后，外排污染物不会导致当地环境质量下降。

⑦ 事故风险处于可接受水平。

2. 对策及建议措施

① 制定全厂环境管理和生产制度章程；设专职环境管理人员，按本报告书中的要求认真落实环境监测计划，负责开展日常的环境监测工作，统计整理有关环境监测资料，并上报地方环保部门，若发现问题，及时采取措施，防止发生环境污染；检查监督污染治理处理装置的运行、维修等管理情况。

② 加强固体废物在厂内堆存期间的环境管理。固体废物在厂内暂存期间应根据《J省危险废物管理暂行办法》加强管理，堆放场地应有防渗、防流失措施，外运过程应防治抛洒泄漏。

③ 加强管道和设备保养和维护。安装必要的用水监测仪表，减少跑、冒、滴、漏，最大限度地减少用水量。

④ 加强原料及产品的贮、运管理。防止发生火灾和其他事故的发生，原辅材料贮存区与生产区有一定距离，设立隔离带。

⑤ 各排污口的设置和管理应按《J省排污口设置及规范化整治管理办法》的有关规定执行。

⑥ 积极寻求本项目工业固体废物回收利用手段，以进一步提高清洁生产和循环经济水平。

3. 总结论

综上所述，本项目符合国家相关产业政策，选址合理，清洁生产水平较高，污染防治措施可行，在认真落实各项环境污染治理和环境管理措施的前提下，均能实现达标排放且环境影响较小。从环保角度看，本项目建设可行。

第十五章　火电厂环评案例

——某发电厂2×350MW燃气联合循环机组项目环境影响评价报告

一、概述

本扩建项目2×350MW燃气联合循环机组，由某发电公司负责经营建设。本工程项目建成后，不仅能适应用电负荷增长的需求，还可满足电网调峰要求，提高电网的安全运行和可靠性，对支持和发展S市国民经济及支柱产业，将起到重要作用。

1. 编制依据

项目基本组成见表15-1。

表15-1　项目基本组成

项目名称	项目地区发电燃气联合循环发电工程	
建设单位	某公司发电厂工程筹建处	
工程总投资	16.8213亿元	
项目明细	单机容量及台数	发电容量
现有工程	2×600MW燃煤发电机组	1200MW
本期建设规模	2×350MW燃气联合循环机组	780MW
辅助工程	循环水系统、升压站、化水系统、燃料油处理和供给系统、消防系统	
公用工程	厂区道路及绿化	
环保工程	干式低氮燃烧装置、烟囱及烟道排烟系统、废水收集及处理系统	
备注	电厂不设生活区	

2. 评价依据

(1) 国家法律、法规及规定　《中华人民共和国环境保护法》、《中华人民共和国环境影响评价法》、《中华人民共和国清洁生产促进法》、《中华人民共和国大气污染防治法》、《中华人民共和国水污染防治法》、《中华人民共和国环境噪声防治法》、《中华人民共和国水土保持法》、《建设项目环境保护管理条例》、《某市环境保护条例》、《国务院关于酸雨控制和二氧化硫污染控制区有关问题的批复》、《关于进一步加强电力工业环境保护工作若干问题意见的通知》。

(2) 采用规范的名称及标准号　《火电厂建设项目环境影响报告书编制规范》(HJ/T 13—1996)、《火电厂环境监测管理规定》原电力工业部电计［1996］280号文、《火电厂环境监测技术规范》(DL/T 414—2004)、国家发展和改革委员会发布《火电厂烟气排放连续监测技术规范》(HJ/T 75—2001)。

(3) 采用评价技术导则的名称及标准号　《环境影响评价技术导则——总纲》(HJ/T 2.1—1993)、《环境影响评价技术导则——大气环境》(HJ/T 2.2—1993)、《环境影响评价技术导则——地面水环境》(HJ/T 2.3—1993)、《环境影响评价技术导则——声环境》(HJ/T 2.4—1993)。

3. 环境敏感区域和保护对象

本期扩建工程燃用清洁燃料天然气，烟囱高度为60m。电厂附近四个小镇（A、B、C、

D镇）有居民住宅，在本工程的环境空气评价范围内。本工程的环境空气重点保护目标确定为四镇居民住宅。水环境保护对象为附近某大河电厂段，主要保护目标为电厂温排水排放口附近水域。噪声评价范围：本工程噪声敏感点为西侧某地小学和民房，噪声评价以预测西侧和南侧的厂界噪声及环境噪声影响为主。

4. 环境评价标准

根据S市关于城市布局和功能的规划和有关规定，该电厂所在地环境空气质量功能区属于二类区，本期工程空气污染物的排放执行《火电厂大气污染物排放标准》（GB 13223—2003）中第3时段排放标准，电厂现有燃煤机组执行第1时段标准。无组织排放执行《大气污染物综合排放标准》（GB 16297—1996）。

5. 环境评价因子

（1）大气　SO_2，NO_2，PM_{10}。

（2）地表水　COD，BOD，NH_3—N，SS，石油类。

（3）噪声　环境背景噪声等效A声级，厂界噪声等效A声级，环境噪声等效A声级。

评价重点为环境空气、温排水、噪声环境影响。

6. 厂址地理位置（略）

二、工程概况和工程分析

电厂现有两台600MW燃煤机组，环保设施已经与主体工程同时建成并投入试运行；本扩建工程主燃料为进口液化天然气，属清洁燃料。

1. 电厂现有工程与环保情况

（1）现有电厂污染物排放情况　现有电厂空气污染物排放情况见表15-2。固体废物主要是电厂除灰系统的灰渣，包括电器除尘器灰和省煤器灰两部分，具体排放量见表15-3。电厂现有的水体污染物排放情况见表15-4。

表15-2　环境空气污染物排放情况（2001年5月20～22日测试）

污染物	污染物排放情况		污染物	污染物排放情况	
二氧化硫	排放量/(kg/h)	2072	氮氧化物	排放量/(kg/h)	1306
	排放浓度/(mg/m³)	543		排放浓度/(mg/m³)	343
烟尘	排放量/(kg/h)	47.3			
	排放浓度/(mg/m³)	10.2			

表15-3　灰渣排放情况

项目	小时排放量/(t/h)	日排放量/(t/a)①	年排放量/(10^4t/a)②
渣量	5.17	103.4	56.87
灰量	46.53	930.6	511.83
灰渣量	51.7	1034	568.7

① 日耗煤量按20h计算。
② 年耗煤量按5500h计算。

（2）噪声

① 厂区噪声状况。该电厂噪声污染最严重的区域是以主厂房为中心20m范围内的区域，一般为70～80dB（A），部分地区超过80dB（A），大大超过了其他位置的噪声值。主要原因是电厂内主要噪声与大多集中于主厂房。主厂房特点是设备多，机器高速运转，管道

表 15-4 水污染物排放情况

种 类	水量	pH	Fe	SS	COD
油污水	$5m^3/h$	6～9		50	10
锅炉排污水	$5m^3/h$	6～9		20	30
过路补给水处理系统排水	$25m^3/h$	6～9		10	
净水系统排水	$10m^3/h$	6～9		10	
冷却塔排污水	$10m^3/h$	6～9		10	
工业水处理系统排污水	$100m^3/h$	6～9		60	25
锅炉化学清洗排水	$10000m^3$/次 约 3 年次/炉	2～12	3000	1000	1000
空预器清洗排水	$8200m^3$/次	2～6	3000	4000	
生活污水	$10m^3/h$	6～9		30	15

错综复杂。因此，各类噪声从声源发出后，在厂房内交错回响。

根据电厂厂区噪声监测成果，电厂主厂房周围声环境质量昼夜基本不存在差异，而离主厂区比较远的区域夜间声环境质量好于昼间。这是由于电厂连续运行，噪声运行持续稳定，因此主厂房周围区域噪声级昼夜水平相当。远离主厂房区域的昼间声环境质量受其他因素影响比较多。比如厂区内汽车运输形成的噪声，部分区域受到外来声源的影响。生产工艺流程及污染源示意图见图 15-1。

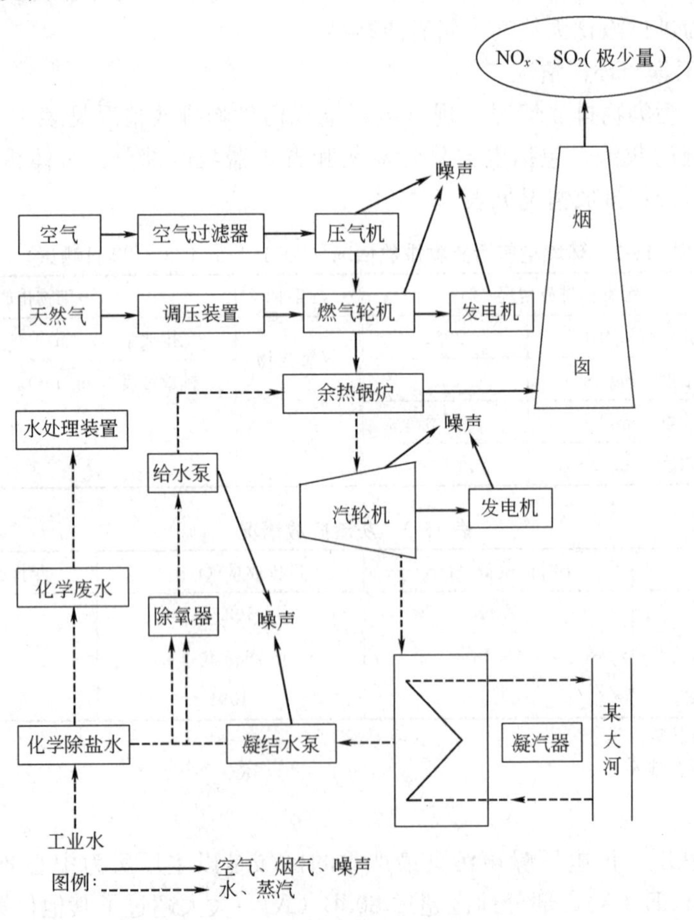

图 15-1 生产工艺流程及污染源示意图

② 厂界噪声状况。监测结果表明，除冷却塔附近的南侧厂界主要受冷却塔噪声源影响外，其他厂界外界噪声源影响基本都大于厂区噪声源的影响。前期工程设置了隔声屏障，降噪效果很好。

(3) 现有电厂总量控制指标　均达标。

2. 本期工程概况与环保情况　工程地理位置图和地形地貌图略。

(1) 生产工艺流程

(2) 设备概况　本期工程属于老厂扩建，工程的主要设备和环保设施见表 15-5，总平面布置图略。

(3) 燃料、水源　本工程设计燃料为天然气，液化天然气（LNG）气化后经专用管道接至电厂。LNG 接受站储存能力 $30\times10^4m^3$ LNG，经海底输气管线传输。燃机机组设计燃料消耗见表 15-6。本工程用水种类包括循环水、工业用水和生活用水三部分。本期扩建工程水量平衡图略。

表 15-5　主要设备和环保设施状况表

<table>
<tr><th colspan="3">项　目</th><th>单位</th><th>备　注</th></tr>
<tr><td colspan="2" rowspan="2">2 台 9F 级燃机</td><td>出力</td><td>MW</td><td>2×255.6</td></tr>
<tr><td>开始投产时间</td><td>—</td><td>2008 年</td></tr>
<tr><td colspan="2" rowspan="2">2 台余热锅炉</td><td>种类</td><td>—</td><td>三压再热式余热锅炉</td></tr>
<tr><td>高压蒸汽流量</td><td>t/h</td><td>2×282.6</td></tr>
<tr><td colspan="2" rowspan="2">2 台蒸汽轮机</td><td>种类</td><td>—</td><td>三压再热双缸</td></tr>
<tr><td>出力</td><td>MW</td><td>2×140</td></tr>
<tr><td colspan="2" rowspan="2">发电机</td><td>种类</td><td>—</td><td>PG9351(AA)</td></tr>
<tr><td>容量</td><td>MW</td><td>2×390</td></tr>
<tr><td rowspan="9">烟气治理设备</td><td rowspan="2">烟气脱硫装置</td><td>种类</td><td>—</td><td>—</td></tr>
<tr><td>脱除量</td><td>%</td><td>—</td></tr>
<tr><td rowspan="2">烟气除尘装置</td><td>种类</td><td>—</td><td>—</td></tr>
<tr><td>效率</td><td>%</td><td>—</td></tr>
<tr><td rowspan="5">烟囱</td><td>型式</td><td>—</td><td>每台余热锅炉自带烟囱</td></tr>
<tr><td>高度</td><td>m</td><td>60</td></tr>
<tr><td>出口内径</td><td>m</td><td>6.0</td></tr>
<tr><td>方式</td><td>—</td><td>低氮燃烧器</td></tr>
<tr><td>效果</td><td>—</td><td>燃机排放浓度$<51.3mg/m^3$</td></tr>
<tr><td colspan="2">冷却水方式</td><td>直流循环</td><td>t/h</td><td>50360</td></tr>
<tr><td colspan="2">废水处理方式</td><td>种类</td><td>—</td><td>工业废水处理后回用和排放，生活污水排入市政管网</td></tr>
</table>

表 15-6　燃机联合循环机组设计燃料消耗表

项目	单位	贫气	富气
小时耗气量	10^4m^3	12.245	11.01
日耗气量	10^4m^3	122.45	110.7
年耗气量	10^8m^3	4.286	3.875

三、厂址地区区域环境状况

1. 一般气象要素

S 市一般气象要素见表 15-7、表 15-8。

表 15-7 S 市 1986～1990 年逐月平均气温

月份	1	2	3	4	5	6	7
气温/℃	4.9	5.3	8.9	14.3	19.4	24.0	27.9
月份	8	9	10	11	12	年平均	
气温/℃	27.7	23.2	18.7	13.0	6.7	16.2	

表 15-8 S 市 1986～1990 年逐月平均降水量

月份	1	2	3	4	5	6	7
降水量/mm	38.2	68.0	99.4	119.0	102.9	154.3	161.6
月份	8	9	10	11	12	年平均	
降水量/mm	185.9	152.7	36.8	43.1	23.8	1185.5	

2. 地面气候特征

根据 S 市气象站多年统计资料，月平均日照时数以 8 月最多，2 月最少。从地面风向的全年统计资料看，该电厂影响 S 市区的可能性较小。该地区全年级四季盛行风向及可能对 S 市区产生影响的风向 SSW 和 S 频率变化见表 15-9。由表 15-9 可知，就地面风向频率特征来说，该电厂排放大气污染物在夏季对 S 市区产生影响的可能性比其余三个季节更大。

表 15-9 S 市四季盛行风向及 SSW、S 风向频率变化

月　份		1	4	7	10	全年
盛行风向及频率	风向	NW、WNW	SE、SSE	SSE、SE	NW、N、NNW、E	SSE、SE、ESE
	频率/%	28	25.5	33	38	25
SSW、S 风的频率/%		3	6	18	2	7

3. 污染气象特征

（1）风向风速随高度的变化　冬季该地区从地面到 600m 的各高度中，风向均以 NW 和 NNW 风向为主，夏季风向则以 ESE 和 E 为主。对 S 市可能产生影响的风向 S，冬季在 150m 以下的高度层内出现的频率为 0；在 150m 以上，随高度的增加，出现的频率也在增加，在 500m 的高度层内，出现的频率已经接近或超过了 NW 和 NNW 风向出现的频率，同样，SSW 在 400m 以上的高度层内出现的频率也出现了大幅度的增长。夏季的实测结果表明，S 风向在 50m 高度出现的频率较高，与 ESE、E、ENE 的频率相当，随高度的增加，其出现的频率逐渐降低，到 450m 以上的高度，出现的频率为 0；SSW 风向出现的频率随高度的变化略有升降。

夏、冬两季现场实测期间风速随高度变化，在 SSW、S 风向时，该电厂排放大气污染物有可能对 S 市产生影响，该地区的风向、风速随高度的增加又明显的不同，风速随高度的变化是先升后降，各风向出现的频率随高度的变化有明显差异，该电厂排放大气污染物在冬季对 S 市区产生的影响的可能性比夏季大。

（2）某地地区逆温状况　S 市 1993 年和 1994 年 1 月实测的逆温频率 100%，接地逆温频率分别为86%、89%。根据长年统计资料，接地逆温层平均厚度以4月和12月最大，其次是1～3月、11月。该地区冬季接地逆温的强度比夏季要大，清晨的强度比傍晚要大，清晨平均逆温强度达3.9℃/100m，傍晚一般都在1.7℃/100m以下。

（3）大气混合层厚度　表15-10列出某地区最大混合层厚度计算值，一般在午后12:00～14:00时达到。

表15-10　最大混合层厚度和稳定度出现频率计算值

稳定度		A～B	C	D	E～F
最大混合层厚度/m	干绝热法	1348	1223	1107	
	GB法	1414	794	477	
	平均	1381	1009	792	600(外推值)
稳定度出现频率	夏季	20.5	23.9	19.7	35.9
	冬季	11.5	14.7	42.1	31.7

（4）该地区的大气稳定度特征　表15-10根据观测资料使用Pasquill方法统计各类稳定度出现的频率，有明显的日变化。夏季7:00以前、18:00以后、冬季8:00以前、16:00以后均以中性和稳定类为主。夜间以稳定类为主，其余时间以不稳定类为主。环境空气污染物月平均浓度峰值在冬季12月和1月。

4. 社会环境状况

重点保护目标及分布见表15-11。

表15-11　重点保护目标及分布

监测点编号	监测点名称	方位	距离/m
1	某地新村居委会	S	1400
2	T镇医院	W	2600
3	L镇居民住宅	N	3000
4	D镇居民住宅	E	2500
5	某热电厂厂址	—	—
6	该电厂厂址	S	800

四、大气环境影响评价

1. 环境空气质量现状评价

环境空气质量现状情况略，监测结果表明，S市环境空气污染属于石油型和煤烟型并重的复合型污染。

在本工程评价区内，环境空气中的SO_2浓度相对较低，但是占国家标准的绝对份额也较高；NO_2浓度其次，个别点已经出现超标的情况；在附近工业污染源及繁忙的交通扬尘影响，评价区内的PM_{10}污染比较严重，超标情况比较普遍。

2. 大气环境影响预测

根据电厂所在地区的自然环境及污染气象特征，采用HJ/T 2.2—93中有风点源和点源扩散模式，预测电厂排放的NO_2对环境造成的影响。

（1）浓度预测模式

① 1小时浓度计算模式。有风（$U \geqslant 1.5$m/s）条件下的地面浓度计算模式：

$$C(x,y,o)=\frac{Q}{2\pi U\sigma_y\sigma_z}\exp\left(-\frac{y^2}{2{\sigma_y}^2}\right)F$$

$$F=\sum_{n=-K}^{+K}\left\{\exp\left[-\frac{(znh-H_e)^2}{2\sigma_z^2}\right]+\exp\left[-\frac{(znh+H_e)^2}{2\sigma_z^2}\right]\right\}$$

② 日平均浓度计算公式

$$C_d(x,y,0)=\frac{1}{n}\sum_{i=1}^{n}C_i(x,y,0)$$

式中，C_d（x，y，0）为日平均浓度值，mg/m^3；C_i（x，y，0）为日内逐时地面浓度，mg/m^3。

日平均地面浓度由逐时地面浓度加权平均求得，各时次选用模式按气象条件确定。采用各G区气象站历年气象资料，根据上述模式逐日计算而后排序，得出日平均最大浓度值。

③ 年平均浓度。本次评价采用计算全年逐日日平均浓度，然后求算术平均的方法得到年平均浓度，计算公式为：$C_a(x,y,0)=\frac{1}{365}\sum_{i=1}^{365}C_d(x,y,0)$

式中，C_a（x，y，0）为地面（x，y）点的年平均浓度值，mg/m^3；C_d（x，y，0）为地面（x，y）点的日平均浓度值，mg/m^3。

④ 烟气抬升公式

a. 有风时，中性和不稳定性条件下，按下式计算烟气抬升高度 ΔH（m）

根据计算，本工程两座烟囱的烟气热释放率 Q_h 均为 51883kJ/s，大于 2100kJ/s，且烟气温度与环境温度的差值 ΔT 也都大于 35K，因此 ΔH 采用下式计算：

$$\Delta H=n_0Q_h^{n1}H^{n2}/U$$

其中，$Q_h=0.35P_aQ_v\frac{\Delta T}{T_s}$；$\Delta T=T_s-T_a$

b. 有风时，稳定条件，按下式计算烟气抬升高度 ΔH（m）

$$\Delta H=Q_h^{1/3}\left(\frac{dT_a}{dZ}+0.0098\right)^{-1/3}U^{-1/3}$$

c. 静风和小风时，按下式计算烟气抬升高度 ΔH（m）

$\Delta H=5.50Q_h^{1/4}\left(\frac{dT_a}{dZ}+0.0098\right)^{-3/8}$；$dT_a/dZ$ 取值小于 0.01K/m。

（2）预测计算 由于采用联合循环工艺，燃料为天然气，不会产生烟尘，但将产生一定量的 NO_x，SO_2 的产生量极少，仅为 NO_2 的 3.26%，因此本次评价将 NO_x 作为项目的特征污染物。通过采用干式低污染燃烧室（DLN）燃烧，烟气中的 NO_x 浓度控制在 25mg/m^3 以下。根据厂家提供的资料，2 套燃机的烟气量为 1016.2m^3/s，可得 NO_x 的总排放源强为 0.1878t/h。

① 正常气象条件下预测

a. 小时落地浓度。一般气象条件下（年平均风速、C类稳定度），扩建工程排放的 NO_2 在下风向产生的小时平均浓度 0.03215mg/m^3，占国家二级标准的 13.4%，最大落地浓度点在下风向 1180m 处。

b. 日平均落地浓度分布。电厂本期扩建工程在厂址周围产生的最大平均落地浓度值为 0.00647mg/m^3，占国家二级标准的 5.4%，最大落地浓度点在 WSW 方向 2077m 处。

c. 年平均落地浓度分布。根据全年气象资料计算的年平均落地浓度可见，电厂本期扩建工程在厂址周围产生的最大年平均落地浓度值为 0.00187mg/m^3，占国家二级标准的

2.34%，最大落地浓度点在WS方向1966m处。

d. 小风且不稳定气象条件下，电厂排放的NO_2在下风向产生的小时落地浓度。静风频率4%，采用静风/小风模式计算，大气层结B类，本期扩建工程排放的NO_2在下风向的最大小时平均落地浓度为$0.01489mg/m^3$，占国家二级标准的6.2%，最大落地浓度点在下风向393m处。

e. 本扩建工程建成前后，各关心点的环境质量变化情况。周围环境空气中NO_2浓度将略微变化，各关心点背景浓度较高，本期扩建工程建成后，烟尘和SO_2浓度将基本不变，NO_2浓度将略有增加，但仍然满足国家二级标准的限值要求。

f. 烟囱出口内径及高度的合理性分析。本期扩建工程机组排放的烟气分别通过2座60m高、6.0m内径的烟囱排入大气，排烟温度为90℃，排烟速率23.9m/s，在经济合理的流速范围内；根据以上预测结果，排放的NO_2在厂址周围产生的最大日平均浓度值占国家二级排放标准的5.4%，在主要关心点产生的最大日平均浓度值占国家二级标准的3.83%，可见对环境的贡献值较小。因此，本期扩建工程的设计烟囱高度和出口内径能够满足环保要求，也是经济合理的。

② 特殊气象条件下的地面浓度预测。由于本项目地处平原农村地区，评价采用导则HJ/T 2.2—93中推荐的逆温熏烟模式计算：

$$C_{\mathrm{f}}(x,y)=\frac{Q}{\sqrt{2\pi}Uh_{\mathrm{f}}\sigma_{\mathrm{yf}}}\exp\left(-\frac{y^2}{2\sigma_{\mathrm{yf}}{}^2}\right)\Phi[P(x,t)]$$

$$P(x,t)=\frac{H_{\mathrm{f}}(t)-H_{\mathrm{e}}}{\sigma_z(x)}$$

$$\sigma_{\mathrm{yf}}(x,y)=\sigma_y(x,y)+H_{\mathrm{e}}/8$$

式中，$H_{\mathrm{f}}(t)$为t时刻的混合层高度；H_{e}为烟囱有效高度；$\Phi[P(x,t)]$代表在t时刻下风向x处已进入混合层的烟羽占总烟羽的比例。

计算出下风向地面产生的小时平均浓度最大值为$0.05478mg/m^3$，占评价标准的22.8%，最大落地浓度点在下风向2753m处，可见逆温熏烟是一种相对不利的污染气象条件。

③ 非正常排放。本工程设计燃料为天然气，仅有的环境风险在于事故情况下，NO_2的排放浓度突然上升时的环境污染状况。计算低NO_x燃烧系统突发故障，导致排烟中的NO_2浓度上升至200ppm（$410mg/m^3$）时的污染程度。计算表明，此时将超过GB 13223—2003规定的允许排放浓度的4.125倍；在典型日气象条件下，NO_x最大日平均落地浓度将达到$0.0518mg/m^3$，占评价标准的43.2%。叠加背景浓度后将超过国家标准限值，将会造成较严重的环境污染后果，一般应该立即停机。如果恰遇用电高峰而不能停运，电厂应该尽量减少运行时间。

（3）评价结论　本期扩建工程建成后，各关心点的PM_{10}和SO_2浓度将基本保持不变，NO_2浓度将略有增加，虽然增加的幅度很小，但由于背景浓度较高，叠加后的浓度值相对较高，但仍然满足国家二级标准的限值。

3. 建设期环境影响简要分析（略）

4. 后果与对策

S市环保局分配给该发电厂的2005年目标控制量：SO_2为17756t/a，烟尘为873.4t/a。该电厂现有机组工程环保竣工验收实测的排放浓度，能满足市环保局分配的总量。

① 使用天然气为燃料，无烟尘排放，SO_2、NO_x 的排放量也均较少。

② 采用低氮燃烧装置，能够大大降低 NO_x 的排放浓度，在 25mg/m³ 之下。

③ 根据 GB 13223—2003 的规定，安装烟气连续监测系统，监测因子为 NO_x、烟温、流速、含氧量等。

五、声环境影响评价及其分析

1. 噪声环境质量现状（略）

2. 噪声环境影响预测和评价

（1）运行期

① 源强。噪声预测计算时的声源，包括燃气-蒸汽联合循环机组的主设备噪声以及其他辅机设备的噪声。电厂运行时的噪声是由许多不同频率的声源组成的，属于宽频带噪声。按噪声性质可分为以下六类：机械动力性噪声、气体动力性噪声、燃烧噪声、电磁性噪声、交通噪声以及人们日常生活产生的噪声。以上六类噪声源就能量和影响大小而言，前三类比后三类噪声能量大而集中，影响范围更大更远。由于本工程厂区场地较小，燃气轮机又布置在室外，而且蒸汽机房还集中了其他大部分高强噪声的设备，成为特大车间声源，是构成电厂环境噪声的最主要部分。

② 预测方法。在电厂总平面布置图上设置直角坐标系，以 20m×20m 间距在图上布正方形网格，网格点为计算受声点。输入厂区内主要建筑物和声源点的坐标，以及声源的 A 声级数据后，运用预测模式进行计算，绘出等声级曲线图。预测计算不考虑厂界围墙的屏障效应。

③ 预测结果。本工程正常运行工况下的噪声预测结果见表 15-12。由预测结果可以看出，由于本期 2 套燃机布置在扩建场地的西北侧，主厂房到南侧围墙的距离大于 400m，燃机噪声对南侧厂界噪声和环境噪声没有影响，因此表 15-12 中仅列出了本期扩建燃机工程对西侧和西南侧厂界噪声和环境噪声的影响情况及预测结果。

表 15-12　本工程厂界噪声和环境噪声预测结果　　单位：dB（A）

类别	测点号	测点位置	时段	背景值	本工程影响值	预测值	评价标准
厂界噪声	2#	西侧厂界	昼间	68.0	51.8	68.1	65
			夜间	54.9		56.6	55
	3#	西侧厂界	昼间	69.5	54.0	69.6	65
			夜间	59.8		60.8	55
	4#	西南侧厂界	昼间	64.2	52.9	64.5	65
			夜间	57.5		58.8	55
	5#	西南侧厂界	昼间	55.8	46.8	56.3	65
			夜间	52.7		53.7	55
环境噪声	15#	西侧厂界外	昼间	56.2	44.6	56.5	65
			夜间	57.6		57.8	55
	16#	西侧厂界外	昼间	56.6	51.5	57.8	65
			夜间	50.6		54.1	55

④ 声环境影响评价

a. 厂界噪声。总体上看，受交通噪声和工业噪声源的综合影响，本工程评价区内的噪声环境质量已经受到了一定的污染，总体声环境质量现状不容乐观。本工程北面为 F 公司厂区，东面为某大河，到南侧厂界的距离在 400m 以上，因此本期扩建燃机工程的噪声仅会对西侧厂界噪声和环境噪声产生一定的影响。预测结果表明，对西侧厂界噪声的最大贡献值为 55dB（A），满足《工业企业厂界噪声标准》（GB 12348—90）Ⅲ类标准，对西南侧厂界噪声的最大贡献值为 65dB（A），不能满足《工业企业厂界噪声标准》（GB 12348—90）Ⅲ类夜间标准，超标区域为西南侧厂界外的 0.36hm^{2}范围内。

b. 环境噪声。对于环境噪声而言，无论是否采用隔声屏障治理措施，本工程燃气轮机噪声对上述居民区的声环境影响都小于 50dB（A），满足《城市区域环境噪声标准》（GB 3096—93）的 3 类区标准的要求，不会产生扰民的问题。

（2）建设期

① 施工噪声源。电厂各施工阶段的噪声源主要来自施工机械和运输车辆产生的噪声。

② 施工噪声预测。电厂施工阶段，以施工初期的打桩机和后期试运行过程中的余热锅炉排气声最强。运用点声源几何发散衰减公式，可预测它们对周围环境的影响，预测结果见表 15-13。

表 15-13　施工噪声预测结果　　单位：dB(A)

距声源距离/m		15	30	85	200	400	800	1000	1500
锅炉排气	未加消声器	120	114	105	97	91	85	84	80
	加消声器	90	84	75	67	61	55	54	50
打桩机		100	94	85	77	71	65	64	60

若以建筑施工厂界噪声限值 GB 12523—90 中的昼间 85dB（A）为评价标准，则打桩机的噪声标准达标距离为 85m，锅炉排气声达标距离为 800m，加装消声器后 30m 内即可达标。由于电厂扩建区域附近的居民区位于南侧，到厂界围墙的距离大于 100m，因此施工噪声不会对周围环境产生明显的影响。

3. 噪声污染防治对策

首先从设备选型、方案优化和声源控制上对设备噪声提出控制要求，其次要优化厂区布置方案及加强厂界周围绿化，进一步减轻电厂噪声对周围环境的影响。在西南侧厂界设置隔声屏障，并安装吸声结构，总体隔声效果可达 21～23dB（A），确保厂界噪声全部达标。

六、水体环境影响评价及其分析

1. 水环境质量现状评价（略）

2. 水环境影响预测与评价

这里主要介绍温排水环境影响分析预测。涉及自然水温的选择因素比较复杂，地形、潮位资料、气象资料、水温资料和沿岸的许多人为热源，上游来水和下游江水的侵入，采用多年观测资料，取自然水温为 31.4℃。数学模型构架如下，求解过程略。

连续方程：　$\partial H/\partial t+\partial(Hu)/\partial x+\partial(Hv)/\partial y=0$

运动方程：

x 方向：　$\partial u/\partial t+u\partial u/\partial x+v\partial u/\partial y+g\partial\xi/\partial x+gu(u^2+v^2)^{0.5}/(C^2H)-\tau_{sx}/(\rho H)-\partial(HE\partial u/\partial x)\partial x/H-\partial(HE\partial u/\partial y)\partial y/H-fv=0$

y 方向：　$\partial v/\partial t+u\partial v/\partial x+v\partial v/\partial y+g\partial\xi/\partial y+gv(u^2+v^2)^{0.5}/(C^2H)-\tau_{sy}/(\rho H)-\partial(HE\partial v/\partial x)\partial x/H-\partial(HE\partial v/\partial y)\partial y/H+fu=0$

能量储运方程

$$\partial \Delta T/\partial t+u\partial \Delta T/\partial x+v\partial \Delta T/\partial y=\partial (HD\partial \Delta T/\partial x)\partial x/H+\partial (HD\partial \Delta T/\partial y)\partial y/H-K_s\Delta T/(\rho C_p H)$$

式中，H 为水深，$H=h_b+\xi$，其中 h_b 为基准面以下水深；ξ 为相对基准面水位；t 为时间变量；u，v 为 x，y 方向垂向平均流速；E 为水流广义扩散系数；C 为谢才系数，$C=H^{1/6}/n$，n 为糙率系数；ΔT 为水体超温，$\Delta T=T-T_\infty$，T 为水温，T_∞ 为自然水温；D_x、D_y 为广义热扩散系数；K_s 为水面综合散热系数；ρ 为水体密度；G 为重力加速度；C_p 为水的定压比热容；f 为柯氏力系数；τ_{sx}、τ_{sy} 为表面风应力 τ_s 在 x、y 方向的分量。

根据观测和模型预测结果，发现在大、中潮的情况下，温排水对水温的明显影响范围仅限于杨树浦附近及其以下黄浦江水体，随潮汐的减弱和下泻径流量的增加，影响范围变小。燃机工程实施前、后，附近上游某自来水厂取水口处温升随潮变化、温升特征见表 15-14。由表 15-14 可见，新建燃机的工程仅在大潮时使自来水厂取水口温升有所增高，最高温升 0.2℃，平均温升 0.1℃。叠加电厂附近河段原温升，可知在该电厂燃机工程实施后，即使是夏季，日均水体温升在燃机工程实施后升高 0.5℃；即现状平均取水温升 2.2℃，燃机工程实施后平均取水温升 2.7℃，故温排水环境影响较小。该预测是假设全天候运行工况下的计算结果。而该燃机设计年运行时间 3500h，故实际温升影响程度比计算值有所减弱。

表 15-14 燃机工程实施前后自来水厂取水口处温升特征值

潮型	最高温升/℃			全潮平均温升/℃		
	前	后	增值	前	后	增值
大潮	1.9	2.1	0.2	1.1	1.2	0.1
中潮	1.0	1.0	0	0.4	0.4	0
小潮	0.4	0.4	0	0.1	0.1	0

综上所述，该电厂本期扩建燃机工程的温排水，工业废水和生活污水对大河电厂段水域的影响范围较小。

七、污染防治对策

环保措施分项汇总见表 15-15。

表 15-15 环保措施分项汇总表

名称	主要工程内容	措施效果	投资估算/$\times 10^4$ 元
烟囱、烟道及基础	2 座 60m 高烟囱及相应的烟道和基础	有效降低电厂排烟对地面浓度的影响程度	977
低氮燃烧装置	干式低氮燃烧器	排烟的 NO_x 浓度小于 25mg/m³	310
消声器等噪声防治设备	小孔消声器、隔声罩、消声材料等	降低噪声 15～30dB(A)	450
隔声屏障	长 180m×高 10m	可降噪 21～23dB(A)	320
生活污水收集及处理设施	污水收集管道、提升泵、处理设备	使生活污水达标排放	10
废水收集及处理设施	工业废水收集及排至废水处理站的管道、泵等	达标排放	25
绿化	厂区道路两侧及其他空地的绿化工程	绿化率大于 20%	80

八、清洁生产和循环经济

本工程为燃气-蒸汽联合循环机组，采用清洁燃料天然气，无论从工艺的复杂程度、能源的利用率、占地面积、用水量、污染物排放量等方面都比相同容量的燃机及常规燃煤机组要简单和优越得多。

循环经济（略）。

九、污染物总量控制

S市环保局以排污许可证的形式分配给项目所在发电厂的2005年目标控制量保持2003年的数值不变：二氧化硫为17756t/a，烟尘为873.4t/a。根据电厂现有机组2003年资料，年运行小时8290h，空气污染物排放总量超过了市环保局分配的总量指标；当运行小时数下降到6133h（全年燃煤量237.3×10^4t/a）的情况下，即可满足总量指标。

本期工程建成后，环境空气污染物增加量很小，按照年运行3500h计算，SO_2年排放总量将增加21.427t/a，全厂SO_2排放总量增加到17198.427t/a，仍然满足总量控制要求；烟尘的年排放总量保持392.1t/a不变，也满足总量控制指标。即在全厂发电量增加65%的情况下，烟尘排放量不增加，SO_2排放量仅增加0.11%，NO_x的排放量也仅增加了6%，充分体现了本工程良好的环境效益。

本期扩建工程完成前后，全厂的废水及COD排放总量见表15-16。由表中数据可见，废水排放总量超出现有总量指标2800t/a，这部分废水的排放指标需要向环保部门申请。

表15-16　本期工程扩建前后废水排放总量变化表

项　　目	废水排放量/(t/a)	COD排放量/(t/a)
2003年总量指标	868700	71.686
2003年实际排放量(扩建前)	840000	18.00
扩建后全厂排放量	871500	18.68

十、产业政策相符性及地区规划的相容性分析（略）

十一、环境管理与监测计划（略）

十二、电厂环保投资估算与效益分析（略）

十三、公众参与（略）

十四、评价结论

① 本工程设计燃料采用天然气，符合产业政策要求。

② 本工程符合该市城市总体发展规划的要求。

③ 本工程符合清洁生产要求。

④ 本工程符合国家和地方有关环保法律和法规的要求。

⑤ 本工程符合该市环境功能区划的要求。

⑥ 当地政府和居民对本电厂的建设是支持的。

因此，从环保角度分析，本工程在采取了相应的环保治理措施后是可行的。

第十六章　房地产环评案例

一、概述

随着Z省经济的高速发展，人民生活水平和整个城市经济发展的总体水平的提高，造就了对市郊住宅的强力需求和购买力。公司决定投资新建该项目。

根据国家《中华人民共和国环境保护法》、《建设项目环境保护管理条例》等有关法律法规规定，受建设单位委托，评价单位在初步资料分析、研究和现场踏勘、调查的基础上，编制了本环境影响报告书。

1. 评价依据

《中华人民共和国环境保护法》、《中华人民共和国环境影响评价法》、《中华人民共和国清洁生产促进法》、《中华人民共和国大气污染防治法》、《中华人民共和国水污染防治法》《中华人民共和国环境噪声防治法》、《中华人民共和国水土保持法》、《建设项目环境保护管理条例》、《Z省建设项目环境保护管理办法》。

国家环保局《环境影响评价技术导则——总纲》(HJ/T 2.1—1993)、《环境影响评价技术导则——大气环境》(HJ/T 2.2—1993)、《环境影响评价技术导则——地面水环境》(HJ/T 2.3—1993)、《环境影响评价技术导则——声环境》(HJ/T 2.4—1993)、《环境影响评价技术导则——非污染生态影响》(HJ/T 19——1997)。

发展计划局关于同意项目可行性研究报告的批复、项目建议书。

2. 环境敏感区域和保护对象

根据工程的实际情况和环境特点，本工程的环境空气重点保护目标确定见表16-1。

表16-1　重点保护目标

重点保护目标		功　能	方位	距离 m
环境空气	北村	居民集中居住区	NW	230m
	南村	居民集中居住区	SE	1500m
	文化遗址	全国重点文物保护单位	NE	3000m
	鸽宝山	白鹭栖息地	项目地块	
声环境	项目居住区	居民集中居住区	项目地块	
	南村	居民集中居住区	NW	230m
水环境	大河畈水库	景观娱乐	项目地块	
	T溪	二级水源保护地	W	2000m

3. 环境评价标准

(1) 环境质量标准　环境空气执行《环境空气质量标准》(GB 3095—96)二级标准。

地表水环境执行《地表水环境质量标准》(GB 3838—2002)Ⅲ类水标准。

环境噪声执行《城市区域环境噪声标准》(GB 3096—93)Ⅰ类区标准。

(2) 污染物排放标准　《汽车大气污染物排放标准》(GB 1476.1～1476.7—93);《饮食业油烟排放标准(试行)》(GB 18483—2001);《大气污染综合排放标准》二级标准(GB 16297—1996);《污水综合排放标准》执行新扩改三级标准(GB 8978—1996);建成运行期

的边界噪声执行《工业企业厂界噪声标准》中的Ⅰ类区标准（GB 12348—90）；施工期噪声执行《建筑施工场界噪声限值》（GB 12523—90）。

评价重点：施工期评价重点为生态环境保护、施工噪声及废水，建成后的评价重点是生态环境影响、居民生活污水对水环境的影响，以及周围环境对项目区域的影响。

4. 地理位置

位于H市西北面Y区中部的G山地块（原H市种猪试验场），地处L镇和P镇南部交界处，东临S镇，南接C镇。规划用地性质为居住用地。地块离H市中心直线距离约20km，在该市半小时经济交通圈内。项目区块周围为低矮丘陵。

二、工程分析

1. 工程概况

项目将建成为一个集超市购物、酒店餐饮、休闲娱乐、社区卫生服务、社区教育及幼教等于一体的高档生活园区。项目规模及基本构成见表16-2。

表16-2　项目基本组成

指标名称	建设内容	备注
工程总投资	10.7亿元	
征地面积	72.85万平方米	
总建筑面积	328150m^2	
住宅建筑面积	318150m^2	含车库面积
其中：单体住宅	123500m^2	309户
排屋建筑	11550m^2	52户
多层建筑	143340m^2	890户
高层公寓	39760m^2	280户
公建建筑面积	10000m^2	
建筑密度	19.8%	
容积率	0.45	
绿地率	52.3%	
基础设施	道路及绿化系统、公共照明系统、通信系统、有线电视系统、消防系统、安防智能系统、背景音乐系统、计算机网络系统	
配套设施	购物超市、社区酒店、休闲吧一条街、社区卫生服务中心、洗衣中心、社区教育中心、幼托中心、室内外游泳池及水系、会所、室外健身设施、球场、物管用房	
环保工程	供排水系统、烟道及排烟系统、垃圾收集点及垃圾中转站	

2. 污染因子分析

（1）建设期　项目建设施工和装修期间主要污染因子有噪声、扬尘、废气、废水和固体废物等。

① 噪声：主要来自汽车运输、建筑机械的使用和装修过程。

② 扬尘：主要由建筑施工过程（建筑材料运输和堆放过程）中产生。

③ 固体废物：主要指建筑、装修垃圾和施工人员的生活垃圾。

④ 废水：包括施工人员产生的生活污水和施工泥浆废水。

⑤ 废气：主要是由房屋装修产生的油漆废气。

⑥ 生态：植被破坏、水土流失等。

（2）使用期 项目建成后，对周围环境排放的污染物有废水、废气、固体废物和噪声等。通过对该区域周围环境的现状调查和分析，周围环境对本项目的影响因素主要是住宅区周围道路交通噪声、环境空气质量及项目地块内和周围河流水质等。

① 建设项目对周围环境的污染因子。本建设项目对周围环境的污染因子为废水、废气、固体废物和噪声。

a. 废水：主要来自住宅、住宅区公建设施和学校等产生的生活污水。该生活污水的主要污染因子为COD_{Cr}、SS和动植物油类。

b. 废气：汽车在行驶、停泊过程中产生尾气污染，主要污染气体为碳氢化合物（HC）、一氧化碳（CO）以及氮氧化物（NO_2）等，另外还有居民餐饮油烟等。

c. 固体废物：主要来自人群活动产生的生活垃圾、区卫生服务中心的医疗垃圾。

d. 噪声：进出住宅区汽车运行时的噪声，以及人群活动噪声、水泵等机械噪声。

② 周围环境对建设项目的污染因素

a. 大气环境：本项目拟建地块周围大气环境污染源主要为周围企业排放的废气。

b. 水环境：本建设项目周围地表水水质对景观的影响，主要为大河畈水库对景观的影响。

c. 电磁辐射：220kV高压线对人群健康及心理的影响。

（3）评价因子的选择

① 地表水：COD、BOD_5、DO、SS、氨氮、石油类。

② 空气环境：SO_2、NO_2、TSP、HC、CO、油烟等。

③ 固体废弃物：建筑垃圾、生活垃圾、医疗废弃物等。

④ 声环境：连续等效A声级L_{eq}（dB）。

3. 使用期污染源强分析

（1）水污染源强分析 主要来自住宅、配套公建设施等产生的生活污水。住宅区日用水量按每人每天用水量350L/d计，住宅区生活用水量2100m^3/d，废水排放量按用水量的0.85计，生活污水的主要污染因子为COD_{Cr}、BOD_5、SS和动植物油类，水质为COD_{Cr} 300mg/L、BOD_5 180mg/L、SS200mg/L。

整个项目区域内不同地块分期开发建设，每期建设住宅区物业管理、沿街商业网点、绿化带等基础设施和住宅建设同步进行，基础设施用水相应配套，一期至三期住宅区污水产生情况见表16-3。

（2）废气源强分析

① 汽车尾气。汽车停泊过程中产生汽车尾气污染。汽车尾气中的主要污染气体为碳氢化合物（HC）、一氧化碳（CO）以及氮氧化物（NO_2）等，汽车尾气的过量排放将导致大气中上述气体浓度的升高，并对人体健康产生危害。

住宅区内停车库场（地下、半地下车库）内汽车尾气通过排气孔在绿地上的人群活动区排放，排放形式为无组织。

根据统计资料及类比调查，车辆速度小于5km/h时，平均耗油量约为0.10L/min。

各污染物的源强计算可参照以下公式进行：

$$G=QTCF$$

式中，G为污染物排放量，kg/h；Q为汽车进出车库流量，辆/h；T为车辆在车库

(场) 内运行时间，min；C 为每辆车辆燃油耗量，L/min；F 为大气污染物排放系数，kg/L 汽油，见表 16-4。

表 16-3　污水产生情况汇总表

废水		入住人数	排水量		COD_{Cr}产生量		BOD_5 产生量	
			m^3/d	$\times 10^4 m^3/a$	kg/d	t/a	kg/d	t/a
居民生活污水(一期)		707	210.5	7.68	63.15	23.05	37.88	13.82
居民生活污水(二期)		4586	1364	49.79	409.32	149.4	245.53	89.63
居民生活污水(三期)		707	210.5	7.68	63.15	23.05	37.88	13.82
生活污水小计		6000	1785	65.15	535.62	195.5	321.29	117.27
配套公建	卫生服务中心		17	0.62	5.1	1.86	3.4	1.24
	垃圾中转站		0.5	0.018	0.4	0.15	0.15	0.06
	酒店		102	3.723	30.6	11.16	18.36	6.69
	游泳池		120	1.2	0.24	0.088		
合　计			2024.5	70.71	571.96	208.76	343.2	125.26

汽车废气中 CO、NO_2、HC 浓度随汽车行驶状况不同而有较大差别，根据汽车尾气监测数据统计及有关资料，汽车在低速行驶时各污染物的排放系数见表 16-4。

表 16-4　汽车（汽油）大气污染物排放系数（kg/L 汽油）

污染物种类	CO	HC	NO_x
污染物产生量	0.191	0.0241	0.0223

停车库运行工况对周围环境影响直接相关，根据情况，车库运行工况可分为高峰状况和平均流量状况。

项目区域内车库停放的车辆有两类：一类是夜间停车，停车的主要时段为傍晚 18:00～早上 7:00 之间，夜间停车时间较长，傍晚和清晨进出较其他时间频繁，这两段的废气排放较多，夜间车辆停放以后废气排放较少；另一类是随机停车，进出时间不定，平均停泊时间较短，车辆进出怠速及在运行时都有废气排放（主要停车时间 7:00～23:00）。

住宅区设地下停车库泊位 2684 辆、地面泊位数 1342 辆。进出车辆大部分为轻型汽车，主要进出时段为傍晚和清晨 4h，高峰期情况下的汽车尾气排放源强结果见表 16-5。

表 16-5　汽车废气排放源强

污染物	高峰状况	
	车库	地面
CO/(kg/h)	82.02	20.51
HC/(kg/h)	10.35	2.59
NO_x/(kg/h)	9.58	2.40

② 厨房油烟。居民住宅厨房烹饪炒菜时产生的油烟废气将通过专用通道至屋顶排放。由类比调查计算，每户每月居民厨房油烟的产生量为 $2.0\times10^4 m^3$。平均每户每月消耗动植物油 2.5kg 计，每户年耗动植物油 30kg，其挥发损失根据调查约 8%，即 2.4kg/a，按 50% 被收集（1.2kg/a，倒入下水道）、50%排入大气计。项目全部建成使用期（2000 户），厨房油烟废气量为 $4.80\times10^8 m^3/a$，油烟年排放量 2.40t。

(3) 固体废物源强分析

① 生活垃圾。随着生活水平的提高，生活垃圾产生量也会有所增加，根据H市近几年生活垃圾产生量的变化趋势，住宅部分生活垃圾产生量按1.5kg/(人·d) 计。项目建成后，满居住人数6000人。生活垃圾日产生量为9.0t，年总产生量为3285t。

② 社区卫生服务中心。a. 医疗废物（废纱布、废棉球、病人废弃的衣被等）3kg/d（1.04t/a），收集消毒后交指定单位统一处理；b. 注射器等一次性用具1.5万件/a，玻璃瓶120只/d（4.4万只/a），收集后定期定量出售回收。

(4) 噪声源强分析　项目实施后，随着周围道路及住宅区道路的建成，交通噪声涉及面明显增加，声级强度为59～75dB（A）。该区域人群将增至约6000人，人群活动声响会明显增加，声级强度级为50～70dB（A）；住宅区内的一些设备噪声（如给水泵等）声级大约在55～70dB（A）。

4. 周围污染源分析

(1) 种猪场　H市种猪场规模约1万头种猪，其中存栏量约5000头，种猪场废水量约150m^3/d，合计$5.48\times10^4m^3/a$。废水水质为$COD_{Cr}\approx6000mg/L$，$BOD_5\approx2700mg/L$，NH_3—N≈800mg/L，则主要废水污染物年排放量分别为COD_{Cr} 328.5t，BOD_5 147.8t，NH_3—N 45.8t。种猪场除粪便外，其余废水经简单沉淀后排入附近的大河畈水库，成为项目地块地表水体的主要污染源。

猪场粪便产生量约为每头猪1.82t/a，存栏量5000头，种猪场每年粪便排放量9100t。

(2) 工业废气　本项目拟建地块周围大气环境污染源主要周围企业排放的少量废气。

(3) 电磁辐射　建设区块西北角上空三根220kV高压走廊产生的电磁辐射对住宅区内人群的影响。本建设项目地块内的高压电线在项目建成后将搬迁。

三、项目区域环境状况

1. 地质地貌

H市Y区诸山大致为西南至东北走向。L镇境内地势较平坦，项目所在地G山区块为低矮丘陵，山高一般在200m以下。

2. 气象要素

H市属亚热带季风气候。四季分明，冬、夏季长，春、秋季短，春季温和湿润，秋季先湿后干，冬季寒冷干燥。其主要气象特征值如下。

累年平均气温16.4℃，最热月平均气温28～29℃，最冷月平均气温3～5℃。

全年主导风向SSW风，次主导风向NW风，静风频率5.3%。年平均风速2.6m/s，其中冬季平均风速2.3m/s，夏季平均风速2.2m/s。

年平均降水量1100～1600mm，年降水以春雨、梅雨和台风雨为主。常年梅雨量350～550mm，占全年的25%～31%。年无霜期230～260d。多年相对湿度80%～82%。

3. 水文概况

Y区主要河流有大运河、Q江、T溪和上塘河等相互沟通。建设项目所在地属于T溪水系。

4. 社会环境状况（略）

四、大气环境影响评价及其分析

1. 环境空气质量现状评价

(1) 环境空气质量现状监测与评价　常规监测结果表明，H市老市区环境空气质量尚清洁，基本符合国家二级标准（年平均）。值得指出的是H市实施蓝天工程以后，空气质量有了明显好转，2000年空气质量周报平均污染指数是66，即空气质量描述平均为良。

在评价范围内共设3个大气采样点：1#，建设区块中心的种猪实验场；2#，建设区块南部的H市某酿造有限公司；3#，距建设区块东南1500m的南村。环境空气现状补充监测项目包括SO_2、NO_2、TSP。连续监测5天、每天4次有效数据。环境空气监测方法按有关规定及要求进行。

本项目评价范围内环境现状监测结果表明，本项目所在地的环境空气质量较好，能满足《环境空气质量标准》（GB 3095—1996）中的二类标准要求，并且达到一类区环境空气质量要求。具体监测统计结果略。

（2）环境空气影响分析　本项目对周围环境空气的影响主要来自汽车尾气、液化石油气燃烧废气、厨房油烟废气。液化石油气燃烧废气和厨房油烟废气发生量较少，且分布较为散落。本评价主要预测排放较为集中的汽车尾气对周围环境的影响。

地下车库出、入口和地面停车位产生的汽车尾气为无组织排放，采用面源模式，屋顶排放选用点源高斯模式进行预测计算。建设区域汽车废气CO、NO_2和HC对环境空气的地面浓度贡献值、对项目西北面和东南面农宅的地面浓度贡献值均小于《环境空气质量标准》中二级标准规定要求。

五、声环境影响评价

1. 声环境质量现状

监测布点：在建设地点周围共布置10个噪声监测点。监测因子：A计权等效连续声级L_{eq}。监测时间和频次：监测两天，昼间13:00～15:30，夜间22:00～23:00。监测仪器和方法：监测仪器采用AWA6218型声级计，测量时戴风罩，在每个监测点，每隔1秒仪器自动采样一次，连续采样10min，经仪器自动处理数据后，记录监测值。

监测结果（略）。测点均能达到1类标准，建设地块内声环境质量良好。

2. 声环境影响评价

在对建设项目拟建地块环境噪声本底值监测统计分析和噪声源类比监测的基础上，预测区域内部噪声源（进出小区汽车运行时的噪声，以及人群活动噪声、水泵等机械噪声）对住宅区的影响。

（1）交通噪声　类比H市人民路不同车辆的噪声声级情况（结果见表16-6、表16-7）对交通噪声对居住环境（主要指沿街居民）的影响进行分析。

表16-6　人民路车流量和不同车辆的噪声声级情况

车辆类型	大卡车	大客车	小汽车	摩托车	其他(中巴、小卡车等)
声级/dB(A)	66.0～78.0	60.1～70.2	60.0～67.8	65.8～77.8	59.8～73.6
车流量/(辆/h)	42	6	106	77	60

表16-7　距小区道路不同距离处交通噪声情况

距离/m	0	30	50	100	150
声级/dB(A)	67.4	60.1	56.0	50.3	45.8

对照人民路车流量和噪声状况，距马路50m内住宅区噪声值为56.0～60.1dB（A）。第一排住宅靠道路一侧采用隔声门窗，则小区交通噪声对居民的影响可以承受。

（2）水泵房、室外空调噪声　水泵房52～57dB（A），空调室外机噪声源源强为50～

60dB（A）。从规划情况看，水泵房噪声源均位于小区内地下层，离住宅有一定距离，对住宅不会有明显的噪声干扰。

(3) 游泳池噪声 游泳池离周围住宅距离 20m。根据同类露天游泳池噪声类比调查，10m 处噪声噪声值 51～63dB（A），20m 处（住宅位置）噪声值 45～51dB（A）。对照昼间《城市区域环境噪声标准》（GB 3096—93）1 类标准，20m 处住宅声环境达标，游泳池噪声对 20m 住宅声环境没有影响。

六、水体环境影响评价

1. 地表水环境质量现状

为掌握建设项目评价范围内的水环境质量现状，委托 H 市 Y 区环境监测站进行现场监测。监测断面：大河畈水库。监测项目：pH、COD_{Cr}、COD_{Mn}、BOD_5、石油类、总磷、氨氮、SS 等。监测时间及频率：连续两天，每天上、下午各一次。监测分析方法：分析方法按国家环保局《水和废水监测分析方法》中有关规范进行。

根据本次水质监测结果（略），采用单因子标准指数法评价。项目附近水体除 pH、石油类指标达到Ⅲ类水质要求，其余指标 COD_{Cr}、COD_{Mn}、BOD_5、总磷、氨氮等均超过Ⅲ类水质标准，超标率 100%，超标最多的总磷、氨氮等指标分别是Ⅲ类水质标准的 28.4 倍和 11.8 倍，超标严重，主要原因为附近 H 市种猪场、居民生活等排放废水所致。水库水质总体为劣Ⅴ类水质。

2. 水环境影响评价

本建设项目污水直接接入 L 镇组团污水处理厂 P 镇市政排污管网，故对周围水体环境基本无影响。

建设地块内的现有 H 市种猪场除粪便外，其余废水经简单沉淀后排入附近的大河畈水库，成为项目地块地表水体的主要污染源。随着项目的建设，种猪场搬迁，使排入水库的污染物排放量减少 COD_{Cr} 328.5t，BOD_5 147.8t，NH_3—N 45.8t。

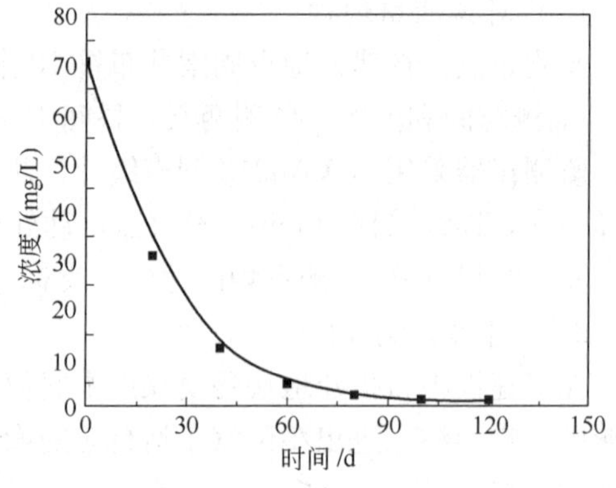

图 16-1 大河畈水库自净规律

项目废水经污水管道收集后排入污水处理厂集中处理后，区块内基本没有其他废水源，采用湖泊完全混合平衡模式预测，水库水质随着时间推移，会逐渐自净，水体自净规律见图 16-1。可见，只要不再往水库中排入废水，水库水质会逐渐自净，达到Ⅲ类水质标准。

建设项目废水排入污水管道经污水处理厂集中处理，对水库水质起到逐步改善的作用。

七、生态环境影响评价

1. 生态环境状现状况调查

① 生物物种、植物区系及土壤类型等资料。

② 文化遗址。

③ 白鹭。

④ 水系。

2. 生态环境影响评价

(1) 生态结构的变化

① 自然结构。本项目的开发行为对生态环境的影响主要是对地被植物、土壤环境的破坏。产生的影响有：a. 地表蒸发量增大，地面温度自然调节能力减弱；b. 地表径流量增大，土壤渗透量减少，减少了地下水的回补量；c. 土壤理化性状受到影响，表现出土壤质地黏重、结构变差（以块状为主）、同一层次土壤松紧度增大、根系变少、容重增大等特点；d. 原有优势草种密度减小，种群的丰度增加，耐践踏的草本植物的种类数增多，种群被改变。其最终后果是人类的开发活动给自然生态环境造成了损伤，影响地被植物的种群成分、土壤的外部形态，影响了生态区的自然保护价值，不同程度地改变了原有景观。

② 社会结构。本项目的拟用土地人口密度将有较大增加，流动人口数将大为增加。根据本项目的建设定位，符合 H 市可持续发展。项目建成后的入住人口在整体素质上较高，从而可提高该区域的文化品位，有利于生态环境的保护，但也会带来更多的社会治安和交通安全等社会环境问题。

（2）生态景观的变化　从项目规划图看，该区域要被建筑群所占据，虽然现有植被的质量并不高，但项目建设对植被的影响还是很大的，主要体现为：植被覆盖率有一定程度的下降，可能导致植被所提供的功能如调节小气候（包括增大遮阴面积、减小气温波动幅度、提高湿度、增加氧气含量、清洁空气等）和保持水土（含缓冲地表径流、涵养水源、清洁水分等）等减弱，从而导致太阳辐射和气温波幅增大（如夏热冬冷）、空气和水（包括地下水）的质量下降、水土流失严重、土壤自净能力减弱，若人们生活产生的废气、废水等得不到有效的处理而排放到环境中，会加剧上述负面效应。这会使居住环境的质量下降。

根据小区总规划用地和开放空间与绿地规划等内容，对项目开发建成后的主要拼块类型、面积和优势度值等进行了计算，详见表 16-8。

表 16-8　项目建成后的主要拼块类型、面积和优势度值

拼块类型	数目/块	面积/$\times10^4m^2$	R_d/%	R_f/%	L_p/%	D_0/%
建筑物四周绿地	7	11.3	21.2	95	15.5	36.8
道路绿地	4	6.5	12.1	95	9	31.3
水域	3	20.8	9.1	31.3	28.6	24.4
公共绿地	8	19.6	24.2	43.1	26.9	30.3
各种建筑、道路	11	14.65	33.3	95	20.1	42.1

住宅区建成后，各类拼块的类型及比例将发生巨大变化，农田及现有园地将全部消失，建筑物和道路拼块的优势度值上升至 20%，占有土地面积达 14.6 公顷，而各种绿地总覆盖率将达 51.3%左右，并且连通程度较好，若这一绿地规划面积得以实施，则可以认为住宅区规划绿地基本达到了模地所要求的面积和连通程度标准，能构成生态环境质量的控制性组分，对改善住宅区生态环境质量、美化景观、调节小气候等起到重要作用。

（3）景观的稳定性分析

① 景观的恢复能力分析。取决于住宅区建成后绿地中树木的种群结构及生物量大小，该群落所占面积和布局将对景观质量的维护起决定作用。

② 模地的内在异质性分析。住宅区未来的绿地将由公园、建筑物周围绿地、道路绿地、水域等几种类型构成，绿地的抗干扰能力将由这几种资源拼块内部的异质性决定，异质性有利于化解外界环境的干扰，并能提供一种抗干扰的可塑性。由于住宅区总体规划中，没有提供绿地拼块的异质性的设计措施或方案，因此建议严格控制人工开发而形成的归化植物，防

止种群单一化，扩大土著种，保护土著种的多样性，采用地带性珍贵树种和速生丰产林相结合的方法，使绿地异质性程度达到足以维护绿地模块地位的高度，从而达到增强景观稳定性的目的。

③ 绿色拼块之间的连通分析。树篱廊道是景观中生物组分保持平衡的重要景观结构。这种结构在小区的开发建设中具有特殊意义，小区由于人口干扰频繁，树篱廊道及由其形成的网络则成为了物种流动的最主要的通道。小区在进行绿地景观规划中，加强树篱网络的设计，在小区主干道两侧设 30m 宽树篱，使其成为生物物种与小区外交流或在小区内移动的主要通道；在小区次干道设计 12m 宽树篱，这些树篱交织形成小区生物物种移动的网络，小区支路和人行街道要设计行道树，物种配置上要考虑上、中、下立体结合。

④ 景观的组织开放性分析。随着住宅区开发建设的逐步进展，其受人为干扰的程度也将日益剧烈，而小区的外围区景观组分所受到的人为干扰程度要低得多，因此，除必须在小区设置生物通道与周边环境进行能量和物种交换外，还应在小区外围区建立小区的生态依托区。住宅区建设于丘陵山谷间，地块边界外的山上有着较好的植被覆盖，将对小区与周边环境进行生物能量和物质的传输转换有良好作用，能促进小区景观组织的抵抗力和恢复力。

3. 建设期生态环境分析

建设期的生态环境影响主要是水土流失。项目区域内水体的丘陵一般植被覆盖率在80%以上，属无明显侵蚀。项目区内均为山谷地，在山谷上建有多个水库，拦蓄雨水，缓冲暴雨对下游的冲刷，项目区内水土保持现状良好。

（1）损坏的水土保持设施面积　工程损坏的水土保持设施主要为林地、建设用地、园地、交通用地及其他用地。本工程共损坏水土保持设施面积 72.85hm^2。

（2）土石方平衡　根据工程特点，工程除基础开挖外，其余挖方主要涉及场地平整、表土清除、辅道路基开挖和旧建筑物拆除等，涉及的土石方量均可在工程中利用。工程设计的土石方量略。

（3）水土流失预测　本工程中的水土流失主要由于工程建设扰动原地貌和损坏植被。工程中易产生水土流失的地带为房屋基础的开挖面、路堤坡面、挖方斜面、临时堆土场堆渣场等处，可能产生的水土流失类型以水力侵蚀为主，部分不良地质区有可能产生重力侵蚀，但概率不大。水土流失形式以降雨和地表径流产生的层状面蚀和细沟面蚀为主，局部地域有程度轻微的沟蚀。

本工程可能造成的水土流失危害主要表现在以下几个方面：减少耕地，削弱地力；淤积河床，影响行洪；改变景观，影响生态环境。对工程建设可能产生的水土流失若不采取有效防治，则水土流失造成的危害也就较大，对区域景观带来不利影响。

本工程建设中的水土流失预测量汇总见表 16-9。

八、固体废物影响评价

项目建成后的固体废物主要是生活垃圾，生活垃圾的类型与来源，与人群的生活水准、生活习惯等有着密切的关系，种类包括小商品、副食品、蔬菜、水果等。生活垃圾成分很复杂，各地差异和季节性变化都很大。根据有关调查资料分析，食品垃圾多，有机物丰富；商业垃圾中纸张、塑料、金属、玻璃瓶类包装废物多，可回收利用性强。

小区物业管理部门应先做好区内垃圾的收集，并适当进行分类收集，再由区环卫部门统一及时清运，则对周围环境不会产生明显影响。

表 16-9 水土流失预测汇总表

序号	项目	面积/m^2	土壤侵蚀模数/[t/(km^2·a)]	预测时段/a	水土流失量/t
一	开挖面				450
1	一期工程	54504	1500	2	164
2	二期工程	72672	1500	1.5	164
3	三期工程	54504	1500	1.5	122
二	填筑面				427
1	一期工程	100549	1000	2	201
2	二期工程	86144	1000	1.5	129
3	三期工程	64608	1000	1.5	97
三	临时堆土场	47500m^3	按25%流失计		19000
四	施工场地				35.3
1	一期工程	8176	700	2	11.45
2	二期工程	14534	700	1.5	15.26
3	三期工程	8176	700	1.5	8.58
	合计				19912

社区卫生服务中心的医疗废弃物和注射器等一次性用具、玻璃瓶，收集消毒后交指定单位统一处理。只要加强管理，对产生的固体废物进行分类、收集、消毒、无害化处理处置，可回收废物由专门单位回收处置，基本不会对周围环境带来不利影响。

九、清洁生产

房地产建设项目的清洁生产主要体现在“绿色房产”的实施方面。

1. 绿色规划设计

充分考虑到人与自然的和谐统一，使住宅符合“住健康、可回收、低污染、省资源”的原则，尽可能多地使用自然材料和高科技人工饰材，创造质朴、自然情趣的生活空间。

2. 绿色施工

① 采用先进的管理和施工技术。施工过程减少原材料和能源由于泄漏、溢出、不合格等造成的损失；改进建设过程中各种操作与维护的监控及设计建造程序，以减少清洗设备的次数。

② 使用散装水泥。不仅有利于保护森林资源，维护生态平衡，而且降低粉尘、噪声污染，另外能极大地改善劳动条件和环境，保障施工人员的身体健康。使用商品混凝土，禁止现场搅拌混凝土。建设单位在招投标时，把使用散装水泥或预拌（商品）混凝土的要求列入招投标文件。

③ 墙体材料。禁止使用实心黏土砖，采用国家提倡、鼓励使用的新型墙体材料。

3. 绿色室内装修

① 装修过程应符合《民用建筑工程室内环境污染控制规范》(GB 50325—2001)。

② 采用环保型室内装修材料和建筑材料。

③ 项目工程竣工时，建设单位要按照规范要求对室内环境质量进行检查验收，委托有资质的检测机构对室内污染物的含量指标进行检测，指标不符合《民用建筑工程室内环境污染控制规范》规定的，不得投入使用。

4. 绿色物业管理

主要体现在对项目生活垃圾的控制，具体为：控制生活垃圾分布面积，减少垃圾在堆放、运输过程中对自然环境的破坏，收集应体现“谁污染谁治理，谁堆放谁付费”，处置以“无害化、减量化、资源化”为原则；提倡垃圾袋装化，实行分类收集。

十、污染防治对策

1. 建设期

（1）大气　加强施工管理，地面硬化处理，且配置滞尘防护网，减少建材露天堆放，同时对扬尘发生量大的部位应采用喷水雾法降低扬尘，对交通运输道路应及时洒水、清扫。建材运输车辆封闭、限速。

（2）噪声控制　选用低噪声施工机械，如选用静压式打桩机代替冲击式打桩机。加强施工队伍的素质教育，尽量减少人为的噪声。合理安排施工机械位置，尽量远离居民等敏感地区，在建材运输上尽量避开通过居民区。除抢修、抢险作业和因生产工艺上要求或特殊要求必须连续施工作业外，禁止夜间进行产生环境污染噪声污染的建筑施工作业，“因特殊要求必须连续作业的，必须有县级以上人民政府或者有关主管部门的证明”，并且必须公告附近居民。

（3）废水　施工期混凝土废水、泄漏的工程用水以及混凝土保养废水需修建沉淀池。防止材料堆放场、挖方、填方时暴雨冲刷对水体造成影响。现场施工人员生活污水应进行截留处理。

（4）生态保护　施工取土坑减少开挖深度及坡度，对于开挖边坡应作好修整，及时夯实，种草皮、乔木，加强涵水固土能力。

妥善解决基坑出土转运及堆置，结束后及时恢复山坡、水库河岸。

剥离土分段集中堆置，采取临时防护措施，及时用于土壤改良覆土或最终回填取土坑。

（5）水土保持　住宅区用于场地平整、基础开挖将造成土石方弃方较多，需要的填方量较多，可合理调配，平衡利用。可将本项目产生的表层土方就近堆放在临时堆土场内，四周用草包维护，工程完成后作为绿地表层覆土，其他土方直接运至环保指定地点。

在工程设计时，需根据区域内的自然环境和工程地质、水文地质条件，选取合理的路基断面形式，并进行有效的防护、排水等工程措施。路面排水应采用雨污分流，地面排水与地下排水相结合，雨水收集利用或就近排入河道。

工程建成后，应对裸露地面进行全面绿化，并保证本项目绿地覆盖率大于50%。

（6）固体废物　建设施工期间产生的建筑垃圾必须按当地城市卫生管理条例有关规定进行处置，不能随意抛弃、转移和扩散，特别是不能倒入附近的排洪冲沟，造成水土流失，应及时运到指定点（如垃圾填埋场）或作铺路基等处置。

（7）文物保护　在地下挖掘施工中要注意文物保护，一旦发现有价值的文物如古钱币、陶瓷、青铜器等应停止挖掘保护好现场，及时报告文物管理部门，决不能使文物流失。

2. 营运期

（1）废气

① 小区酒店及居民楼厨房应该具有烟气集中排放系统，并宜采用竖向系统，采用竖向系统应设置脱排油烟机、变压逆向阀、排气烟道等设施；如采用水平系统则应设置脱排油烟机、水平排气风道、外墙风帽等设施。

② 应保证进出车辆的行驶通畅，汽车应避免怠速空转，以减少汽车尾气的排放。

③ 应最大化地进行绿化，立体绿化种植，提高环境对空气的自净能力。

（2）噪声

① 小区的公用设备系统应安装在噪声不敏感区。泵应采用变频泵，布置在地下室或半地下室内，安装时应采用隔振垫隔振。在泵房周围种两至三排常绿乔木。

② 小区内不应设置高噪声娱乐场所，对于一些低噪声的娱乐场所应采取隔声和吸声措施，对于上述场所内壁、天花板应铺设一定数量的吸声板（覆盖率50%～60%）。同时采用隔声门窗。

③ 公建用房的通风机的出风口、进风口，送、回风管等空气动力噪声高的部位根据其位置和对环境的影响情况，安装相应消声器。

④ 住宅小区内的建筑在结构与构造中应采用隔声降噪措施。

（3）废水　本项目的排水体制应采用分流制，室内污、废分流，室外污、雨分流。必须使用节水器具，使用率达到100%。对雨水宜建立雨水收集与利用系统，也可直接排放。

针对小区居民生活污水和各种公建设施排放的废水，应建立完善的排水收集系统，保证污水均进入污水管网。在设计时应预先充分考虑集水方案，防止一些生活污水可能接入雨水管道。

污水接管处理流程示意如下：

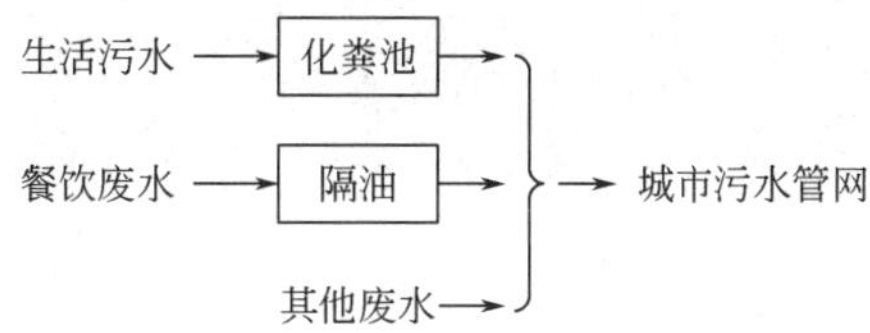

管线铺设及泵站所需投资约145万～219万元。

鉴于L镇污水处理厂已经动工兴建，并已同意项目建成后废水分期接入污水管网，根据污水处理厂建设进度和项目分期建设进度，能够保证项目废水按期接入污水处理厂处理。建议建设单位应做好与排水管理部门的各项联系事宜，保证在工程建成后分期及时接入污水支干管。污水排放执行GB 8978—1996中的三级标准。

（4）生态补偿　主要是实现绿化补偿，以乔木为绿化骨架，总体上乔、灌、草相互结合，形成具有一定面积的绿地立体种植。

（5）固体废物　在做好小区内垃圾收集管理工作基础上，可适当进行垃圾分类处理，应有专门的保洁人员进行袋装垃圾的收集并统一处理。小区内居民的大件垃圾如冰箱、电视、家具应进行有计划的收集和处理。可采取的措施有：

① 垃圾实行袋装化，密闭容器存放，集中处理或外运。

② 垃圾转运车应与垃圾收集方式相配套，专车专用，必须密封；噪声应符合噪声污染控制标准。

③ 垃圾贮运站应有除臭和消毒设备，并具有冲洗、压缩装置，封闭操作；垃圾贮运站应设置在污染系数最大风向的下风向，并便于环卫部门的垃圾转运车辆的停靠和生活垃圾的装卸、运输。

④ 小区内的生活垃圾收费，宜采用按户计量的智能化计费系统。

十一、选址合理性和功能布局分析（略）

十二、公众参与（略）

十三、评价结论

① 项目符合国家和地方有关环保法律和法规的要求。

② 项目符合该市城市总体发展规划的要求。

③ 项目符合清洁生产的要求。

④ 项目建成后，建设区域污染物总量得到削减，水环境质量得到明显改善。

⑤ 环境质量现状及项目建成后均符合该市环境功能区划的要求。

⑥ 生态环境功能得到有效保护。

⑦ 当地政府和居民对本项目的建设是支持的。

本项目对于改善居住环境、提高居民的生活质量和健康水平均具有重要的现实意义。通过本环评的分析认为，只要建设单位认真落实本评价提出的各项污染防治对策，则建设项目从环保角度来说是可行的。

第十七章　公路环评案例

——某环路工程项目环境影响评价报告

一、概述

1. 项目由来

为保持经济发展的后劲，加速城市化进程，进一步完善和疏理既有城市道路网络，适应新城市发展需要，某县在新一轮城市总体规划中提出了新的的城市交通结构形态。本环路（高速公路与城市道路连接线）工程项目即为其中的“一环”，将对城市的发展起着举足轻重的作用。

2. 编制依据（略）

3. 编制目的（略）

4. 评价等级

（1）声环境　本项目属大中型新建项目，沿线偶有村庄等敏感点分布，故确定声环境评价等级为二级。

（2）大气环境　本工程主要废气污染源为过往车辆排放的 NO_2、CO，其等标排放量＜ $2.5\times10^8 m^3/s$，确定环境空气评价等级为三级。

（3）水环境　本项目水污染源为建设期施工人员的生活污水排放以及运行期路面径流污染，水质类型简单，排放量不大，因此确定水环境评价等级为三级。

（4）生态环境　本工程路线经过区域大部分为丘陵，工程建设对沿线生态环境有一定的影响，但工程影响范围约为 $12km^2$，小于 $20km^2$，且不会造成生物量的锐减和物种多样性的减少，因此确定生态环境评价等级为三级。

5. 评价范围及评价重点

（1）评价范围

① 声环境评价：道路中心线两侧各 200m 范围。

② 环境空气质量评价：道路中心线两侧各 200m 范围。

③ 生态环境评价：道路中心线两侧各 200m 范围。

④ 社会环境评价：路线经过主要乡镇、行政村。

⑤ 水利、水环境评价：路线经过的主要河道上游 200m、下游 500m 及线路两侧各 200m 以内的水域。

（2）评价工作重点

本评价的重点是生态影响评价、声环境评价及污染防治对策研究。主要工作内容如下。

① 生态影响评价的主要内容是项目建设期对生态的影响及水土流失影响分析。

② 声环境影响评价以保护敏感点为主要目标，并利用数学模型预测敏感点的声级，对其影响程度做出分析评价。

③ 环境空气影响评价以保护敏感点为主要目标，应用数学模型预测敏感点的 NO_2、CO 影响程度，并做出分析评价。

④ 环境污染防治对策与措施研究的目的是为使工程建设对环境造成的不利影响降低到最小程度，主要研究内容为声环境、大气环境、生态环境和社会环境影响的防治对策。

6. 主要环境保护对象

（1）水环境保护目标 本工程全线设计有A、B两座大桥跨越在某江上。桥梁在施工期和营运期均会对水体产生影响，因此在此列出水环境保护目标，见表17-1。

表17-1 水环境主要保护目标

桩号	水域名称	桥梁名称	桥梁长度	水体功能
DK3＋468	某江	A大桥	112m	Ⅲ
GK5＋255	某江	B大桥	192m	Ⅲ

（2）声环境和空气环境保护目标 本项目的主要保护对象是工程沿线的生态环境及建筑物内的人群，根据对连接线沿线的实地踏勘和调查，本工程沿线噪声、空气敏感点情况详见表17-2。

表17-2 工程沿线噪声、空气环境敏感点一览表

编号	桩号	所属乡镇	名称	距离道路中心线最近距离/m	人口	户数	200m内总户数/户	所属路段	耕地面积/亩	与道路相对方位
1	G12＋1050	某街道	某村	36	198	75	75	东	—	侧
2	FK0＋300	某街道	某村	110	310	87	40	南	292	正

（3）生态环境保护目标 本工程沿线的水土流失问题涉及大桥、隧道施工段、弃土场、土地利用格局的变化和基本农田保护问题。具体的项目见表17-3。

表17-3 生态环境敏感点

桩号	占地面积/hm^2	土地利用	备 注
GK1＋000右侧	0.17	水田	南线
GK1＋650右侧	0.14	水田	西线

7. 评价标准

（1）环境质量标准

① 工程所在地位于二类环境空气质量功能区，执行《环境空气质量标准》（GB 3095—1996）中的二级标准。隧道空气质量标准参照执行PIARC—1991（国际道路协会常设委员会推荐的标准）。

② 根据原国家环保总局《关于公路、铁路（含轻轨）等建设项目环境影响评价中环境噪声有关问题的通知》（环发［2003］94号），在评价范围内道路红线外50m内的区域为4类标准适用区域。在已划分声环境功能区的城市区域，其评价范围内应按《城市区域环境噪声标准》（GB 3096—93）执行，未划分声环境功能区的城市区域，由县级以上地方人民政府确认其功能区和应执行的标准。

公路、铁路（含轻轨）通过的乡村生活区域，其区域声环境功能由县级以上地方人民政府参照《城市区域环境噪声标准》（GB 3096—93）和《城市区域环境噪声适用区划分技术规范》（GB/T 15190—94），确定用地边界外合理的噪声防护距离。

评价范围内的学校、医院（疗养院、敬老院）等特殊敏感建筑，其室外昼间按60分贝、夜间按50分贝执行。

铁路边界噪声采用《铁路边界噪声限值及其测量方法》（GB 12525—90）。铁路边界指距铁路外侧轨道中心线30m处。标准值为：昼间70dB（A），夜间70dB（A）。

高速公路两侧的交通噪声采用《城市区域环境噪声标准》（GB 3096—93）中的4类区

标准。标准值：昼间 70dB（A），夜间 55dB（A）。

③ 工程所经某江执行《地表水环境质量标准》（GB 3838—2002）Ⅲ类标准，某江支流执行Ⅱ类标准。沿线经过的其他水渠执行《农田灌溉水质标准》（GB 5084—92）。

（2）污染物排放标准

① 废水：养护工区及建设期生产、生活污水执行《污水综合排放标准》（GB 8978—1996）中的一级标准。

② 噪声：建设期施工作业噪声执行《建筑施工场界噪声限值》（GB 12523—90）。

二、工程概况

1. 路线方案及主要控制点

（1）路线方案　某县环路（高速公路城市道路连接线）工程新建道路 14.774km，与已建在建 17.956km 公路和城市道路相连接，形成环状方格，其中已建在建路段均不属于本次评价范围。工程地理位置图略。

（2）主要控制点　本次评价内容为环城线中新建路段，共 14.774km，包括东线（F9～F15）、南线（C3～B9）、西线（C3～K5、E5～G7）。

2. 交通量预测

本工程各预测年份不同路段的交通量预测见表 17-4，昼夜比取 80％∶20％。

表 17-4　项目交通量预测　　单位：辆/天

年份	东段	南段	西段	北段
2007	8897	9385	10156	9032
2014	12323	13116	14065	12586
2022	16556	17635	18890	16013

注：大、中、小型车比为 10∶10∶80。

3. 主要技术标准及建设规模

（1）技术标准　根据现状道路，并结合规划情况，本次设计道路定位为城市主干道——Ⅲ级，设计车速 40km/h，保证全线机动车道双向四车道，车道路宽 3.75m。

（2）建设规模　本项目新建道路 14.774km，改建公路 17.956km，整个环城路共 32.73km，其中包括跨 B 大桥 192m、跨 J 高速 276.5m、下穿 W 铁路 2 次、穿隧道 700m 以及跨 A 大桥 112m。

4. 路基路面工程

① 路基标准横断面。

② 路基边坡。

③ 路基、路面排水。

④ 路基防护。

⑤ 用地范围。

⑥ 路面结构。

5. 隧道工程

东线隧道采用双洞单向行车双车道隧道（上下行分离）形式，隧道平面受实际地形、进出口区实际的地质条件及两端接线条件的限制，隧道起始洞身段设置弯道。隧道纵断面设计为人字坡，人行及非机动车道与机动车道用栏杆隔离。拱顶设照明灯具和通风设施，行车道边缘设纵向排水沟。

6. 桥涵工程（略）

7. 路线交叉（略）

8. 改移工程（略）

9. 建筑材料和运输条件（略）

10. 沿线设施（略）

11. 建设用地和拆迁量（略）

三、区域环境概况

1. 自然环境概况（略）

2. 社会环境概况

（1）沿线经济状况（略）

（2）土地利用 本工程永久占地面积包括主线工程占地及拆迁安置区占地，工程临时占地面积包括临时堆放场和取土场。本工程土地利用情况汇总详见表 17-5。

表 17-5 土地利用情况汇总表 单位：hm^2

名称	水田	旱地	林地	草地	园地	道路	建筑	水域	其他	合计
某县环路工程	12.12	13.27	15.93	6.68	11.59	1.3	0.25	0.37	15.76	77.27

（3）水土流失现状及防治状况 本工程所在区域地处平原区和低山丘陵区。区域绝大部分植被良好，郁闭度高，土壤侵蚀轻微。项目区现状土壤侵蚀模数为 300t/(km^2 · a)，小于南方丘陵红壤区允许土壤侵蚀模数［500t/(km^2 · a)］。根据《Z 省水土保持总体规划》，工程所在 a 镇、c 乡属省水土流失防治区中的重点治理区，b 镇属一般防治区。项目区水土流失主要分布于疏林地，水土流失以轻中度侵蚀为主，工程所涉及的乡镇水土流失情况见表 17-6。

表 17-6 工程所涉及各乡镇水土流失面积统计表 单位：km^2

镇名	轻度	中度	强度	极强度	剧烈	流失小计	比例/%
a 镇	15.85	8.03	1.10	0.13	0.00	25.11	15.98
b 镇	2.51	0.97	0.22	0.11	0.09	3.91	7.7
c 乡	2.19	2.56	0.43	0.75	0.32	6.26	10.67

（4）环境质量现状 空气环境：良好。水环境：除石油类达到Ⅳ类水质标准外，其余指标都能满足Ⅲ类水质标准。

声环境：

① 敏感点噪声的监测结果表明，各村庄昼夜均达标。

② 铁路噪声现状也表明，目前 W 铁路噪声，昼夜间均可达标。从现场踏勘调查知道，跨越铁路的地点，周围没有村庄，因此，本评价不考虑铁路噪声对环境的影响。

③ 交通噪声监测结果表明，昼间 16 小时的等效声级 L_d=59.9dB（A），达到昼间标准；夜间 8 小时的等效声级 L_n=56.2dB（A），略超过标准，超标值为 1.2dB（A）。

四、社会环境影响评价

1. 社会经济环境影响的正面效应

① 对区域经济的开发开放作用。

② 进一步完善某县公路与城市道路网。

③ 进一步加强某县城各组团之间的联系。

④ 促进某县旅游发展的需要。

2. 社会环境影响的负面效应

① 拆迁安置的影响。

② 对土地利用的影响。

③ 对原有基础设施的影响。

五、声环境影响评价

1. 建设期施工噪声的影响分析

(1) 施工噪声源强分析　施工作业的噪声主要来源于各种筑路机械设备、运输车辆和隧道挖掘机械等。筑路机械的噪声与设备本身的功率、工作状态等因素有关，不同的施工阶段，采用的施工设备也不相同。表 17-7 中给出了上述噪声相距 15m 处的实测值以及预测衰减情况。

表 17-7　主要施工机械噪声值及随距离衰减的预测情况

施工阶段	噪声源	实测值/[dB(A)]（距离 15m 处）	声级衰减预测距离/m				
			85dB	75dB	70dB	65dB	55dB
土石方	推土机(120 马力)	88	20	60	106	189	597
	挖掘机(单斗)	78		22	40	75	190
	装载机	83		40	70	130	350
打桩	冲击式打桩机	104	139	440	700	1000	1950
	钻孔式打桩机	94	44	113	238	423	1337
结构	混凝土振捣机	78			37	66	200
	混凝土搅拌机	80		26	47	84	267
	电钻	81		28	56	85	170
吊装	升降机、吊车	69				25	80

(2) 噪声预测结果与评价　除了打桩作业外，其他施工阶段的一般施工噪声的达标距离，在昼间约需 60m，而在夜间则需 200m 甚至更远。结合本次工程沿线敏感点的分布情况，沿线 10 个村庄里有 6 个村庄在 200m 内，这些村庄将受施工噪声影响。

2. 地面道路预测结果与评价

(1) 预测模式　当预测车流量大于 2 万辆/日时，采用交通部《公路建设项目环境影响评价规范（试行）》(JTJ 005—96) 推荐的公路交通模式；否则，采用美国联邦公路管理局 (FHWA) 公路交通噪声预测模式。

(2) 预测结果（略）

(3) 影响评价　沿线有大小村庄 10 个，工业功能区一个。红线外 50m 以内的村庄按 4 类区标准评价，50m 以外的村庄按 1 类标准评价。工业功能区执行 3 类标准。沿线 10 个村庄中有 5 个近、中、远期昼夜均达标，其余 5 个有不同程度的超标；工业功能区近、中、远期昼夜均达标。应针对它们的具体情况采取相应的交通噪声治理措施。

3. 隧道交通噪声预测

(1) 预测计算及结果　隧道内的噪声传播可近似地看作一管道内的声传播。距隧道口一定距离的声场可认为是直达声场与混响声场的叠加。即：

$$L_p = 10\lg(10^{0.1L_{pd}} + 10^{0.1L_{pr}})$$

式中，L_{pd}为直达声对受声点的声级贡献值，dB；L_{pr}为混响声对受声点的声级贡献值，dB。

L_{pd}可利用式（5-2）求得。隧道的横断面为12.2m，假设受声点距中心线距离为4m，则计算得$L_{pd}=77.2$dB。假设隧道壁面作吸声处理，隧道内的平均吸声系数为0.4，则$L_{pr}=75.0$dB。则

$$L_p=10\lg(10^{7.72}+10^{7.5})=79.3(\text{dB})$$

（2）预测结果评价　由预测结果可见，隧道内的噪声级较高，但由于人们在隧道内停留的时间较短，因此这种高噪声的状况不会对人体产生不利的影响。

营运中期（2015年）隧道外路侧的噪声由于路堑的作用，其辐射噪声也能达标（<70dB），而且随距离的增加衰减。在距路中心线相同距离（25m）处，离地面高度不同，噪声级不同，在15m高处，声级最高，以后又降低。

营运远期（2024年）由于车流量的增加，隧道外路侧的噪声在46m才能达标（<70dB）。

隧道口附近200m内没有敏感点，因此隧道口外的交通噪声对各敏感点基本没有影响。

六、环境空气质量影响分析

1. 建设期空气环境影响分析

（1）施工扬尘对环境影响

① 车辆行驶扬尘。在施工过程中，车辆行驶产生的扬尘量占扬尘总量的60%以上。车辆在行驶过程中产生的扬尘，在完全干燥的情况下，可按下列经验公式计算：

$$Q=0.123\left(\frac{V}{5}\right)\left(\frac{W}{6.8}\right)^{0.85}\left(\frac{P}{0.5}\right)^{0.75}$$

式中，Q为汽车行驶的扬尘，kg/(km·辆)；V为汽车速度，km/h；W为汽车载重量，吨；P为道路表面粉尘量，kg/m^2。

在施工期间对车辆行驶的路面实施洒水抑尘，每天洒水4～5次，可使扬尘减少70%左右。

② 堆场扬尘。扬尘量可按堆场扬尘的经验公式计算：

$$Q=2.1(V_{50}-V_0)^3e^{-1.023W}$$

式中，Q为起尘量，kg/(吨·年)；V_{50}为距地面50m处风速，m/s；V_0为起尘风速，m/s；W为尘粒的含水量，%。

③ 搅拌扬尘。

（2）沥青烟气对环境的影响　本工程所有新建路段均采用沥青混凝土路面，沥青路面在施工阶段产生的污染主要是燃料和沥青烟气。本工程不需采用现场拌制，采用购买现有的沥青混凝土。

2. 运营期空气环境影响分析

（1）污染物源强预测　营运期汽车尾气的排放源强一般可以按下式计算：

$$Q_j=\sum_{i=1}^{k}(A_iE_{ij}/3600)$$

式中，i表示汽车分类，分为大型车、中型车、小型车；A_i表示i类车辆预测年的车流量，辆/h；E_{ij}表示i类车辆j种污染物的单车排放因子，取《公路建设项目环境影响评价规范》（JTJ 005—96）推荐值，mg/(辆·m)。

（2）地面浓度预测模式　根据《公路建设项目环境影响评价规范（试行）》（JTJ 005）推荐的模式，预测时按三种情况考虑，即风向与线源垂直、风向与线源平行、风向与线源成任意交角（主导风向）。

（3）隧道内污染物浓度预测　隧道内某截面的污染物浓度可由以下模式计算：

$$C=\frac{Q_j X}{Su}$$

式中，Q_j 为污染物排放源强，见表 6-7，mg/(s·m)；X 为预测隧道内某截面至入口处的距离，m；S 为隧道横截面积，右线隧道 150m^2；u 为隧道内的空气流动速度，2m/s。

（4）预测结果及环境影响分析（略）

七、水环境现状及影响评价（略）

八、生态环境现状及影响分析

1. 建设期生态环境影响分析

（1）工程建设对植被的影响　本工程建设会对沿线植被造成一定程度的破坏，持续时间相对较长。本项目所占地没有珍稀植物和古树名木。永久性征用土地的利用类型、地表覆盖性质均被永久性改变，地表植被也被永久性清除。而临时占用的土地地表植被也遭破坏，区域内地表裸露增加，对环境稳定性下降，对风力、水力作用敏感，易沙化而产生扬尘。

施工活动对地表植被临时性的破坏在建设期后可以得到逐步恢复，但也可能造成水土流失。此外，施工扬尘、有害气体、强烈灯光都将影响周边农作物的正常生长，但在施工结束后，这种影响即可消除，并恢复正常状态。

（2）工程建设对景观资源的影响　工程建设中含有一座隧道，隧道开挖地带为低丘陵。隧道开挖对山体切割，破坏植被，造成岩石裸露。由于植被难以恢复，从而破坏景观资源。同时由于山坡失去植被的保护，受雨水（尤其是暴雨）冲刷后，易导致山体滑坡，或形成泥石流，从而会造成更大的景观破坏。在山体开挖前应先设置挡土墙等防护设施，路堑开挖前，先做好堑顶截、排水工程。施工中，做到随挖、随运、随填，不留松土面、根据地形、地质条件，对破碎结构岩体边坡开挖为 1∶1.5；对于不良地质地段，应适当采用路堑墙，混凝土贴坡等支护措施。

（3）工程建设对周边野生动植物的影响　根据实地踏勘调查，途经区域未发现受国家保护的濒危和珍稀野生动植物，因此本工程的建设不会对野生动植物带来明显的影响。

（4）施工人员活动对生态环境的影响　施工人员的各项活动均会对植被、周边环境卫生产生一定的影响。施工人员的日常生活所产生的生活废水进入水体会影响地表水及其水生生物的生长，各类生活废物，尤其是不可降解的塑料等对周围环境的影响不可忽视。

2. 营运期生态环境影响评价

（1）取料场环境影响评价

① 取料场基本情况。工程设取料场一个，为临时堆土场，场内土方主要为多余弃土，约 20 万立方米，现状堆土面大部分为裸土面及少量的杂草地（郁闭度＜30%），堆土高度 2～3m，占地面积 130 亩。

② 堆土场。本工程设有 7 处临时堆土场。

③ 取料场和堆土场的设置对环境的影响

a. 破坏水田、旱地植被，增大水土流失强度。

b. 改变土地利用方式。

（2）景观影响评价

① 景观特质分析。本路线经过区域为平原低丘区。平原区地势平坦，除部分江河溪沟外，多为农田；丘陵顶部浑圆，坡度平缓。景观主要表现为植被种类和色彩、山脊线和天际线的变化为主。

② 对景观的不利影响。公路对沿线景观的不利影响主要表现在以下两方面：公路建成后，高于地面的路基形成对视觉的阻碍，将原有景观不规则切割，带来视觉上的不适；山体的开挖将原有的山体缀块一分为二，公路本身的颜色、造型与周边缀块产生一定的突兀。

③ 对景观的有利影响。公路建成后，倘若对原有破坏的生态恢复得当，形成“绿色通道”之效，则公路本身也形成独特的一道景观。从山岭区看，公路线形与山谷线合而为一；从江面看，公路景观的修复后跨越江面宛若游龙，可以增加缀块的丰富度，相应也增加了游客欣赏的角度。

④ 对植物生境的影响。工程对该区域的植物资源影响主要体现在工程占地和道路阻隔引起局部区域农作物和林地布局发生的变化。工程对土层以及土壤的改变导致供给能力的下降，造成植被间接破坏，使植物生产能力下降，植被覆盖率下降，生物多样性降低，从而导致其环境功能的下降。其影响主要体现在系统总生物量的减少，但对周围区域的单位面积生物量无大的影响，对其功能与稳定性不会产生大的影响，不会引起植物物种的损失。因此工程应注意土地的恢复补偿工作，加强公路沿线的绿化措施，使其对于植物生境的影响降到最小程度。

九、水土流失影响分析

1. 水土流失预测时段的划分

水土流失预测过程分为工程建设期和工程运行初期两个时段。工程建设期，从水土流失原因分析，主要表现在以下几个方面。

① 在施工过程中，路基开挖填筑、桥涵建设等施工活动，改变原地貌形态、地表土壤结构，损坏地面林草植被，使其工程区原有的水土保持功能降低或丧失。散落的浮渣受降雨径流冲刷，进入山谷沟道和附近水塘，势必造成严重的水土流失，土壤侵蚀强度较施工前明显提高。

② 开挖填筑形成新的坡面，若不采取护面墙、挡土墙、植草等防护措施，极易造成严重的水土流失。

③ 施工中的临时堆放场和取土场等，大量松散体堆放，其抗侵蚀能力低，是造成水土流失的重点区域。

④ 施工中大量施工人员和施工机械进入施工区，对工程区地表扰动和损坏，也是加剧水土流失的重要因素。

工程运行期，主体工程设计中已考虑的各项水土保持措施将全部实施，且工程扰动原地貌的活动已停止，水土流失强度将明显下降。但由于植物措施水土保持作用较工程措施略滞后，尚未完全发挥效益，运行初期仍将产生一定水土流失。因此工程运行期也是水土流失预测不可忽略的时段。

2. 扰动原地貌，损坏土地和植被面积

工程扰动原地貌、损坏土地和植被面积情况见表 17-8。

3. 损坏水土保持设施

工程建设中，永久占地及临时占地损坏的水土保持设施情况见表 17-9。

表 17-8 工程扰动原地貌、损坏土地和植被面积表 单位：hm^2

水田	旱地	林地	草地	园地	道路	建筑	水域	其他	合计
12.12	13.57	15.93	6.68	11.59	1.3	0.25	0.37	15.76	77.77

表 17-9 工程损坏水土保持设施面积表

分类	梯田	林地	草地	园地	合计
面积/hm^2	25.39	15.93	6.68	11.59	59.59

4. 工程土石方平衡

本工程土石方开挖特点是沿公路线性分布，且挖方总量小于填方总量，按照分标段进行土石方平衡，尽量充分利用工程开挖方，减少工程弃方与借方。本工程土石方平衡情况见表17-10。

表 17-10 工程土石方平衡情况 单位：$\times 10^4 m^3$

项目	开挖方量				利用方量						回填方	借方	弃渣
	土石方	耕植土	淤泥	总量	绿化工程	路基工程	桥涵工程	交叉工程	隧道工程	总量			
路基工程	40.01	2.21	0.12	42.34	2.33	40.01	0	0	0	42.34	66.85	14.28	0
桥涵工程	1.73	0	0.21	1.94	0.21	0.88	0.86	0	0	1.95	0.86	0	0
交叉工程	0.82	0	0	0.82	0	0.11	0	0.71	0	0.82	0.71	0	0
隧道工程	11.76	0	0	11.76	0	11.34	0	0	0.42	11.76	0.42	0	0
改移工程	0.24	0	0	0.24	0	0.23	0	0	0	0.23	0	0	0
合计	54.56	2.21	0.33	57.10	2.54	52.57	0.86	0.71	0.42	57.10	71.38	14.28	0

5. 水土流失危害分析

根据项目区自然条件，周围环境，本工程施工方式及水土流失特点，本工程水土流失危害主要表现为以下几个方面。

① 诱发滑坡、坍塌。

② 淤积池（鱼）塘、堵塞河道。

③ 影响农田、威胁道路及村庄的安全。

④ 破坏景观、影响水质。

6. 水土流失预测分析

水土流失主要发生于建设期，可能产生的水土流失总量见表17-11。水土流失主要是发生于路基面、路堤、路堑、临时施工场地、桥涵工程及取土场等。工程可能造成的水土流失危害较大，主要表现为降低土地肥力，影响林木生长；淤积河道，不利河道行洪；破坏环境景观及影响道路交通等。

因此，工程施工期是水土流失防治的重点时段，重点对路基面、路堤、路堑、临时施工场地、桥涵工程场及取土场等采取相应的防治措施并列为重点水土保持监测区域，对其施工期和运行期水土流失进行监测。

十、公众参与（略）

十一、主要环境保护对策措施

1. 生态保护措施

表 17-11 流失量汇总 单位：t

名称	流失面积/hm^2	建设期			运行初期			流失量小计
		侵蚀模数/[t/(km^2 · a)]	预测时段/a	流失量/t	侵蚀模数/[t/(km^2 · a)]	预测时段/a	流失量/t	
路基面	54.36	5000	1	2718	1000	1	70	2788
路堑	9.64	20000	1	1928	—	—	—	1928
路堤边坡	3.50	25000	1	875	—	—	—	875
临时堆土场	1.15	按流弃比 1.5%估算		6477	—	—	—	6477
桥涵及改移工程	0.2	—	—	3520	—	—	—	3520
取土场	8.67	30000	2	5202	1000	1	87	5289
其他	0.25	—	—	5	—	—	—	5
合计	77.27	—	—	20725	—	—	157	20882

① 道路的选线要考虑当地环境，应尽量避开农田或少占良田。

② 生态保护是建设期环保措施的主要内容，废方堆场、取料场、挖方边坡和填方边坡等，均应尽可能恢复表土及表面植被处理，以免造成水土流失。规划设计边坡防护工程和排水工程时，应有利于生态植被的恢复。

③ 施工中应禁止采用大爆破进行路基施工，以免对山体造成破坏，造成崩塌、落陷。

④ 加强道路两旁和中央隔离带的绿化，多种植树木和草皮等，尤其是要多栽种对污染气体有良好吸收作用的树种，并考虑树种之间的优化配置。

2. 大气保护对策

(1) 在施工场地应采取洒水抑尘措施，每天洒水 4～5 次，可以减少扬尘 70%左右。

(2) 工程运输车辆必须用帆布严密覆盖，覆盖率要达到 100%。

(3) 施工期间加强交通管理，确保道路通畅，使车辆处于正常的行使状态，减少车辆低速、怠速的运行概率，从而减少汽车尾气的排放量。

(4) 隧道应增设机械通风，采用竖井式，由风机将洞内废气引入大气，排风量应大于 $3.2\times10^8 m^3/h$。

3. 声环境保护对策

(1) 选用低噪声施工机械设备，淘汰高噪声设备和落后工艺，如选用静压式钻探机代替冲击式钻探机。加强施工队伍的素质教育，尽量减少人为的噪声。

(2) 禁止夜间作业的场所，有些必须连续作业的，应经过当地环保部门批准，并将施工作业的时间安排预先告知村民，以取得谅解。

(3) 公路两侧进行植树绿化，边坡植草，城市道路的绿化与建筑相协调，各主要环境敏感点应考虑设置绿化带，以减少交通噪声对环境敏感点的影响。

4. 水土流失防治措施

水土流失防治措施见表 17-12。

表 17-12　水土流失防治措施体系

分区	区域	主体工程已设计措施	本方案设计措施
Ⅰ(主线防治区)	填方路基	①挡土墙，植草；②排水沟边；③行道树，边沟与路基间空地的植物措施等	①对主体工程设计已考虑的水土保持措施进行评价；②施工期间防护措施和管理措施；③桥梁施工区恢复土地原有功能，设泥浆沉降池
	挖方边坡	①实体护面墙；②边沟等；③边沟与挖方边坡间空地，碎落台植物措施	
	桥梁	桥头路基护砌	
Ⅱ(临时设施防治区)	施工场地便道	建好临时排水系统	①施工期间临时防护措施和管理措施；②临时拦渣工程；③土地平整，恢复原有土地功能
	临时堆土场		
Ⅲ(改移工程防治区)	改沟工程	挡墙防护	施工期临时防护和管理措施，妥善处理工程余土
Ⅳ(取料防治区)	取料场		①控制开挖边坡 ②复垦或恢复植被
Ⅴ(其他防治区)	拆迁安置区		提出原则性措施
	主要施工区下游河道		

十二、环保投资及环境经济损益分析（略）

十三、环境管理与环境监测计划（略）

十四、结论与建议

（1）本工程符合国家和地方有关环保法律和法规的要求。

（2）本工程符合该市城市总体发展规划的要求。

（3）环境质量现状及工程建成后均符合该市环境功能区划的要求。

（4）当地政府和沿线居民对公路的建设十分支持。

综合以上分析评价，本工程将对城市的发展起着举足轻重的作用。本工程的建设会对沿线地区的社会环境、生态环境、洪涝水利、声环境、空气环境带来一定的影响。本工程在建设期和营运期应严格执行国家有关环保法规、环境标准及“三同时”政策，采取各种污染防治对策及保护措施，使其对环境的影响降到最低限度。综上，本工程的建设从环境保护角度评价是可行的。

附　　录

一、环境影响评价相关英文词汇

Affected environment- "Those parts of the socioeconomic and biophysical environment impacted on by the development" (DEAT, 1998).

Alternatives- "A possible course of action, in place of another, that would meet the same purpose and need (of the proposal)" (DEAT, 1998).

Cumulative Impact- "An action that in itself is not significant but is significant when added to the impact of other similar actions" (DEA, 1992).

Development- "The act of altering or modifying resources in order to obtain potential benefits" (DEAT, 1998).

Environment- "Environment means the surroundings within which humans exist and that are made up of —

ⅰ. the land, water and atmosphere of the earth;

ⅱ. micro-organisms, plant and animal life;

ⅲ. any part or combination of (ⅰ) and (ⅱ) and the inter-relationships among and between them; and

ⅳ. the physical, chemical, aesthetic and cultural properties and conditions of the foregoing that influence human health and well-being." (National Environmental Management Act No. 107 of 1998).

Environmental Impact Assessment (EIA)- "A detailed study of the environmental consequences of a proposed course of action. An environmental assessment or evaluation is a study of the environmental effects of a decision, project, undertaking or activity. It is most often used within an Integrated Environmental Management (IEM) planning process, as a decision support tool to compare different options" (DEAT, 1998).

Environmental Implementation Plans and Environmental Management Plans-In terms of the National Environmental Management Act (No. 107 of 1998), these plans are to be prepared by provincial and national government departments. The purpose of environmental implementation and management plans is to coordinate the environmental policies, plans and programmes and decisions of various government departments at a local and provincial level, which exercise functions which affect the environment. The aim is to minimise the duplication of procedures and provide consistency in the protection of the environment across the country as a whole.

Environmental Management System-A system which provides a structured process for continual improvement and which enables an organization to achieve and systematically control the level of environmental performance that it sets itself. In general, this is based on a dynamic cyclical process of "plan, implement, check and review".

Environmental Resources-Goods, services or environmental conditions that have the potential to enhance social well-being.

Impacts- "The outcome of an action, whether considered desirable or undesirable" (DEA, 1992).

Integrated Development Plan-Integrated Development Planning is a process through which a municipality can establish a development plan for the short, medium and long term. It integrates planning across different government sectors and identifies and sets priorities for delivery. The Local Government Transition Act (No. 97 of 1996) requires all local governments to produce an Integrated Development Plan, and is binding in all nine provinces.

Integrated Environmental Management (IEM)- "A philosophy which prescribes a code of practice for ensuring that environmental considerations are fully integrated into all stages of the development process in order to achieve a desirable balance between conservation and development" (DEA, 1992).

Interested and affected parties (I&APs)- "Individuals and groups concerned with or affected by an activity and its consequences. These include the authorities, local communities, investors, workforce, customers and consumers, environmental interest groups, and the general public." (DEAT, 1998).

Land Development Objectives (LDO)-Land Development Objectives are developed in terms of the Development Facilitation Act (No. 67 of 1995). LDOs provide for a new system of urban management at local government, which is aimed at transforming the systems and procedures and facilitate integrated, efficient and coordinated service delivery. The LDOs will essentially link public expenditure to a new development vision and strategies that have been prioritised in conjunction with communities and other major stakeholders (Greater Johannesburg Transitional Metropolitan Council, 1996).

Plan- "A purposeful, forward-looking strategy or design, often with coordinated priorities, options and measures that elaborate and implement policy" (CSIR, 1997).

Policy- "A general course of action or proposed overall direction that is being pursued and which guides ongoing decision-making" (CSIR, 1997).

Precautionary Principle-This involves applying a "risk-averse and cautious approach that recognises the limits of current knowledge about the environmental consequences of decisions or actions" (White Paper on Environmental Policy for South Africa, 1998).

Programme- "A coherent, organised agenda or schedule of commitments, proposal instruments and/or activities that elaborate and implement policy" (CSIR, 1997).

Scoping- "A procedure for narrowing the scope of an assessment and ensuring that the assessment remains focused on the truly significant issues or impacts" (DEA, 1992).

Screening- "The classification of proposals" (DEA, 1992).

Strategic Environmental Assessment (SEA)-There is no universal definition for SEA, however, it is referred to in the White Paper on Environmental Management Policy for South Africa (1998), as "a process to assess the environmental implications of a proposed strategic decision, policy, plan, programme, piece of legislation or major plan." A notable problem with this definition is that it could imply that SEA is separate from the policy, plan and programme formulation process. Furthermore, this definition focuses on the impacts of the environment on development. However, the principle of evaluating the opportunities which the environment offers to development and the constraints which it imposes, should be included in the definition of SEA. A more proactive approach to SEA is reflected in Tonk and Verheem's (1998) definition of SEA as “a structured, proactive process to strengthen the role of environmental issues in strategic decision making.” Sadler (1995) states that SEA aims to integrate environmental (biophysical, social and economic) considerations into the earliest stages of policy, plan and programme development. In these Guidelines, SEA is defined as a process of integrating the concept of sustainability into strategic decision-making.

Sustainability-Refer to Box 1 in the document for a definition and discussion on sustainability.

ABBREVIATIONS

DEA-Department of Environment Affairs

DEAT-Department of Environmental Affairs and Tourism

EIA-Environmental Impact Assessment

EIP-Environmental Implementation Plan

EMP-Environmental Management Plan

EMS-Environmental Management System

IDP-Integrated Development Plan

IEM-Integrated Environmental Management

LDO-Land Development Objective

SABS-South African Bureau of Standards

SEA-Strategic Environmental Assessment

二、建设项目环境影响报告书的内容

对建设项目进行环境影响评价的目的是从环境效益与经济效益出发，对建设项目进行综合的、卓有成效的可行性研究，从而达到合理开发资源、保护自然环境。而环境影响报告书是评价工作的具体成果。在环境影响评价工作中，应从工程与环境相互影响的关系中，论证其项目建成之后，可能对自然、社会、经济、生活环境造成的直接与间接、近期与远期的影响，提出实施最佳方案的可能性，使之达到布局合理，既可获得最大的经济效益，又将其对自然环境的有害影响得到有效的控制，使影响的范围与程度尽可能减小。

国家环保部关于建设项目环境影响报告书的编制要求，评价书的内容一般包括以下几个方面。

（一）总则

1. 编制依据。
2. 评价因子与评价标准。
3. 评价工作等级和评价重点。
4. 评价范围及环境敏感区。
5. 相关规划及环境功能区划。

（二）概况

项目性质；建设规模；选择厂址方案意见（附图）；工艺水平及流程；原材料用量、来源，组成成分；公用设施；占地面积；近、远期发展规划；有害物质排放的方式、影响范围及数量。

（三）环境现状调查与评价

调查辅以必要的测试，并收集现有的地质、地貌、气象、水文（地表，地下）、土壤、动植物、天然矿产资源、交通、文化及社会经济等各类污染源现状资料。

（四）环境影响的分析、预测与评价

分析并预测项目建设过程、投产、服务期满各个阶段对自然生态、社会、经济等方面产生的影响，给出预测时段、预测内容、预测范围、预测方法及预测结果，并根据环境质量标准或评价指标对建设项目的环境影响进行评价。

（五）环境风险分析（略）

（六）环境保护措施及其技术、经济论证

明确拟采取的具体环境保护措施，分析技术、经济合理性，给出各项环境保护措施及投资估算一览表和环境保护设施分阶段验收一览表。

（七）清洁生产水平分析

结合国家产业政策，量化分析评价清洁生产水平，提出改进措施。

（八）污染物排放总量控制

根据总量控制要求和实际情况及项目主要污染物排放指标分析情况，提出污染物排放总量控制指标建议和满足指标要求的环境保护措施。

（九）环境影响的经济损益分析

环境影响造成的经济和社会损益定性、定量分析。

（十）环境管理和环境监测

建立项目各个时期的包括建成投产后的环境管理和监测计划。

（十一）公众参与

给出公众对项目环保意见的调查方法和结果，以及对意见的采纳情况等。

（十二）环境影响评价的结论

概括项目的概况、环境影响和环保措施，明确给出从环境保护角度建设项目是否可行的结论，也可提出存在的问题及建议。

三、太阳倾角 δ（四年平均值）

单位：度

日期	月份											
	1	2	3	4	5	6	7	8	9	10	11	12
1	−23.1	−17.2	−7.80	4.30	15.0	22.0	23.1	18.2	8.40	−3.00	−14.3	−21.8
2	−23.0	−16.9	−7.40	4.70	15.3	22.2	23.1	17.9	8.10	−3.40	−14.6	−21.9
3	−22.8	−16.6	−7.00	5.10	15.6	22.3	23.0	17.6	7.70	−3.80	−15.0	−22.1
4	−22.7	−16.3	−6.60	5.50	15.9	22.4	22.9	17.4	7.40	−4.10	−15.3	−22.2
5	−22.6	−16.0	−6.20	5.90	16.2	22.5	22.8	17.1	7.00	−4.50	−15.6	−22.3
6	−22.5	−15.7	−5.80	6.30	16.4	22.6	22.7	16.8	6.60	−4.90	−15.9	−22.4
7	−22.4	−15.4	−5.40	6.60	16.7	22.7	22.6	16.5	6.20	−5.30	−16.2	−22.6
8	−22.3	−15.1	−5.10	7.00	17.2	22.8	22.5	16.3	5.90	−5.79	−16.5	−22.7
9	−22.1	−14.8	−4.70	7.40	17.2	22.9	22.4	16.1	5.50	−6.10	−16.7	−22.8
10	−22.0	−14.5	−4.30	7.80	17.5	23.0	22.3	15.7	5.10	−6.50	−17.0	−22.9
11	−21.8	−14.2	−3.90	8.10	17.8	23.1	22.2	15.4	4.70	−6.80	−17.3	−23.0
12	−21.7	−13.8	−3.50	8.50	18.0	23.2	22.0	15.1	4.40	−7.20	−17.6	−23.1

续表

日期	月份											
	1	2	3	4	5	6	7	8	9	10	11	12
13	−21.5	−13.5	−3.10	8.90	18.3	23.2	21.9	14.8	4.00	−7.60	−17.9	−23.1
14	−21.4	−13.2	−2.70	9.20	18.5	23.3	21.7	14.5	3.60	−8.00	−18.1	−23.2
15	−21.2	−12.8	−2.30	9.60	18.8	23.4	21.6	14.2	3.20	−8.30	−18.4	−23.3
16	−21.0	−12.5	−1.90	10.0	19.0	23.4	21.5	13.9	2.80	−8.70	−18.6	−23.3
17	−20.8	−12.1	−1.50	10.3	19.2	23.4	21.3	13.5	2.50	−9.10	−18.9	−23.4
18	−20.6	−11.8	−1.10	10.7	19.5	23.4	21.1	13.2	2.10	−9.40	−19.1	−23.4
19	−20.4	−11.4	−0.80	11.0	19.7	23.4	20.9	12.9	1.70	−9.80	−19.4	−23.4
20	−20.2	−11.0	−0.40	11.4	19.9	23.4	20.7	12.6	1.30	−10.2	−19.6	−23.4
21	−20.0	−10.7	0.00	11.7	20.1	23.4	20.5	12.3	0.90	−10.5	−19.8	−23.4
22	−19.8	−10.4	0.40	12.1	20.3	23.4	20.3	11.9	0.50	−11.0	−20.1	−23.4
23	−19.5	−10.0	0.80	12.4	20.5	23.4	20.1	11.6	0.10	−11.3	20.3	−23.4
24	−19.3	−9.60	1.30	12.7	20.6	23.4	19.9	11.2	0.00	−11.6	−20.5	−23.4
25	−19.1	−9.30	1.70	13.0	20.8	23.4	19.7	10.9	−0.60	−12.0	−20.7	−23.4
26	−18.8	−8.90	2.10	13.4	21.1	23.4	19.5	10.6	−1.10	−12.3	−20.9	−23.4
27	−18.6	−8.5	2.46	13.6	21.2	23.4	19.3	10.2	−1.50	−12.6	−21.1	−23.3
28	−18.3	−8.10	2.80	14.0	21.4	23.3	19.1	9.90	−1.90	−13.0	−21.3	−23.3
29	−18.0		3.20	14.4	21.0	23.3	18.9	9.50	−2.20	−13.3	−21.4	−23.3
30	−17.8		3.60	14.7	21.7	23.3	18.6	9.20	−2.60	−13.7	−21.6	−23.2
31	−17.5		4.00		21.9		18.4	8.80		−14.0		−23.2

四、扩散系数幂函数表达式数据（采样时间 0.5h）

扩散参数	稳定度分级(P-S)	α	γ	下风距离/m
	A	0.901074 0.850934	0.425809 0.602052	0～1000 >1000
	B	0.914370 0.865014	0.281846 0.396353	0～1000 >1000
	B-C	0.919325 0.875086	0.229500 0.314238	0～1000 >1000
	C	0.924279 0.885157	0.177154 0.232123	0～1000 >1000
$\sigma_y=\gamma_1 x^{\alpha_1}$	C-D	0.926849 0.886940	0.143940 0.189396	0～1000 >1000
	D	0.929418 0.888723	0.110726 0.146669	0～1000 >1000
	D-E	0.925118 0.892794	0.0985631 0.124308	0～1000 >1000
	E	0.920818 0.896864	0.0864001 0.101947	0～1000 >1000
	F	0.929418 0.888723	0.0553634 0.0733348	0～1000 >1000

续表

扩散参数	稳定度分级(P-S)	α	γ	下风距离/m
$\sigma_z=\gamma_2 x^{\alpha_2}$	A	1.12154 1.52360 2.10881	0.0799904 0.00854771 0.000211545	0～300 300～500 >500
	B	0.964435 1.09356	0.127190 0.0570251	0～500 >500
	B-C	0.941015 1.00770	0.114682 0.0757182	0～500 >500
	C	0.917595	0.106803	0
	C-D	0.838628 0.756410 0.815575	0.126152 0.235667 0.136659	0～2000 2000～10000 >10000
	D	0.826212 0.632023 0.55536	0.104634 0.400167 0.810763	0～2000 2000～10000 >10000
	D-E	0.776864 0.572347 0.499149	0.111771 0.528992 1.03810	0～1000 1000～10000 >10000
	E	0.788370 0.565188 0.414743	0.0927529 0.433384 1.73241	0～1000 1000～10000 >10000
	F	0.784400 0.525969 0.322659	0.0620765 0.370015 2.40691	0～1000 1000～10000 >10000

参 考 文 献

[1] 国家环境保护总局监督管理司编. 中国环境影响评价培训教材. 北京：化学工业出版社，2000.

[2] 国家环境保护总局环境工程评估中心编. 环境影响评价技术方法. 北京：中国环境科学出版社，2006.

[3] 国家环境保护总局环境工程评估中心编. 环境影响评价技术导则与标准. 北京：中国环境科学出版社，2006.

[4] 国家环境保护总局环境工程评估中心编. 环境影响评价相关法律法规. 北京：中国环境科学出版社，2006.

[5] 丁桑岚主编. 环境评价概论. 北京：化学工业出版社，2002.

[6] 谢邵东主编. 环境影响评价技术方法. 北京：中国建筑工业出版社，2006.

[7] 叶文虎，李胜基. 环境质量评价学. 北京：高等教育出版社，1994.

[8] 张征主编. 环境评价学. 北京：高等教育出版社，2004.

[9] 刘绮，潘伟斌主编. 环境质量评价. 广州：华南理工大学出版社，2004.

[10] 包存宽，陆雍森，尚金城. 规划环境影响评价方法及实例. 北京：科学出版社. 2004.

[11] 任致远. 21世纪城市规划管理. 南京：东南大学出版社，2000.

[12] 周吉莲. 固体废物环境影响评价方法探讨. 化学世界，2002，144-146.

[13] 东亚及太平洋城市发展部（EASUR）编. 世界银行工作报告No.9中国固体废弃物管理：问题和建议. 2005.

[14] J A迪克逊，L F斯库拉等著. 环境影响的经济分析. 何雪炀，周国梅，王灿译. 北京：中国环境科学出版社，2001.

[15] Sadler，B. Environmental Assessment in a Changing World：Evaluating Practice to Improve Performance，Final Report of the International Study of the Effectiveness of Environmental Assessment. Ottawa：Canadian Environmental Assessment Agency，1996.

[16] United Nations Environment Programme（Environment and Economics Unit）. Environmental Impact Assessment：Issues，Trends and Practice. Scott Wilson Ltd. 1996. Nairobi，Kenya.

[17] 叶文虎主编. 环境管理学（面向21世纪课程教材）. 北京：高等教育出版社，2002.

[18] Daniel P Loucks，John S Gladwell主编. 水资源系统的可持续性标准. 王建龙译. 北京：清华大学出版社，2003.

[19] 郭怀成，尚金城，张天柱主编. 环境规划学（面向21世纪课程教材）. 北京：高等教育出版社，2001.

[20] 王华东，薛纪瑜编著. 环境影响评价. 北京：高等教育出版社，1990.

[21] 约翰劳，大卫伍登编. 环境影响分析手册. 萧振宣等译. 北京：科学技术出版社，1986.

[22] 熊文强，郭小菊，洪卫编. 绿色环保与清洁生产概论. 北京：化学工业出版社，2002.

[23] 朱慎林，赵毅红，周中平编. 清洁生产导论. 北京：化学工业出版社，2001.